U0348104

金神农品牌"林中烟"生产的理论与技术

◎ 吴自友　申国明　周　波　石方斌　刘岱松　高　林　主编

中国农业科学技术出版社

图书在版编目（CIP）数据

金神农品牌"林中烟"生产的理论与技术 / 吴自友等主编 . —北京：中国农业科学技术出版社，2020. 7

ISBN 978-7-5116-4822-8

Ⅰ . ①金… Ⅱ . ①吴… Ⅲ . ①烟叶—栽培技术—研究—湖北 Ⅳ . ①S572

中国版本图书馆 CIP 数据核字（2020）第 116394 号

责任编辑　陶　莲
责任校对　贾海霞

出 版 者　中国农业科学技术出版社
　　　　　北京市中关村南大街12号　　邮编：100081
电　　话　（010）82106625（编辑室）　（010）82109702（发行部）
　　　　　（010）82109709（读者服务部）
传　　真　（010）82106625
网　　址　http：// www.castp.cn
经 销 者　各地新华书店
印 刷 者　北京建宏印刷有限公司
开　　本　710mm×1 000mm　1/16
印　　张　18.25　彩插12面
字　　数　300千字
版　　次　2020年7月第1版　2020年7月第1次印刷
定　　价　88.00元

《金神农品牌"林中烟"生产的理论与技术》

编委会

前　言

　　根据国家烟草专卖局烟叶资源配置改革工作需要，国内卷烟差异化特征、个性化生产的发展趋势，满足烟叶既有不同的风格、又有风格稳定并形成规模的总体要求，充分发挥"金神农"林中烟区自然生态资源优势，挖掘本区域特色优质烟叶内涵，明确本区域特色优质烟叶质量风格特征，建立质量风格稳定的品牌导向型优质原料基地，为"金神农"烟叶品牌发展提供理论、技术支撑。湖北省烟草公司十堰市公司联合中国农业科学院烟草研究所、湖北省烟草科学研究院、湖北省烟草公司襄阳市公司和湖北省烟草公司宜昌市公司，以及湖北中烟工业有限公司、浙江中烟工业有限公司、川渝中烟工业有限公司等卷烟工业企业共同开展科技项目研究，取得了一系列丰富的研究成果。通过项目研究，明确了"金神农"烟叶品牌烤烟具有"淡雅香"的质量风格特征和"各部位质量特征一致性好、青山秀水林中烟"的特色，并进行了品质类型区域划分；开展了以特色优质品种选育、土壤健康调控、病虫害绿色防控技术、节能环保技术、气候资源的有效利用、提高上部叶可用性为主的特色彰显配套技术集成与推广等研究；进行了现代烟草农业模式和循环烟草农业模式的探索；进行了烟区农业生产规划布局、开展了土地整治和新农村建设，创建了"金神农"烟叶技术中心，建立了以基地单元为载体的骨干卷烟品牌"黄鹤楼""利群""娇子"和"芙蓉王"导向的烟叶生产体系。实现了烟农增收、政府增税、企业增效和卷烟上水平，全面完成计划目标并在新区开发中取得了规模上台阶、质量上档次，企业核心竞争力全面提升，经济效益巨大，生态效益和社会效益显著。

　　"金神农"林中烟的概念，是对生态环境对比分析，生态资源合理利用，生产技术与环境适应性相结合等初步研究的基础上提出的，如何确立其研究的对象、范围、内涵、外延以及目标等理论基础，开展技术创新工作并构建生产技术体系，是本研究要解决的主要问题。

本书将"金神农"林中烟项目研究成果进行了系统总结，以植烟新区开发和"金神农"特色烟叶开发为重点，项目相关技术措施已在环神农架周边的房县、郧西、竹溪、竹山、保康、南漳、兴山和神农架林区等植烟区域全面实施。本书内容可供卷烟工业企业以及烟草公司借鉴与参考。

由于编者的水平所限，加上时间仓促，缺点和不足之处在所难免，敬请读者多提宝贵意见。

编委会

2019年11月

目　录

第一章　林中烟概论

烟草属于茄科（Solanaceae）的烟属（*Nicotiana*），原产于南美洲。15—17世纪，随着航海技术的进步，以哥伦布、郑和为代表的航海探险家，把烟草种子由南美洲带到欧亚大陆试种，很快在世界各地传播开来。

烟草的适生性极强，分布几乎遍及世界各地，自北纬60°至南纬45°地区都有烟草栽培，而它的主要产区则集中在北纬45°至南纬30°。由于长期地域生态条件的适生性选择，烟草的种质资源丰富多彩，目前，保存在中国农业科学院烟草研究所的烟草种质资源已超过5 500份。

烟草的质量风格特色取决于其生长的生态条件，烟草的种植制度、品种特性和栽培调制技术决定了其用途。学者根据烟草生物学特性、栽培技术、调制方式和用途把栽培烟草分为烤烟、晒晾烟、白肋烟、马里兰烟、香料烟、雪茄烟和黄花烟等不同类型。

以十堰的房县、竹山、竹溪、郧西，襄阳的保康、南漳、宜昌的兴山，以及神农架林区等地形成的烟叶种植区，因山清水秀，环境洁净无污染，雨量充沛，热量充足，物种多样丰富，土壤肥沃，供肥能力强等独特优势，所产烟叶具有清香淡雅的主体风格，深受工业企业骨干卷烟品牌的喜爱，以主料烟身份进入"黄鹤楼""利群""芙蓉王""娇子"等品牌的配方模块。环神农架林区烟叶种植区，森林覆盖率高，烟草大田生育期，特别是烟叶成熟期湿热同步，土壤养分供应能力强，中上部叶片发育充分，上部叶接近中部叶的外观特征和内在品质，烟碱含量适中，感官质量评价具有典型的清香淡雅风格。

"黄鹤楼"品牌高档卷烟追求"清香淡雅"，"利群"品牌高档卷烟以轻松感、舒适感、满足感的"三感"为目标，倡导"平和"，"芙蓉王"和"娇子"品牌也以"和谐""平衡"为导向，均把"清新淡雅、和谐均衡"定位为卷烟产品的主体风格。"金神农"林中烟烟叶品牌和上述卷烟品牌的质量风格高度吻合。

林中烟是特定的农产品，具备农产品的基本属性。"金神农"烟叶是湖北省烟草公司打造的知名优质烟叶品牌，属于知名品牌农产品。"金神农"林中烟赋予了"金神农"烟叶品牌特定质量特色，具有知名品牌农产品的共性特征和个性含义。

第一节　林中烟属性

一、农产品的基本属性

（一）物品的属性

物品属性是指满足人们某种需要的属性。通常，物品满足人们某种需要的属性取决于其特性，不同物品所具有的不同性质决定了其基本的属性。就商品而言，单从物品的特性来分析其属性是不够的，需要以商品交易的视角来分析物品的属性问题。可将物品的属性分为排他性、竞争性和可分性3种类型。排他性，是指必须把拥有物品属性的财产权利明确地界定在某个产权主体身上，并与他人的权利相对；竞争性，是指能否通过同质物品之间的供给需求变化，形成均衡的价格，或是异质物品间的竞争形成优质优价的交易情形；可分性，是指从物品的"产权束"中可以不断细化分解出具有排他性、竞争性和可让渡性的各种权利形式。

（二）农产品的基本属性

农产品的基本属性是满足人们生存需要，因而质量属性是核心。从生产的角度看，农产品是不可间断的生命连续过程的结果。这一过程所发出的信息不但流量巨大，而且极不规则，加上生产的分散性，从而导致对农业生产的人工调节与质量控制活动无法程序化，进而在工业品上易于掌控的产品质量差异性在农产品上却难以控制。从消费角度看，农产品的质量属性又有搜寻型（先验型）和经验型（后验型）之分，前者指交易时卖方容易获取和评判的质量属性特征，具体表现在外观的色、香、味、型等方面；后者是指在交易时卖方不容易获取或评判的质量属性特征。经验型质量属性主要有3种：一是营养价值等消费者难以直接感受到的内在品质，例如，小麦的粗蛋白含量，稻米的直链淀粉含量，烟叶的烟碱、总糖、还原糖含量等。二是环保及安全性方面的质量特征，例如，是否是绿色环境产品、农药残留是否达标，重金属和有害成分含量是否在限量范围等。三是农产品的加工和贮藏品质，主要包括农产品的出品率，加工成本，等等。就烟叶而言，烟叶不同部位的质量差异较大，对调制技术和设备工艺流程的技术要求较高，初加工后的贮藏存放条件对使用价值其影响很大。

（三）农产品交易的独特属性

从农产品交易角度分析其独特属性为：一是可分性差，农产品是作为完整的生命体存在，因此无法像工业品那样，对组成产品的各个部件进行专业化生产，从而通过优化各个部件的性能来达到提高产品质量的目的。二是竞争性弱，农产品的异质性要通过生命有机体的连续培育过程才能实现，而不能通过有机体各部位的专业化生产得到提升，它无法低成本地把生命体的正确信息传递给买者。三是排他性低，如前所述，农产品的许多质量属性都属于经验型，界定各种属性权力的成本非常高昂，也就无法准确地体现其排他性。

二、农产品其他属性

农产品除具有上述属性之外，还具有产地特色的区域品质属性，生产、加工过程的技术属性，可食用农产品的安全属性，交易过程的价格和金融属性，作为商品在市场销售的品牌和包装属性等。

（一）区域品质属性

任何一种农产品，都有其产地归属，正是生产地域的差异性，才能体现农产品的可分性、排他性和竞争性。历史上长期形成的名优农产品及其加工制品均是区域品质属性的体现。

苏格兰高地的特殊水质和极为严格的酿造工艺，使那里出产的威士忌被誉为"液体黄金"。法国的波尔多地区位于法国西南部，加龙河、多尔多涅河和吉龙德河谷地区，是举世公认的世界最大的葡萄酒产地。该地区由于地广土肥、葡萄品种齐全，几乎所有种类的葡萄酒都有生产，有香醇味浓的红葡萄酒，有带辣味或甜味的白葡萄酒，还有玫瑰红葡萄酒等，从高级佳酿到普通佐餐酒，应有尽有。波尔多地区尤其以生产的红葡萄酒口味最为优雅细腻，是世界公认的葡萄酒中的女王。

我国也有很多区域性农产品，例如，河南的小麦、玉米、芝麻，东北的黑米，陕西的猕猴桃，山东的烟台苹果、莱阳梨，青州蜜桃；新疆（新疆维吾尔自治区，全书简称新疆）的葡萄、哈密瓜、天山雪莲，湖北的茶叶、魔芋、莲藕，云南的松茸、天麻、普洱茶，四川的柑橘、七星椒、朱砂莲、杜仲、汉源花椒、通江银耳、郫县豆瓣、合江荔枝，西藏（西藏自治区，全书简称西藏）的虫草、藏红花，广东的凤凰菜、五指山菜、九峰白毛菜、英德红茶、荔枝、槟榔、黄登菠萝、杨桃、菠萝蜜、荔枝蜜、香蕉、椰子、龙眼、木瓜、话梅等。

（二）生产技术属性

农产品的生产过程是农作物生命体连续不断生长发育的过程及农产品初加工和贮藏保质的工艺过程。显而易见，与这两个过程有关的所有相关技术及创新，均能决定农产品的质量风格，通过农产品的可分性、竞争性和排他性得以体现。这些技术属性可粗分为四大类，具体如下。

1. 与生态资源相适应的技术

主要包括环境条件相适应技术，例如，农作物种类的选择，品种的确定，生产布局规划，种植制度的选择，土壤的改良与保育、播种期和生育期的选择，加工、贮藏设备与工艺的优化等。

2. 与生产资料相关的技术

包括肥料、农药、地膜、机械、土壤改良剂、作物生长调节剂，加工场地及其设施、设备的准备等与生命体生长活动和农产品加工贮藏有关的物资材料等的生产、运输、应用技术。

3. 与方式方法、工艺流程等相关的技术

包括肥料的施用技术、农药的施用技术、田间管理技术、调制加工技术等。

4. 与管理相关的技术

包括信息化管理技术、农业产业化经营模式与技术，农村劳动力资源组织管理技术，农业机械化操作技术，以及技术培训与推广技术等。

（三）食用安全属性

农产品大多是直接或间接地被人们食用的，因此，农产品的安全属性是其不同于其他物品的最大特征。农产品的安全属性包括农产品自身的安全属性，农产品加工、贮藏、运输的安全属性，农产品在食用中的安全属性3个方面。

1. 自身安全性

指农产品自身所含有的有效成分或生产环境及种植过程中与被动摄入的内含成分可能带来的对人体健康的危害性。一方面，自身含有的有效成分中有无对人体健康有害的成分及其含量。例如：罂粟的提取物吗啡、蒂巴因、可待因、罂粟碱、那可丁等；曼陀罗中含有莨菪碱、阿托品及东莨菪碱；"阿拉伯茶"学名叫"恰特草"，含有国家一类精神药物卡西酮。上述植物均含有具有兴奋作用，又有成瘾性的成分，对人体的健康产生不利影响，是毒品主要原料来源。另一方面，被动摄入含有的有害成分，主要指在富营养化（氮、磷过剩）环境种植的农产品会使像亚硝酸盐、硝酸盐、有机磷含量较高；此外，重金属污染、农药和有机物污染、放射性污染、病原菌污染等多种类型的土壤和水体污染，均能导致农产品中这些成分的大量富集，通过食物链危害人体健康。

2. 加工及中间环节的安全性

农产品在加工、贮藏、运输环节很容易因环境条件和加工工艺及包装等原因，出现变质、外源污染浸染等安全性问题。

3.食用中的安全性

对农产品的食用安全主要是指长期对某种产品的偏好，食品之间的相生相克，以及再加工方式方法不当等。

（四）价格金融属性

随着工业化、城镇化、信息化和农业现代化的步伐，全球化的大市场局面已经成为生活方式的常态，农产品，特别是名优农产品大多都需要经过市场的交易才能被人们消费，实现其商品的使用价值。市场交易的农产品需要价格定位，农产品的价格是由农产品的可分性、竞争性和排他性的基本属性，经消费者认知和评价的先验型外观指标和后验型（经验型）内在质量指标为前提确定的。同时，农产品的价格属性，还包括市场的供求关系、消费人群和消费市场因素，同一类型的产品，在不同时期、不同消费群体和消费市场，其价格定位是不一样的。而农产品的金融属性，则与大宗农产品在资本市场的期货交易紧密相关。通过资本市场，可以把不同标的的农产品作为期权进行交易，实现其作为金融用途的使用价值。

（五）品牌包装属性

人们为实现农产品市场交易的使用价值和利益最大化，通过品牌打造和产品包装来实现。广义的品牌是具有经济价值的无形资产，用抽象化的、特有的、能识别的心智概念来表现其差异性，从而在人们的意识当中占据一定位置的综合反映。狭义的品牌是一种拥有对内对外两面性的标准或规则，是通过对理念、行为、视觉3方面进行标准化、规则化，使之具备特有性、价值性、长期性、认知性的一种识别系统总称。现代营销学之父科特勒在《市场营销学》中的定义：品牌是销售者向购买者长期提供的一组特定的特点、利益和服务。品牌是给拥有者带来溢价、产生增值的一种无形的资产，它的载体是用于和其他竞争者的产品或劳务相区分的名称、术语、象征、记号或者设计及其组合，增值的源泉来自消费者心智中形成的关于其载体的印象。

创建一个农产品品牌，需要满足3个条件，即差异化、关联性和认知价值。差异化：产品的差异化是创建一个农产品或服务品牌所必须满足的第一个条件，公司必须将自己的产品同市场内的其他产品区分开来。关联性：指产品为潜在顾客提供的可用性程度。消费者只有在日常生活中实际看到品牌的存在，品牌才会有意义。认知价值：这是创建一个有价值的品牌的要素。即使企业的产品同市场上的其他产品存在差异，潜在顾客发现别人也在使用这种产品，但如果他们感觉不到产品的价值，就不会去购买这种产品。

品牌的价值包括用户价值和自我价值两部分。品牌的功能、质量和价值是品牌的用户价值要素，即品牌的内在三要素；品牌的知名度、美誉度和普及度是品牌的自我价值要素，即品牌的外在三要素。品牌的用户价值大小取决于内在三要素，品牌的自我价值大小取决于外在三要素。

品牌包装的核心主要有两个方面，一个是品牌自身的建设，即品牌产品外观设计，另一个是品牌外部的推广。包装主要包括产品包装和品牌包装两种形式，产品包装主要是针对产品所做的由内至外的包装形式，包括包装纸、盒、箱等形式。品牌包装是一个较为宽泛的包装概念，它指的是针对品牌概念所做的整体商业文化的包装，从品牌视觉形象系统、品牌文化传播、商业环境的设计等系列行为，从而构成一个对品牌完整的塑造体系。

第二节　林中烟概念与定义

一、林中烟的概念

林中烟是农产品，因此林中烟具有农产品的基本属性：就可分性而言，林中烟是在林区或林区内生产的烟叶产品，与在平原、丘陵或山地森林覆盖率和林区面积达不到林区标准所产烟叶在先验型的外观品质和后验型的内在品质都有着显著区别，具有独特质量风格。就竞争性来说，林中烟在具有环境和水资源清新洁净区域种植，无污染，水热资源丰富，营养均衡协调，烟叶品质清香淡雅，烟叶配伍性好，工业可用性高。从排他性而论，林中烟产品目前已经成为"黄鹤楼""利群""芙蓉王""娇子"等骨干卷烟品牌的香味型和吃味型主料烟，是不可替代的主要烟叶原料。

可称为林中烟的烟叶产品，需达到一定的生态环境标准，具有一定的产品生产规模，合理的种植制度，稳定的从业队伍，市场前景广阔，企业管理水平高。

二、林中烟的定义

广义上，凡是产于林区的烟叶，均是林中烟或林区烟。烟叶的种类、规模、技术水平、风格定位和市场前景等名优农产品要素没有定量标准。

狭义的林中烟定义，是针对某一特定烟叶产品确定的。林中烟的概念除了在广义上属于原产地为林区生产的烟叶外，基本都有明确的地域和质量风格属性定位，也就是一般农产品的地域属性和质量属性。

"金神农"品牌林中烟，是产于环神农架主要烟叶产区的烟叶，包括十堰的房县、竹山、竹溪、郧阳区、郧西、丹江口，襄阳的保康、南漳，宜昌的兴山以及神农架林区。该产区的烟叶由于质量风格相近，生态环境一致性高，且森林覆盖率高等，是典型的优质林中烟之一。

第三节　林中烟对象与内涵

对象是对客观事物的抽象，类是对对象的抽象。类是一种抽象的数据类型，对象是类的实例。在定义对象之前，首先明确对象所属的类。在本书中，我们论述的是"金神农"林中烟，因而，研究的对象就是"金神农"林中烟。

内涵，从词义上说是一个概念所反映的事物的本质属性的总和，也就是概念的内容之意。是指现实性的较高形式与它所赖以存在的较低级形式之间的关系，如精神与物质的关系，或者某一逻辑术语所包含的性质或一组性质。林中烟的内涵，简言之就是优质烟叶产品，适用于中式卷烟骨干品牌，如"黄鹤楼""芙蓉王""中华""利群"等，是具有独特质量风格的优质卷烟原料。

"金神农"林中烟既是知名农产品，又是优质卷烟原料，因而，农产品的基本属性及其生产条件是研究的主要对象之一，卷烟原料的使用价值也是研究的重要对象。

一、研究对象

"金神农"品牌林中烟的研究对象是：根据"金神农"品牌林中烟的环境特征、生态基础及其风格特色，研究"金神农"品牌林中烟产量与品质形成的高效、环保、可持续生产技术体系，发展"金神农"品牌林中烟高效生态农业发展模式，构建高效、绿色、可持续发展的生产模式。

（一）特色定位

结合"金神农"品牌林中烟的环境特征、生态因子特点及其自身的风格特色，从产区的空间属性、景观属性、气候属性、土壤属性以及烟叶的物理性状、化学指标属性入手，对其进行科学定义。将"金神农"品牌林中烟的风格特色与我国其他产区烟叶的相关属性特点进行对比分析，从定性和定量两个方面对"金神农"品牌林中烟的特色进行定位，准确把握其独特优点和优异风格。

（二）生产技术

依据"金神农"品牌林中烟的特色定位，结合烟草高效栽培种植技术，从无毒无害化病害防控、土壤可持续利用、减量化高效施肥、气候资源有效利用、节能环保烘烤及GAP体系构建五方面，掌握"金神农"品牌林中烟高效栽培种植与生产技术，为高效生态农业提供关键生产技术支持。

（三）生态农业

基于"金神农"品牌林中烟高效栽培与生产技术，发展高效生态农业生产体系。对该生产体系进行示范，在生产技术体系得到成熟示范后推广至整个产区。基于高效、环保、可持续生产技术体系，构建"金神农"品牌林中烟高效生态农业模式，推动该品牌的生态效应。

二、研究内涵

（一）品牌内涵

根据"金神农"品牌林中烟环境特征、生态因子特点及其自身的风格特色，采用定量化指标对"金神农"品牌林中烟进行科学定义，树立"金神农"品牌林中烟的特色品牌，综合其独特优点和优异风格，突出"金神农"品牌林中烟的品牌内涵与优异特性。

（二）技术内涵

依据"金神农"品牌林中烟的特色定位，综合绿色种植、高效栽培、环保生产等各项环节，发展环保、可持续的高效栽培种植与生产技术，强调"金神农"品牌林中烟种植与生产的技术内涵。

（三）生态内涵

无论是品牌内涵对"金神农"品牌林中烟独特优点和优异风格的科学定义，还是技术内涵中对"金神农"品牌林中烟种植与生产中的环保、可持续技术体系，都围绕着"金神农"品牌林中烟的生态内涵来展开。生态内涵不仅包括"金神农"品牌林中烟产量与品质形成过程中的生态条件，更是强调了烟田生态系统的生态可持续种植、烟叶生产中能源合理利用的生态生产技术，对三者进行有机结合，构建"金神农"品牌林中烟高效生态农业模式。

第四节　林中烟研究路线与方法

一、技术路线

具体路线分为3个环节：风格特色属性、关键生产技术和高效生态农业（图1-1）。其中，风格特色属性是本项目的前提条件和基础，关键生产技术是本项目的主体，高效生态农业是本项目的关键和目标。

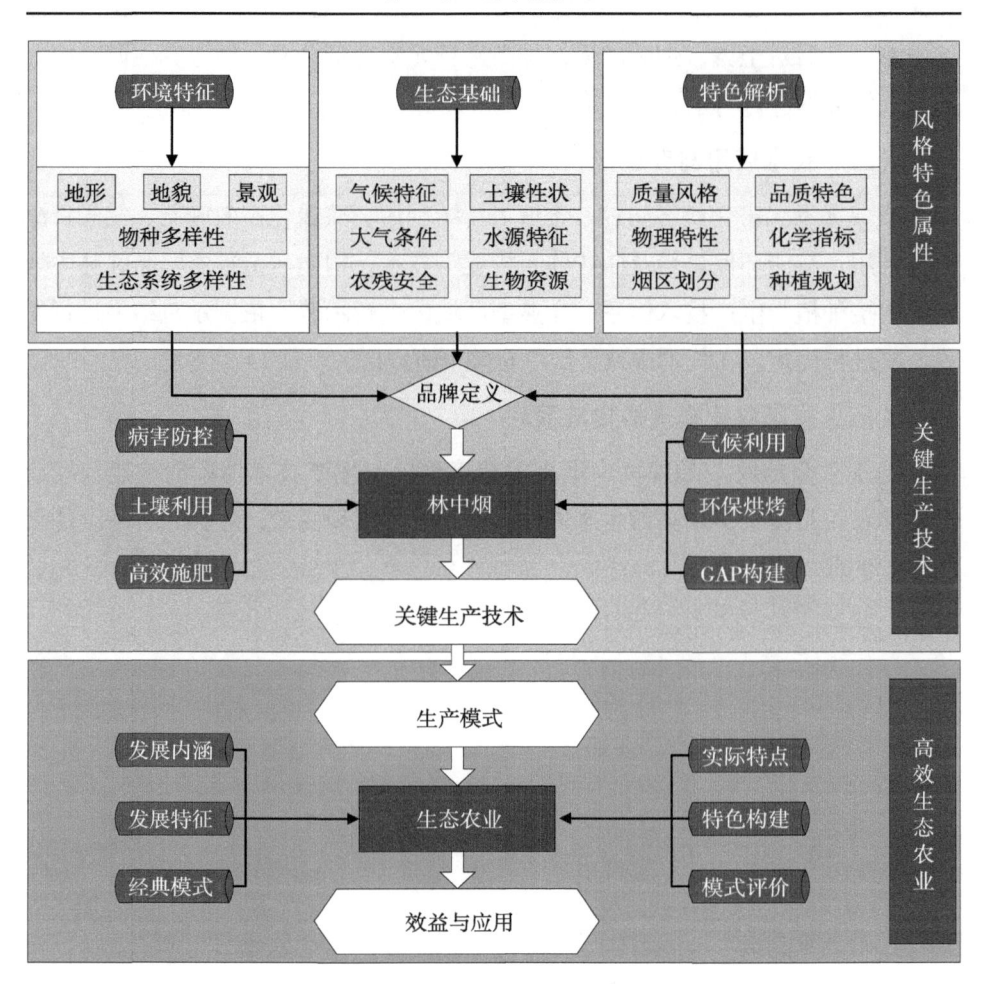

图1-1　林中烟研究技术路线

二、研究方法

（一）数据采集与分析

基于环境特征、生态因子特点及其自身的风格特色，从产区的空间属性、景观属性、气候属性、土壤属性以及烟叶的物理性状、化学指标属性入手，对"金神农"品牌林中烟的进行科学定义。产区的空间属性、植被格局、气候动态、土壤性状以及烟叶元素含量等信息，需要对产区进行实地调查、采样与连续观测，然后对土壤、烟叶的采样样品进行元素含量分析，结合其他调查的空间、气候数据进行科学、定量定义。

（二）技术应用与改进

集成无毒无害化病害防控、土壤可持续利用、减量化高效施肥、气候资源有效利用、节能环保烘烤及GAP体系构建等技术，构建"金神农"品牌林中烟高效栽培种植与生产技术体系，在典型区域内进行示范，依据示范结果进行发展、改进与优化，在技术成熟后推广至整个研究区。

（三）生态农业模式构建与示范

基于"金神农"品牌林中烟高效栽培种植与生产技术体系的构建，发展"金神农"品牌林中烟高效生态农业生产模式，实现高效、环保、可持续的烟叶生产生态之路。

第二章 "金神农"林中烟生态特征分析

在"金神农"烟区发展初期阶段，已将生态条件决定烟叶质量风格特色的理念引入该区域的烟叶生产与发展之中，并将该区域烟叶发展定位到以"金神农"品牌的打造为载体，以绿色环保特色优质烟叶生产与供应体系建设为目标。随着"金神农"林中烟区"金神农"烟叶品牌发展过程的深入，要实现"金神农"烟叶品牌的准确生产定位，做到因地制宜、因时制宜，避害趋利，合理高效利用"金神农"林中烟区独有的生态环境，保障"金神农"烟叶生产的可持续发展，持续高效的保障"黄鹤楼""利群""娇子"等国内高档卷烟品牌的原料供应，必须立足对"金神农"林中烟区生态特征的深入了解，认真梳理、仔细分析"金神农"林中烟区的独特生态条件的关键生态因素，包括气候、土壤、水源、生态安全、生物多样性在内的多项生态特征指标，为"金神农"品牌的绿色环保发展理念的深入解读获得理论支撑。

第一节 地形地貌特征分析

神农架山脉位于湖北省西部的长江上游北岸、汉水以南的广阔地带，包括房县南部及兴山县、巴东县的北部地区；西与大巴山脉（川东）为界，西北部与竹山接壤，北临房县与武当山脉相邻，东与保康、兴山低山区相连。神农架林区占据神农架山脉的主要部分，地理位置及范围为东经109°56′~110°58′，北纬31°15′~31°57′，总面积3 476.67km²。

"金神农"林中烟区山脉分属秦岭山系、大巴山系和武当山系，产区地貌类型复杂，总体可分为山地地貌、流水地貌、喀斯特（岩溶）地貌和第四纪冰蚀地貌。烟田以山地烟地貌特征为主体，烟田主要分布在坡度为15°以下的平地、缓坡地，这类烟田约占植烟总面积的72%。"金神农"林中烟区覆盖7县1区，其中包括十堰市的郧西、竹山、房县，宜昌市的兴山，襄阳市的保康、南漳，以及神农架林区（图2-1），该区域由西北向东南走向延伸。区域内各植烟县（区）生态条件和地形地貌大致相似，呈现区域内生态环境趋同性特征，但各个片区（县、区）由于分属不同的山脉体系，有呈现特有的山脉走向特点和局部立体小气候特征。

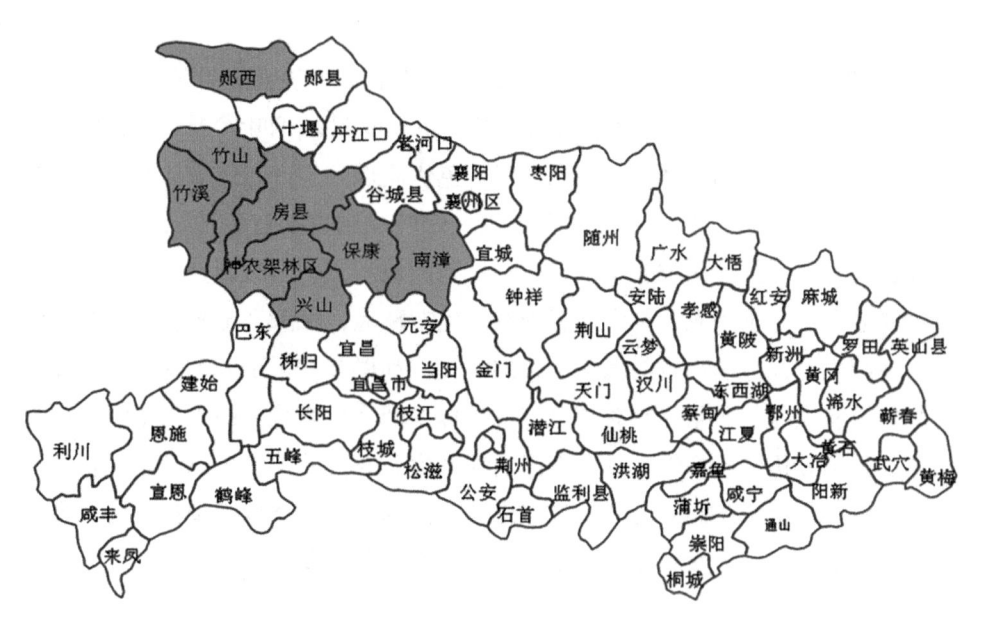

图2-1 湖北省"金神农"林中烟区域分布

第二节 气候特征分析

气候条件是影响烤烟品质和产量的关键因子，也是烤烟特色形成的最主要因素。"金神农"林中烟区地属亚热带湿润季风气候区，热量资源较丰富，雨量充沛，光照充足，气候垂直变化极为显著，具备优质烟叶生长的气候条件，属我国烤烟生长的气候最适宜区。

本研究系统收集了房县、竹山、竹溪和郧西4个代表性烤烟主产县（海拔分别为800 m、1 000 m、1 200 m、1 400 m）40年（1971—2010年）的历史气象数据，包括气温、降水、日照、总辐射、紫外辐射等气象要素，以及兴山、保康、南漳近30年以来历年及多年逐月平均气温、降水、日照时数、湿度等相关气象数据。借助各类数据分析统计方法，采用文字描述结合图表展示，表述"金神农"林中烟区优越的气候条件和影响烟叶风格的关键指标。

一、"金神农"林中烟区主要气候特征

"金神农"林中烟区热量资源较丰富，雨量充沛，光照充足，整体具备优质烟叶生长的气候条件，属我国烤烟生长的气候最适宜区。由于特殊的地理位置和多变的地形地貌特点，形成该区域气候温和，光照资源分布和谐，土壤湿润，水分供应充足，烤烟生长过程与主要气象因素变化过程交相呼应，为优质烤烟的地域特色风格成因提供了得天独厚的条件。

但由于本区域地形复杂多变，立体气候十分显著，也存在烟叶生长期局部雨量分配不够均匀问题，烟叶生长过程中也会出现小范围短期干旱情况，尤其也会出现短暂的春旱和春夏连旱现象，一定程度上影响烤烟生长。同时，加之一些地区多秋雨，易使烟叶生长后期温度过低从而对上部烟叶成熟造成不利影响。

详细剖析该区域主要气象因素过程，其主要目的是揭示产区烟叶风格特色形成的关键气象因素，为区域烟叶风格特色定位提供科学依据，并从中分析局部气象制约因素，为生产技术实施和短暂的不利气候因素回避提供关键节点，以便通过烤烟生育期调整、灌溉设施的有效配置等技术措施加以有效补充。

（一）温度条件

烟草是适应性非常强的植物，在9～38℃都能生长。但优质烤烟生产认为，最适宜的温度是20～28℃，对温度的要求是前期较低、后期较高；移栽期日平均温度在18℃以上能够满足烟株大田生长需要，旺长期日平均温度在28℃左右最适，高温不超过32℃；叶片成熟要求日均温度不低于20℃，而在20～24℃比较理想。

"金神农"林中烟区年平均气温12℃左右。最冷的月份为1月，各气象站点月平均温度为2.0～4.9℃；最热的月份为7月，各气象站点平均温度为

25.9～27.9℃。该区域4月中旬至下旬日平均温已经可以度达到18℃以上，在没有地膜保护栽培的情况下，可以满足优质烤烟移栽期对温度的需求；6—8月最高日平均温度都低于30℃，整个旺长期不会出现高温现象；烟叶成熟期的8—9月日平均气温在20℃以上（图2-2），没有超过32℃的高温现象，到9月平均气温在20.2～23.4℃，能够满足烟株良好生长需要的日平均气温，不会出现超过32℃以上温度，亦不会发生烟叶高温逼熟现象，整个温度曲线符合优质烟叶生产需求。从气象数据分析可以清晰发现，该区域温度条件极为优越，优质烤烟生产的温度区间较为宽广，从4月下旬至9月上旬有150多天的时间窗口完全满足优质烤烟的田间生产需求，从该区域的温度分布范围看，4月在15℃以上的时段，也为地膜保护栽培等措施的实施留有足够的田间生育期前移调整空间。

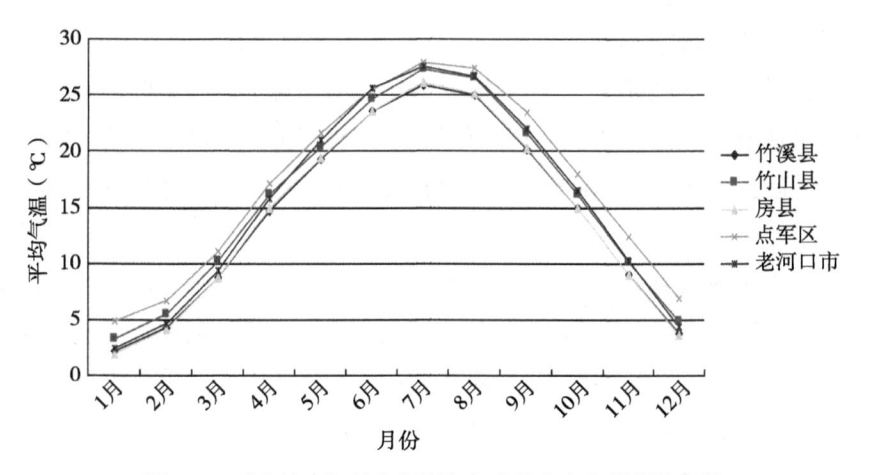

图2-2　"金神农"林中烟区各气象站点多年月平均气温

在热量条件中，昼夜温差是影响烤烟质量的一个重要因素。W. K. Collins在《烤烟生产原理》中指出，昼夜最适温度分别为29～32℃和18～21℃，由此推算昼夜温差适宜范围是8.2～13.9℃。程辉斗等研究认为，较高的夜间温度（昼夜温差小）导致烟株呼吸作用加强，糖类物质分解代谢加速，烟叶糖含量降低，有机酸和钾含量提高。广东省农业科学院在优质适产栽培技术开发研究中也发现，烤烟大田生长期昼夜温差大，有利于烟草香气的形成与积累。

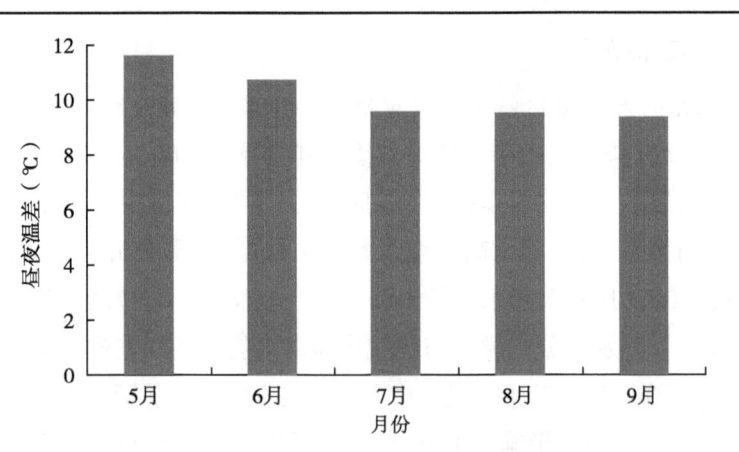

图2-3 "金神农"林中烟区各月昼夜温差示意

"金神农"林中烟区烤烟大田生长期（5—9月）昼夜温差在9.3～10.6℃（图2-3），昼夜温差呈现出最适宜的烤烟生长需求范围，为糖类物质积累创造了有利条件，因此导致烤后烟叶含糖量较高，柔软、吸水性好，外观质量优良。

从空间分布来看，成熟期气温随纬度变化的特征明显，随着纬度的降低，成熟期气温逐渐升高（图2-4）。

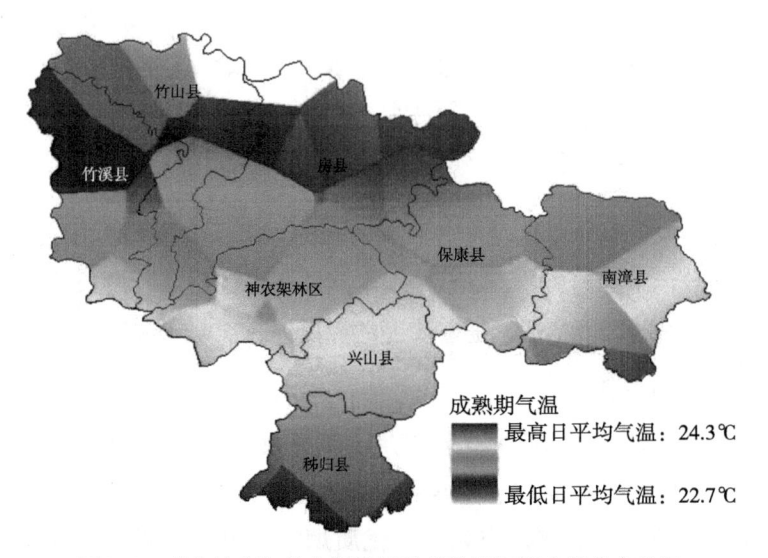

图2-4 "金神农"林中烟区烟叶成熟期气温空间分布特征

（二）降水条件

"金神农"林中烟区降水资源丰富，年降水量分布在800～1 200mm，从北向南呈递增态势，兴山降水明显较多，年降水量1 000mm以上，竹山、房县年降水量最小，在850mm左右。该区域5月下旬至6月中旬是相对干旱少雨期，6月下旬至7月进入降水高峰期，9—10月进入秋季阴雨期（图2-5）。烟叶生长季节（5—10月）降水比较丰沛，烟叶旺长期（6—7月）各片区降水量210～370mm，降水量分布模型与优质烤烟需水规律良好重叠，能够满足优质烟叶生长的需要。但烟叶生育过程中，尤其是烟叶生长前期易出现短期干旱，会对烟叶生长造成一定影响，生产上应用简单的灌溉措施就可以有效补充短期缺水需要。

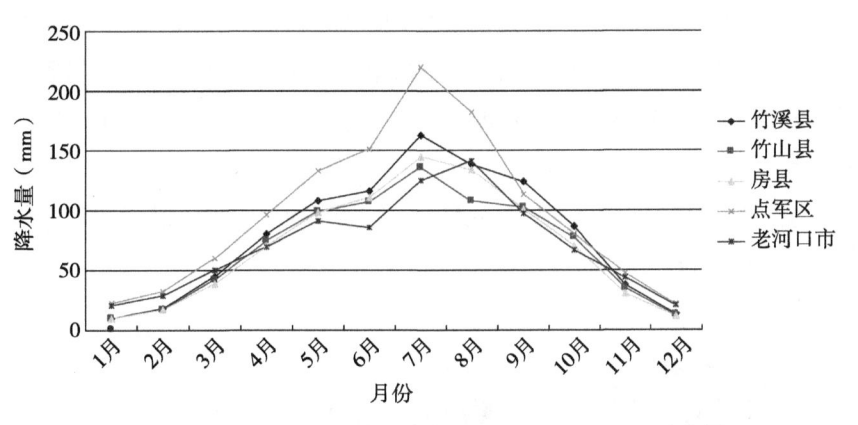

图2-5　"金神农"林中烟区各气象站点多年月平均降水量

对"金神农"林中烟区烟叶旺长期降水的空间分析结果表明，该区烟叶旺长期降水大致范围为219～434mm，基本能够满足优质烟叶生长的需要。降水量分布有较明显的区域特征，随着纬度的降低，旺长期降水量逐渐增加。

（三）光照条件

"金神农"林中烟区日照比较充足，年日照时数均在1 700h以上，完全能够满足优质烟叶生长的需要。全年各月中，以11月至翌年2月日照时数较少，7—8月日照时数较多。有研究认为，优质烟叶大田生长期日照时数要求达到500～700h，该区域典型片区的竹山、竹溪和房县3个县烤烟生长期（5—10

月）日照时数1 017 ~ 1 042h，完全能够满足优质烟叶生长的需要（图2-6）。从图中曲线走向可以清晰发现，该区域前期2月初至4月上旬，虽然日照时数较低，但月最低仍在100h以上，为烤烟育苗期提供了良好的光照条件。

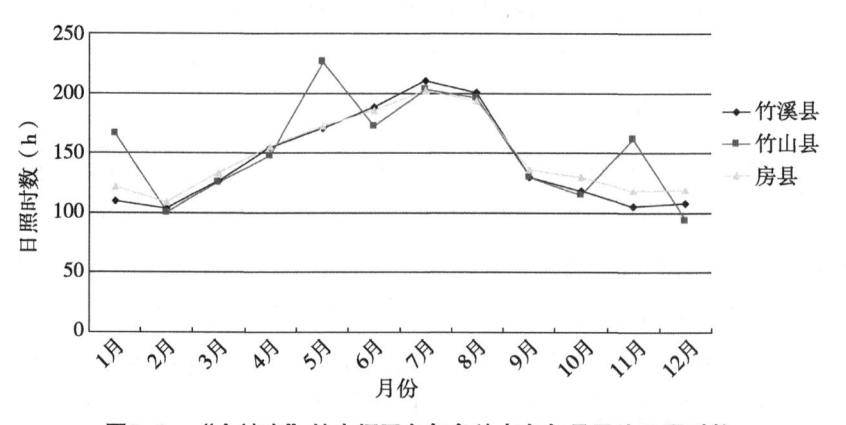

图2-6　"金神农"林中烟区各气象站点多年月平均日照时数

对该区烟叶大田生长期日照时数空间分布的分析结果显示（图2-7），该区大田期日照时数空间分布的区域特征明显，表现为随着经度的增加，日照时数逐渐增加，竹溪、兴山西南部大田期日照时数相对少，范围为887 ~ 930h，竹山、房县西部和兴山东部烤烟大田期日照时数居中，为930 ~ 960h，房县东部、保康和南漳日照时数相对较多，为920 ~ 990h。有研究认为，优质烟叶大田生长期日照时数要求达到500 ~ 700h，分析结果显示该区烟叶大田生长期日照时数达到887 ~ 993h，完全满足优质烟叶生长对日照时数的要求。

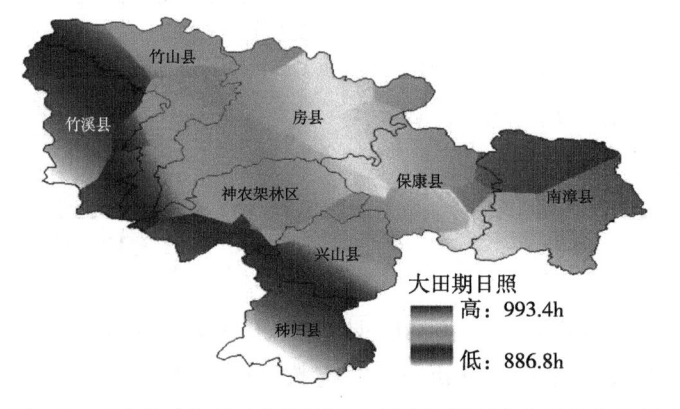

图2-7　"金神农"林中烟区烟叶大田期日照时数空间分布特征

二、不同海拔烤烟生育期气候特征对比

为了详细了解"金神农"林中烟区多山条件下的局部气候特征，解读该区域独特气候特点，通过不同海拔高度安装自动气候监测设备实测主要气象指标的方法，对不同海拔高度植烟片区的主要气象因素进行了研究。

（一）气温特点

"金神农"林中烟区年均温度在11~14℃。烟区≥10℃活动积温在3 086.6~4 511.2℃，平均在3 000℃以上。烟区≥15℃以上的日平均气温度初始日期在4月中旬至下旬，结束日期在10月上旬至中旬，日均≥15℃以上的时段持续180d左右，显示该区域具有优质烤烟生产的优越温度条件。

不同海拔片区的日均温度均在7月达到最高值，旺长期（6月下旬至7月上旬）的日平均气温高于成熟期。大田期（5—9月）日平均气温在18.2℃以上，旺长期日平均气温在20.3℃以上，成熟期（7—9月）在19.3℃以上，均能满足优质烟叶生产的需要（图2-8和图2-9）。总体而言，随着海拔的升高，气温呈下降的趋势，但海拔1 400m略高于1 200m，这可能与监测点的小气候差异有关。

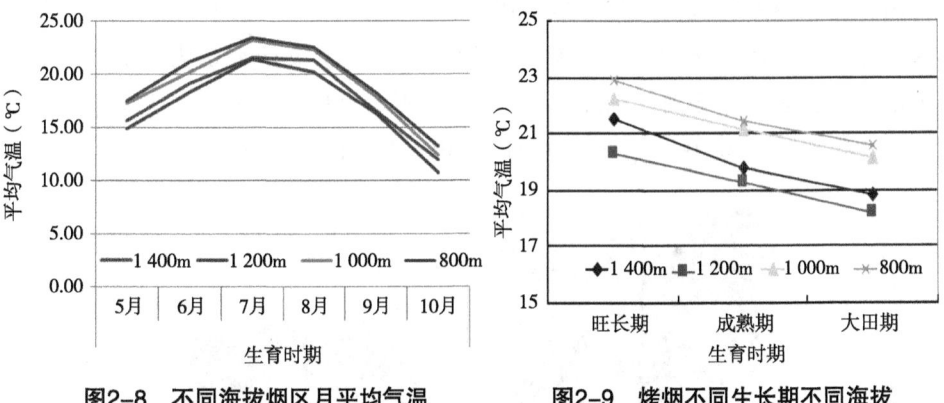

图2-8　不同海拔烟区月平均气温　　　图2-9　烤烟不同生长期不同海拔
　　　　　　　　　　　　　　　　　　　　　　　　月平均气温

以不同海拔高度烟区大田期的平均气温为处理，以2010—2011年两年的数据为重复做多重比较，分析发现，海拔800m、1 000m的平均温度显著高

于1 200m、1 400m。800m的平均温度略高于1 000m,但二者差异不显著,1 400m略高于1 200m,但二者差异不显著(表2-1)。

表2-1 不同海拔5—9月平均气温多重比较分析结果(LSD法)

海拔(m)	平均值	5%显著水平	1%极显著水平
800	20.50	a	A
1 000	20.02	a	A
1 200	18.04	b	B
1 400	18.94	b	B

从观测数据研究发现,典型片区温度分布时段与国家气象台站的观测数据走势相吻合,烤烟大田积温条件可以充分满足优质烟叶生产需求,随着海拔高度增加,平均气温呈逐步降低趋势。

(二)降雨特点

年降水量呈现由北到南、随着海拔的升高而逐步增加的规律。降水量的时间分布比较均匀,能满足烟叶大田生长发育的需要,但仍然存在着相对的不均匀性。中低山烟区存在一定程度的伏前旱和秋旱现象。

降雨分布表现为"旺长期明显高于成熟期"的特点。在海拔1 200m区域的烟叶生长中后期(7—9月)期降水较为均匀,月降水量均在200mm以上;而其他海拔区域均波动较为明显,在海拔800m区域,大田期降水量的高峰出现在7月,1 000m区域在7月和9月呈现两个明显的降雨高峰期,1 400m区域高峰期推迟到9月(图2-10)。

在烟叶的不同生长阶段不同海拔区域的降水量同样有较大的差异,在旺长期以1 200m区域的降水量高于其他区域,而在成熟期及整个烟叶生长期1 000m和1 200m区域基本相当,且高于1 400m和800m区域(图2-11)。

以各个海拔5—9月的月平均降水量为处理,以2010—2011年两年的数据为重复做多重比较分析,结果表明海拔1 200m、1 000m区域降水量明显大于海拔800m、1 400m,二者差异达显著水平,1 200m与1 000m、800m与1 400m差异均不显著(表2-2)。

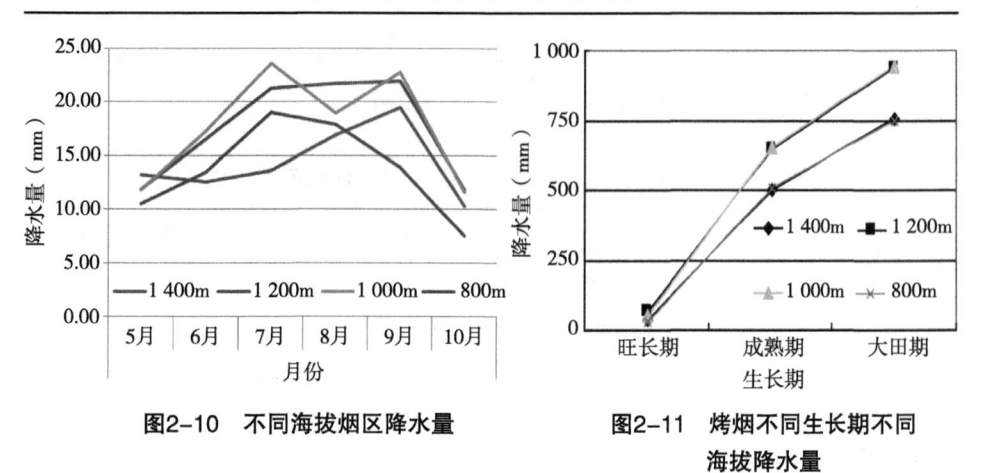

图2-10 不同海拔烟区降水量　　　　图2-11 烤烟不同生长期不同
　　　　　　　　　　　　　　　　　　　海拔降水量

表2-2 不同海拔区域烟叶大田期降水量多重比较分析结果

海拔（m）	均值	5%显著水平	1%极显著水平
800	151.04	b	A
1 000	194.97	a	A
1 200	203.69	a	A
1 400	150.88	b	A

降水量研究结果发现，该区域典型地点的降水量呈现前低、中高、后低的抛物线分布，局部实测结果与国家级气象台站的走势相吻合，符合优质烤烟的需水规律；海拔高度变化对降水量有一定影响，海拔高度1 200m和1 000m区域降水量明显大于海拔800m和1 400m。

（三）日照时数

通过日照时间记录数据发现，"金神农"林中烟区典型地点年平均日照时数为1 718.2～2 122.3h，产区日照百分率在38%～52%。总体而言本区域日照百分率明显高于省内其他烟区（图2-12）。

1 400m区域日照时数明显低于1 200m、1 000m和800m区域；1 200m区域在8月出现明显的高峰，其他区域则波动不大。大田生长期月平均日照时数在165.5～217.1h，成熟期月平均日照时数在163.5～226.7h，各烟叶生长阶段均能满足优质烟叶生产的光照需要（图2-13）。在烟叶生长的旺长期不同海拔区域的日照时数差异较小，在烟叶生长的大田期和成熟期日照时数均以海拔1 200m区域最高，而以1 400m区域最低。

以各个海拔5—9月的月平均日照时数为处理，以2010—2011年两年的数据为重复做多重比较分析，月日照时数1 200m、1 000m、800m差异不显著，但与1 400m的月平均日照时数差异达到显著水平（表2-3）。

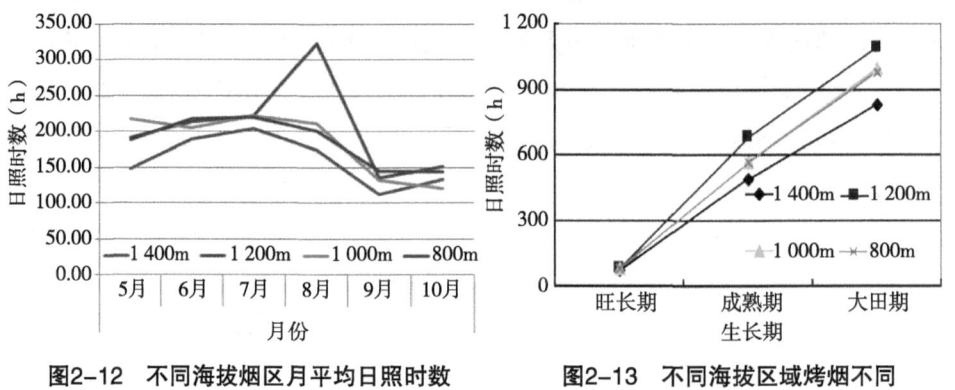

图2-12 不同海拔烟区月平均日照时数　　图2-13 不同海拔区域烤烟不同
　　　　　　　　　　　　　　　　　　　　　　生长期日照时数

从分析结果看出，在800～1 200m，随着海拔高度增加，生长期日照时数呈小幅增加趋势，但到1 400m海拔，日照时数有所降低，说明山区低海拔片区空气水汽较多，对日照时数略微造成影响，到高度相对较高处，水汽对日照时数的影响减少，但到较高海拔高度（1 400m以上）由于山顶部云雾阻挡，使得日照时数由呈现降低态势。

表2-3 不同海拔烟区月日照时数多重比较分析结果（LSD法）

海拔（m）	均值	5%显著水平	1%极显著水平
800	197.71	a	AB
1 000	198.43	a	AB
1 200	207.83	a	A
1 400	169.77	b	B

（四）紫外辐射

通过观测数据分析认为，烟叶生长的大田期，前期紫外辐射强度较高，到8月达到最高数值，8月之后紫外辐射强度逐步降低，到9月呈稳定态势。不同海拔高度紫外辐射差异较大，以1 400m区域紫外辐射最低，1 000m区域最高，800m和1 200m区域居中（图2-14）；不同海拔高度的紫外辐射强度走势有所不同，1 000~1 200m区域，呈现前期较高，中期略微降低（旺长后期），8月又达到最高值（中部烟叶成熟期），之后呈下降趋势（中、上部烟叶成熟期），之后平缓稳定升高；800m和1 400m高度烟区，前期紫外辐射低，之后持续升高，到8月达到最大值，之后的降低趋势与1 000~1 200m的区域走势一致。

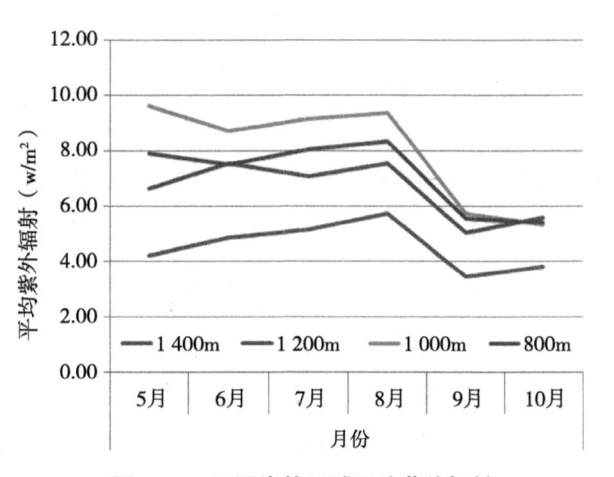

图2-14 不同海拔区域平均紫外辐射

以各个海拔5—9月的平均紫外辐射为处理，以2010—2011年两年的数据为重复做多重比较分析，不同区域差异显著，1 000m区域明显高于其他区域，800m与1 200m差异不显著，但与1 400m海拔差异显著（表2-4）。

表2-4 不同海拔区域紫外辐射多重比较分析结果（LSD法）

海拔（m）	均值	5%显著水平	1%极显著水平
800	7.61	b	AB
1 000	8.74	a	A

（续表）

海拔（m）	均值	5%显著水平	1%极显著水平
1 200	7.06	b	B
1 400	4.97	c	C

紫外辐射强度直接影响烟株生长发育进程和烟叶成熟过程的干物质积累转化趋势。该区域紫外辐射强度观测数值分析清晰显示，到烤烟中、上部为烟叶成熟时期，外辐射强度明显低于前期和中期。

（五）总辐射强度

在烟株整个生育期内，平均总辐射强度呈现先增加后降低的趋势，5—8月逐渐增加，高峰值出现在8月，至9月迅速降至最低点；随着海拔升高而增加的趋势，1 400m区域最高，海拔800m区域最低，显示总辐射强度海拔高度之间差异不大（图2-15）。

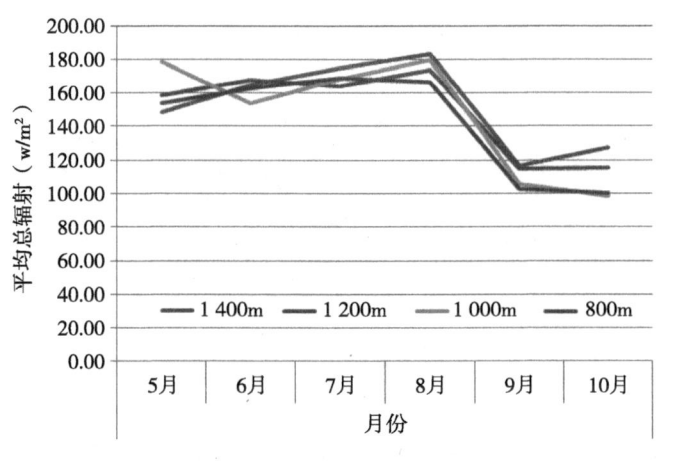

图2-15 不同海拔区域总辐射

以各个海拔5—9月的平均总辐射为处理，以2010—2011年两年的数据为重复做多重比较分析（表2-5），平均总辐射各海拔差异不显著。

表2-5 不同海拔区域平均日总辐射多重比较分析结果（LSD法）

海拔（m）	均值（w/m²）	5%显著水平	1%极显著水平
800	153.47	a	A
1 000	161.25	a	A
1 200	161.64	a	A
1 400	163.27	a	A

烤烟生育期总辐射强度的分析结果与紫外辐射的结果大体一致，总辐射效应走势也充分说明，该区域在光照特性方面呈现上部烟叶干物质积累降低趋势，是造成上部烟叶外观特性与中部烟叶相类似的特殊光照条件。

（六）空气湿度

兴山、保康、房县、竹山和郧西5县2001—2011年10年的空气湿度数据显示，在整个烤烟大田生育期（5—9月），"金神农"林中烟区的空气湿度都维持在较高水平，分布在65%～90%（图2-16）。

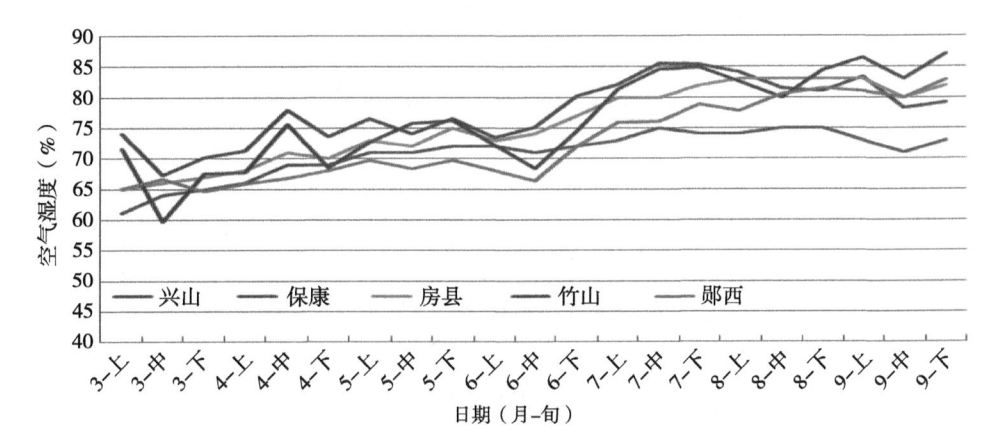

图2-16 "金神农"林中烟区各气象站点多年旬平均空气湿度

张波等研究发现，旺长期和成熟期的空气相对湿度分别与烟叶中化学物质的积累呈负、正相关关系，对烟叶化学物质积累的影响大于日照时数、降水量和昼夜温差，仅次于日平均气温。许大全试验中发现，强光并非引起"午睡"的直接必要条件，而空气湿度过低、气孔部分关闭和ABA浓度的提高等才是从中起作用的因素。

神农架烟区空气相对湿度从旺长期至成熟期逐渐升高，这可能是该植烟区烟叶的化学成分比率协调，但单一指标总体含量又不至过高的原因。

分析"金神农"林中烟区在烤烟大田不同生育时期降雨分布特征，对应相同时期的空气湿度情况分析，并与云南江川、贵州兴仁和湖南桂阳同期聚类分析认为，神农架植烟4个县（兴山、郧西、保康、房县）分为一类，其他3地各为一类（图2-17）。进一步分析各地降雨与空气湿度情况，发现神农架整个生育期的降水总体低于其他3地，但是空气湿度仍保持较高水平。

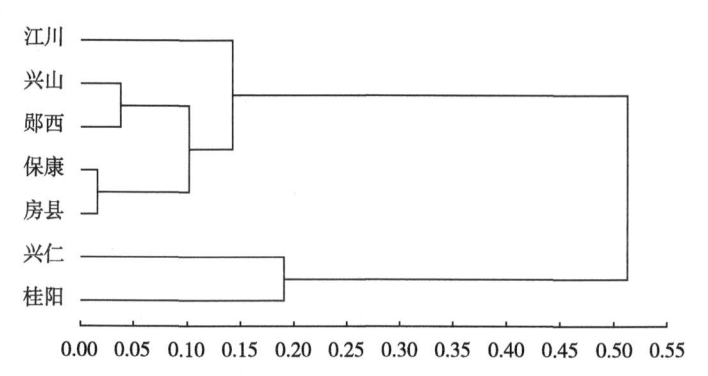

图2-17 不同生育时期降水量分布与空气湿度变化特征聚类

三、与国内外代表产区对比分析

与国内外优质烟区相比，"金神农"林中烟区局部生态区域：在平均气温方面，无论是大田前期还是大田中后期平均气温均低于美国，高于巴西；大田前期平均气温低于津巴布韦，大田中后期略高于津巴布韦；在日照方面，"金神农"林中烟区日照比美国、津巴布韦产区要少，与巴西接近；在降水量的表现上，无论哪个时期"金神农"林中烟区小生态区域降水量均显著高于国外优质烟区；在与国内云南优质烟区比较，大田前中期均温略低于或持平于玉溪和昆明，成熟期均温则略高于玉溪和昆明，日照方面基本与国内云南烟区接近，降水量方面，大田期降水量总体高于玉溪和昆明，主要表现在成熟期降水量上（表2-6）。聚类结果显示"金神农"林中烟区局部生态区域气象因子基本与玉溪一致，这也是"金神农"品牌烟叶清香淡雅的基本神态因素引导结果。

通过对比不难发现，"金神农"林中烟区小生态区域具有大田前期光足均温适中多雨，大田中后期寡照均温高雨量多，均温变化平缓，降雨前后反差大等特点。

表2-6 国内外优质烟区与神农架局部生态区生育期的主要气象指标与聚类分析

国家和地区	T1（℃）	T2（℃）	T3（℃）	R1（mm）	R2（mm）	R3（mm）	S（h）	聚类类别
保康县	19.9	21.9	22.4	148.3	288.2	344.5	654	3
房县	18.9	20.7	21.3	120.0	223.9	468.9	698	3
兴山县	19.0	21.8	21.8	211.9	259.3	290.9	664	3
美国	20.7	24.4	22.1	112.0	164.0	123.0	1 104	1
巴西	16.4	18.9	21.1	90.0	125.0	163.0	696	2
津巴布韦	21.1	20.8	20.3	138.0	152.0	114.0	768	3
玉溪市	19.8	21.6	19.9	100.0	305.0	329.0	678	3
昆明市	19.4	21.4	20.8	107.0	197.0	205.0	668	3
总平均	19.4	21.4	21.2	128.4	214.3	254.8	741.3	3

注：T1为移栽一团棵期日平均气温；T2为旺长期日平均气温；T3为成熟期日平均气温；R1为一团棵期降水量；R2为生长期降水量；R3为成熟期降水量；S为大田期日照时数

第三节 土壤特征分析

土壤条件与气象条件一样，也是影响烤烟品质和产量的关键因子，是优质烤烟特色形成的主要因素之一。因此，通过调查分析，明确"金神农"林中烟区土壤条件，对于研究发掘"金神农"品牌烟叶特色的成因起着重要作用。

采用调查收集、取样分析等方法，完成了房县、竹溪、竹山、郧西5个海拔高度(600m、800m、1 000m、1 200m、1 400m)代表区域的烟地土壤的样品采集和检测,收集整理了保康、兴山、南漳、神农架林区的土壤数据,对"金神农"林中烟区1 700多个耕层土壤样品的pH值、有机质和土壤养分进行了分析(表2-7)。研究过程采用Excel软件对数据进行初步整理与分析,采用SPSS 13.0软件对数据进行相关分析、回归分析、方差分析等统计分析。

表2-7 "金神农"林中烟区各县土壤样品采集数量 (单位:个)

项目	兴山县	保康县	南漳县	神农架林区	竹山县	竹溪县	房县	郧西区	合计
pH值	328	449	330	51	132	132	132	132	1 686
有机质	332	449	330	51	132	132	132	132	1 690
全氮	293	128	95	17	31	25	24	19	632
全磷	280	128	95	17	31	25	24	19	619
全钾	280	128	95	17	31	25	24	19	619
碱解氮	381	449	330	51	132	132	132	132	1 739
速效磷	381	449	330	51	132	132	132	132	1 739
速效钾	381	449	330	51	132	132	132	132	1 739
速效硼	37	128	95	51	76	76	76	76	615
速效锌	37	128	95	51	76	76	76	76	615
速效锰	37	128	95	51	76	76	76	76	615
速效钼	37	128	95	51	76	76	76	76	615
速效铁	37	128	95	51	76	76	76	76	615
速效铜	37	128	95	51	76	76	76	76	615
速效硫	37	128	95	51	76	76	76	76	615
氯	31	128	95	51	76	76	76	76	609
交换性钙	37	127	95	51	76	76	76	76	614
交换性镁	37	128	95	51	76	76	76	76	615

一、土壤类型质地

典型烟田土壤以石灰岩山区、沟谷冲积-堆积物形成的普通淡色潮湿雏形土，石灰岩山区、砂岩、白云岩、风化坡积物形成的斑纹简育湿润雏形土；以石灰岩山区、白云岩、千枚岩、风化坡积物形成的普通酸性湿润雏形土；600m以上为新堆积物，600m以下为砂岩风化坡积物和泥质页岩风化、残积-坡积物形成的普通简育湿润淋溶土；石灰岩山区、蜀黄土来源的普通黏磐湿润淋溶土和斑纹铁质湿润淋溶土；以石灰岩山区、沟谷冲积-堆积物来源的底潜铁渗水耕人为土。

典型烟田土壤基本属于山区岩石风化后，经淋溶形成的森林土壤和森林边缘地带土壤，主体具备山地森林土壤的基本结构。

"金神农"林中烟区植烟土壤pH值比较适宜优质烟叶生长，个别地区土壤偏酸或偏碱。土壤有机质含量总体偏高，部分地区土壤氮供应水平较高，磷供应相对缺乏，氯离子含量普遍较低，钼和硼普遍缺乏。在该区烟叶生产中，应高度重视烟叶生长后期的氮素调控问题，在氮供应水平较高的产区探索氮肥的合理利用模式。一些产区应适当增加专用肥料中的磷肥用量，提高磷肥利用率；提倡使用含钼和硼微肥。7个县中，土壤pH值以保康县相对适宜，有机质和速效氮以竹山和竹溪相对适宜，磷供应以房县相对适宜，钾供应以兴山相对适宜。

（一）典型区域土壤解剖基本情况

以典型区域为例，兴山和房县烟田一般种植在海拔700～1 200m地段，为北亚热带大陆性季风气候，山地立体气候特征明显，不同海拔高度气候差异较为明显。由于降水量一般高于蒸发量，位于位置较高坡地以及梯田，土壤水分状况主要受降雨影响，较为湿润。而位于沟谷地段的烟田，土壤水分状况主要受地下水影响，较为潮湿。土壤按发生学分类主要为黄壤和黄棕壤，成土母质主要为各类岩石的风化残积物、坡积物、沟谷堆积物以及下蜀黄土，基本以烟—绿肥/晚稻轮作为主。

（二）高级单元的归属（分类）

典型区域2个县10个土壤解剖地点的烟田（表2-8），土壤可划分为人为土、淋溶土、雏形土3个土纲、4个亚纲、7个土类和7个亚类，详见图2-18和表2-9。

表2-8 典型植烟区域土壤特征解剖地点

地点	取样编号	详细地点	北纬（N）	东经（E）	海拔（m）
兴山县	XS-01	兴山黄粮镇火石岭村3组	31°19′42.780″	110°50′50.987″	1 121
	XS-02	兴山黄粮镇仁圣村1组	31°20′37.438″	110°53′05.433″	1 424
	XS-03	兴山榛子乡青龙村6组	31°23′22.630″	110°55′54.373″	1 530
	XS-04	兴山榛子乡和坪村2组	31°28′7.809″	111°0′16.345″	1 281
	XS-05	兴山榛子乡板庙村1组	31°31′00.721″	111°00′11.245″	1 317
房县	FX-01	房县野人谷镇西坪村3组	31°52′28.601″	110°39′22.413″	1 176
	FX-02	房县野人谷镇杜川村3组	31°54′33.147″	110°43′19.391″	832
	FX-03	房县土城镇土城村	32°15′28.571″	110°41′15.852″	641
	FX-04	房县门古镇项家河村6组	32°02′43.099″	110°30′23.588″	723
	FX-05	房县青峰镇龙王沟村	32°15′23.691″	110°58′10.930″	846

1. 人为土纲

FX-03位于沟谷地，为烟—晚稻轮作，其剖面构型为Ap1（耕作表层）+Ap2（耕作亚表层）+Br（水耕氧化还原层），属于人为土纲中的水耕人为土亚纲；但两者土体中铁锰分异很弱，属于简育水耕人为土土类；FX-03由于土体中65～110cm具有潜育特征，在亚类上归属于底潜简育水耕人为土。

2. 淋溶土纲

XS-05、FX-04、XS-03和XS-02土体中有黏化层（Bt）或黏磐（Btm）存在，属于淋溶土纲；由于位于位置较高的坡地上，且降水量高于蒸发量，因此土壤水分状况为湿润，属于湿润淋溶土亚纲；XS-05在60～90cm出现黏磐，归属于黏磐湿润淋溶土土类中的普通黏磐湿润淋溶土亚类；FX-04在土体53～100cm和30～88cm具有铁质特征，分别在80～100cm和88～100cm具有铁锰斑纹，归属于斑纹铁质湿润淋溶土土类中的斑纹铁质湿润淋溶土亚类。而XS-02和XS-03则归属于简育湿润淋溶土土类中的普通简育湿润淋溶土。

图2-18　兴山和房县植烟土壤剖面

表2-9　金神农烟区典型烟田土壤系统分类归属

土纲	亚纲	土类	亚类	产区	土族	成土母质
雏形土	潮湿雏形土	铁色潮湿雏形土	普通淡色潮湿雏形土	兴山黄粮镇火石岭村	黏质伊利石混合型温性普通淡色潮湿雏形土	石灰岩山区，沟谷冲积—堆积物
	湿润雏形土	简育湿润雏形土	普通简育湿润雏形土	兴山榛子乡和坪	砂质混合型温性普通简育湿润雏形土	石灰岩山区，沟谷冲积—堆积物
			斑纹简育湿润雏形土	房县野人谷镇西蒿村杜川村	粗骨砂质非酸性混合型温性斑纹简育湿润雏形土	石灰岩山区，白云岩，砂岩，风化坡积物
		酸性湿润雏形土	普通酸性湿润雏形土	兴山榛子乡板庙村	粗骨壤质非酸性混合型温性普通酸性湿润雏形土	石灰岩山区，白云岩，千枚岩，风化坡积物
淋溶土	湿润淋溶土	简育湿润淋溶土	普通简育湿润淋溶土	兴山黄粮镇仁圣村	粗骨黏质混合型非酸性温性普通简育湿润淋溶土	600m以上为新堆积物，600m以下为砂岩风化坡积物
		黏磐湿润淋溶土	普通黏磐湿润淋溶土	兴山榛子乡青龙	壤质普通黏磐湿润淋溶土	泥质瓦岩风化，残积—坡积物
		铁质湿润淋溶土	斑纹铁质湿润淋溶土	房县青峰镇龙王垭村	黏质伊利石混合型非酸性温性斑纹铁质湿润淋溶土	石灰岩山区，残积—坡积物
人为土	水耕人为土	铁渗水耕人为土	铁渗水耕人为土	房县门古镇项家河村	铁渗水耕人为土	石灰岩山区，蜀黄土
		渗水排人为土	渗水排人为土	房县土城镇土城村	底潜渗水排人为土	石灰岩山区，沟谷冲积—堆积物

3. 雏形土纲

XS-04、XS-01、FX-05、FX-01土体构型为Ap（耕作层）+Bw（雏形层）+C（母质），属于雏形土纲；XS-04和XS-01位于沟谷中，土壤水分状况为潮湿，属于潮湿雏形土亚纲；FX-05、FX-01位于坡上，土壤水分状况为湿润，属于湿润雏形土亚纲；XS-04和XS-01耕作层为淡薄表层，属于淡色潮湿雏形土土类中普通淡色潮湿雏形土亚类；FX-05为酸性，属于酸性湿润雏形土土类中的普通酸性湿润雏形土亚类；FX-01具有铁锰斑纹，属于简育湿润雏形土土类中的斑纹简育湿润雏形土亚类。

（三）土壤质地

"金神农"林中烟区域土壤质地以壤土为主，有利于优质烟叶的生产。就取样点代表区域而言，土壤质地偏轻，壤土占89.2%，适宜发展烤烟；土壤耕层厚度多在30cm左右，坡度15°以下的平地、缓坡地占72%，土层厚度偏薄，烟区多分布在缓坡地和坡地。

二、土壤养分

土壤检测总体结果表明（表2-10），"金神农"林中烟区植烟土壤pH值、有机质、碱解氮、速效磷和有效钾含量的一般范围分别为5.02～7.92，11.19～52.24g/kg，58.69～216.20mg/kg，3.92～39.00mg/kg和51.84～332.14mg/kg，土壤分析指标比较发现，土壤pH值变异最小，土壤速效磷含量变异最大。"金神农"林中烟区植烟土壤pH值5.5～7.5的样品占总数的82.5%，多数土壤pH值适宜优质烟叶生长；土壤有机质含量和氮含量总体较高，磷和钾含量相对较低。以该区烤烟产值为目标的土壤养分丰缺状况评价结果表明，"金神农"林中烟区绝大多数片区处于供氮能力中等和高的范畴，土壤供磷和钾的能力则多处于中等和低的范畴；土壤供钾能力呈现出明显的区域分布特征，土壤供氮和供磷能力地域分布差异不明显。

表2-10　"金神农"林中烟区土壤养分数据统计

土壤指标	平均	中位数	标准差	最小值	最大值
pH值	6.61	6.61	0.71	4.45	8.46

（续表）

土壤指标	平均	中位数	标准差	最小值	最大值
有机质（g/kg）	28.79	27.70	11.03	3.30	68.20
碱解氮（mg/kg）	129.70	127.00	40.55	0.20	272.70
速效磷（mg/kg）	12.89	10.06	13.34	0.08	311.16
有效钾（mg/kg）	154.06	140.24	74.70	11.45	538.16
有效硼（mg/kg）	0.32	0.30	0.15	0.03	0.82
有效锌（mg/kg）	1.03	0.97	0.52	0.00	4.38
有效锰（mg/kg）	23.57	18.21	21.05	0.00	108.00
速效钼（mg/kg）	0.60	0.37	0.79	0.00	6.30
速效铁（mg/kg）	18.97	18.39	6.84	0.47	58.90
速效铜（mg/kg）	1.30	1.17	0.67	0.07	4.14
速效硫（mg/kg）	25.61	18.58	19.99	0.65	118.30
氯（mg/kg）	3.88	3.00	6.78	0.10	119.99
交换性钙（mg/kg）	3 360	3 060	1 688	510	12 800
交换性镁（mg/kg）	462	450	293	6	1 590

（一）pH值

土壤pH值是影响植烟土壤适宜性及烟叶品质的重要因素。一般认为，植烟土壤适宜pH值范围为5.5～6.5，土壤pH值超过7.5以后，烟叶感官质量有所降低。"金神农"林中烟区土壤pH值为4.45～8.46，约60%植烟土壤样品pH值分布在6.0～7.0，其中pH值5.5～6.5的土壤样品占样品总数的35.7%，pH值5.5～7.5的样品数占总数的82.5%（图2-19）。说明该区多数植烟土壤pH值适宜生产优质烟叶，个别土壤偏酸或偏碱在片区选择时候可以回避。在该区中，南漳pH值相对较高，绝大多数土壤pH值在6.0以上，平均7.09。保康土壤pH值最适宜优质烟叶生长，平均6.39，5.5～7.5的样品占总样品数的97.6%，房县、秭归和竹山土壤pH值适宜性相对较差，pH值5.5～7.5的样品分别占总样品数的55.0%、60.3%和65.9%，竹山25.8%的样品土壤pH值偏高。"金神农"林中烟区土壤pH值的空间分布无明显规律，pH值7.0以上的样品主要分布在南漳县、竹溪中部和竹山北部部分地区，pH值<5.5的植烟土壤主要分布在竹山、竹溪西北边缘、兴山中北部部分地区，其他产区土壤pH值多在6.0～7.0（图2-20）。

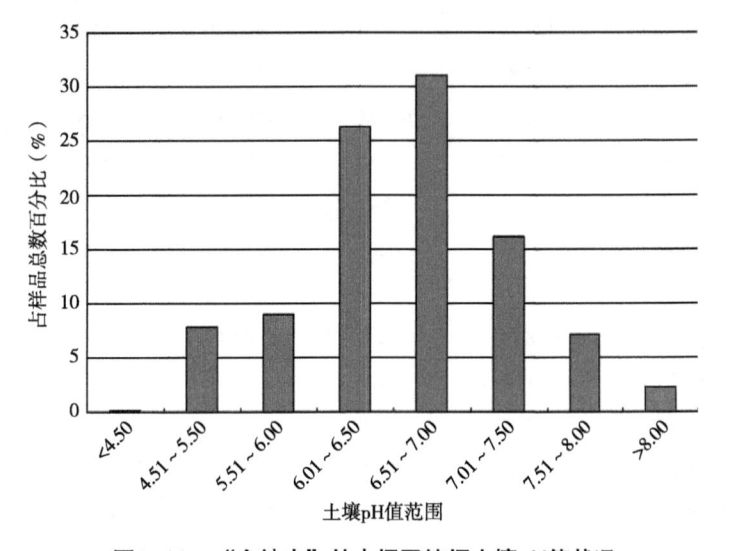

图2-19 "金神农"林中烟区植烟土壤pH值状况

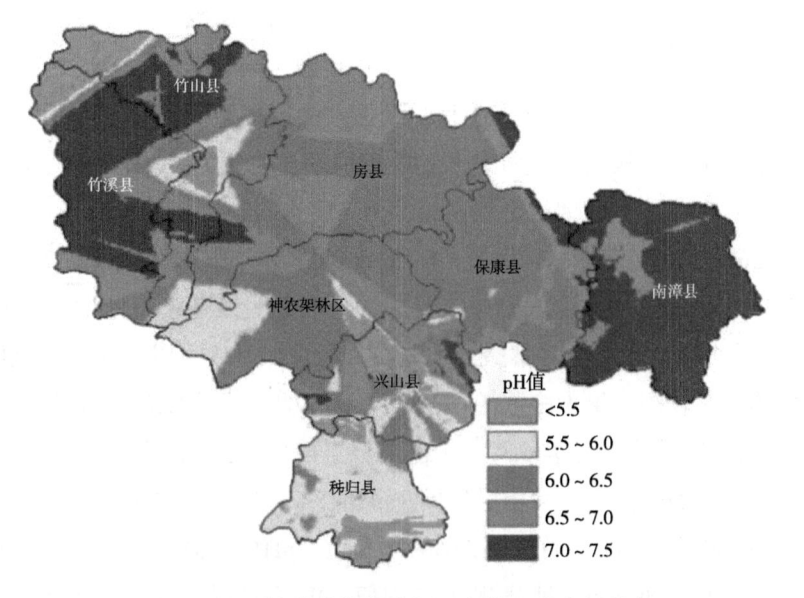

图2-20 "金神农"林中烟区土壤pH值空间分布

（二）有机质

有机质是土壤主要肥力指标之一。研究显示有机质在25.00g/kg以下时，烟叶质量与有机质呈正相关，有机质超过25.00g/kg时，烟叶质量与土壤有机质没有明显关系，而土壤有机质过高容易导致烟叶不能及时落黄成熟，影响烟叶优质生产。"金神农"林中烟区植烟土壤有机质变异很大，从3.30g/kg到68.20g/kg都有分布。在收集到的土壤样品中，近1/3的植烟土壤样品有机质含量在35.00g/kg以上（图2-21），植烟土壤有机质含量总体偏高，这也可能是该区上部烟叶烟碱含量易偏高的原因之一，应高度重视烟叶生产后期的氮素调控问题。"金神农"林中烟区植烟土壤有机质含量空间分布的区域特征明显，总体呈现西低东高的趋势，竹山、竹溪、兴山大部和房县西部等植烟土壤有机质含量相对较低，为10~25g/kg，保康中部和北部、房县东北部和南漳西部有一高有机质含量区域，土壤有机质含量多在35g/kg以上（图2-22）。

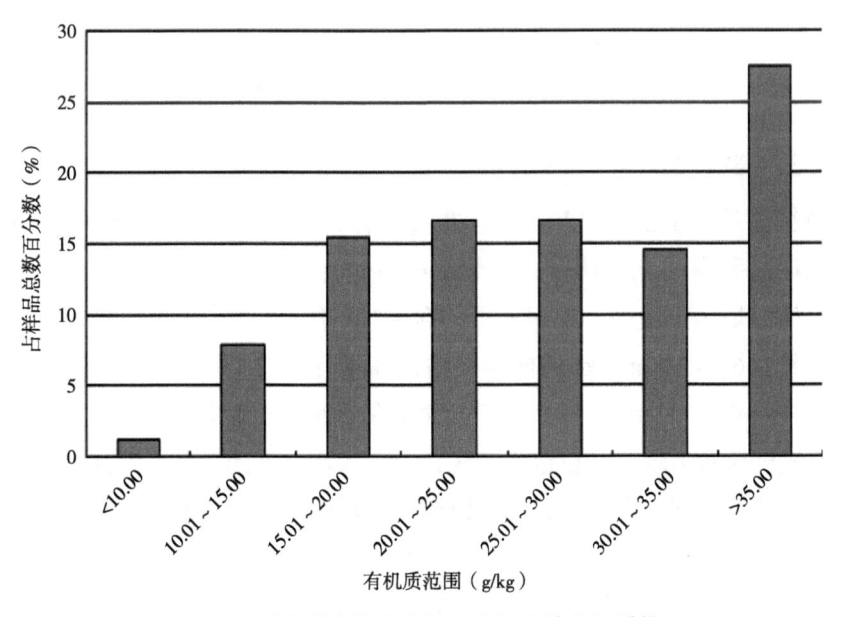

图2-21　"金神农"林中烟区植烟土壤有机质状况

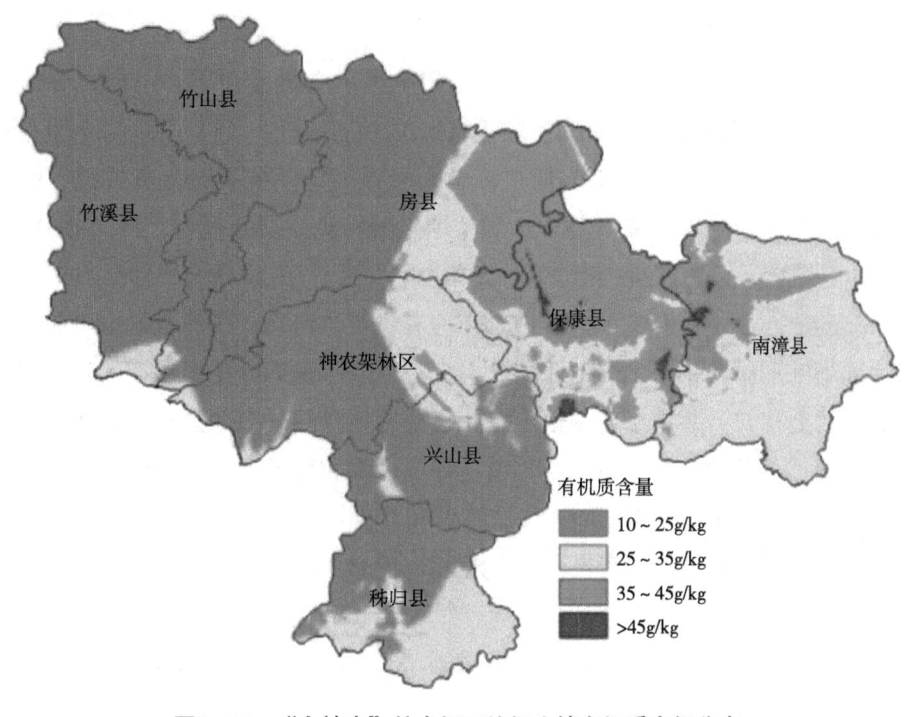

图2-22 "金神农"林中烟区植烟土壤有机质空间分布

（三）碱解氮

碱解氮是衡量土壤氮素供应的重要指标，一般认为碱解氮低的土壤利于烟叶生产过程中的氮素调控，碱解氮65mg/kg对于烟叶生产相对适宜。"金神农"林中烟区土壤中，碱解氮平均含量129.70mg/kg，属于中等水平，但碱解氮含量在65～100mg/kg的样品仅占20%左右，43.9%的样品土壤碱解氮为100～150mg/kg，25.9%的样品碱解氮含量在150mg/kg以上（图2-23），部分地区土壤氮供应水平较高。在这些产区，应深入研究不同形态水溶性氮的组成，探索氮肥的合理利用模式。其中，以南漳和保康土壤碱解氮含量较高，分别有45.5%和48.8%的样品在150mg/kg以上，竹山和竹溪土壤碱解氮含量相对较低，绝大多数样品碱解氮含量低于150mg/kg。若以碱解氮低于100mg/kg作为烟叶生产较适宜调控的速效氮范围，以竹溪和竹山县植烟土壤速效氮更适于优质烟叶生产，保康县烟叶生产中的氮素调控则相对困难。

"金神农"林中烟区土壤碱解氮含量的空间分布与有机质有相似趋势。碱解氮较高的区域主要分布在保康东北部、南漳大部和房县东北部地区，大部分区域土壤碱解氮含量高于130mg/kg，房县北部和南部、竹山县、竹溪县和兴山县中部土壤碱解氮含量多在100mg/kg以下（图2-24）。

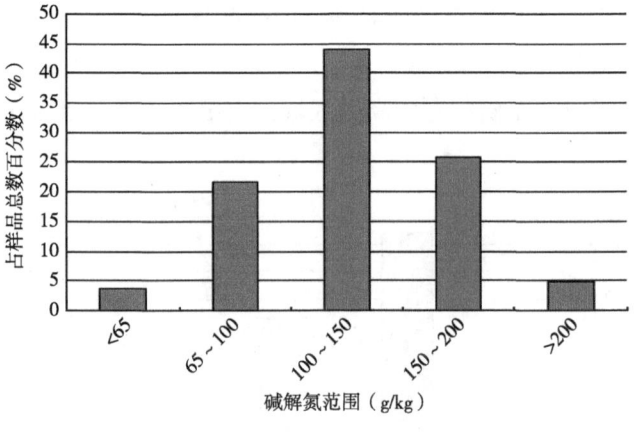

图2-23 "金神农"林中烟区土壤碱解氮状况

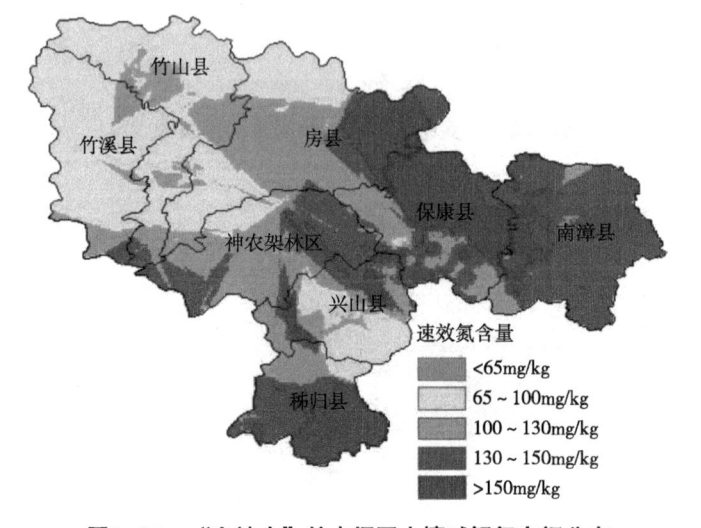

图2-24 "金神农"林中烟区土壤碱解氮空间分布

（四）速效磷

与全国其他烟叶产区相比，"金神农"林中烟区植烟土壤处于磷供应相对缺乏的状态,平均仅11.98mg/kg,约50%的土壤速效磷含量不足10mg/kg,属于严重缺磷范畴,仅12.3%的样品速效磷在20mg/kg以上(图2-25)。因此,该区烟叶生产中,应适当增加专用肥料中的磷肥用量,提高磷肥的利用率。

"金神农"林中烟区大部分区域土壤磷含量低于20mg/kg,处于磷供应相对缺乏的状态,竹山和竹溪西北部、南漳和保康南部、兴山东南部区域土壤速效磷含量更是低于10mg/kg,属于严重缺磷范畴,房县速效磷含量相对较高,在其周围形成一个磷相对较高的区域,土壤速效磷含量多在30mg/kg以上(图2-26)。

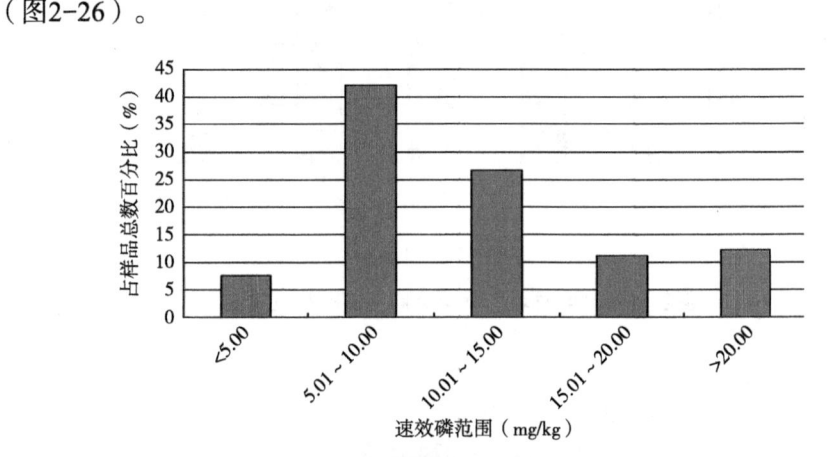

图2-25　"金神农"林中烟区土壤速效磷状况

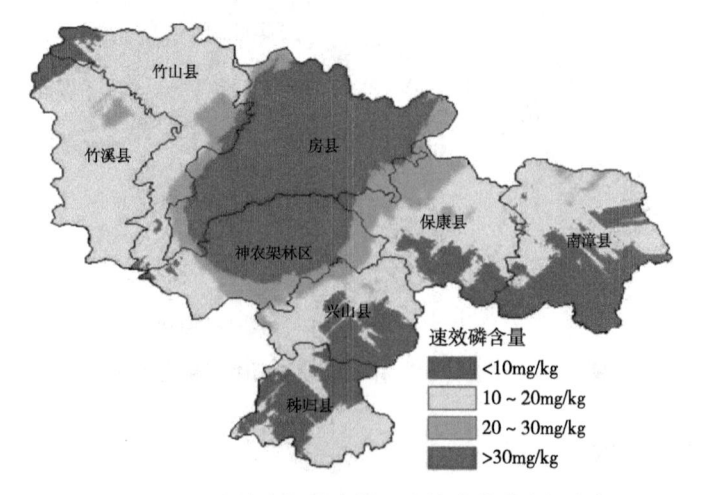

图2-26　"金神农"林中烟区土壤速效磷空间分布

（五）有效钾

"金神农"林中烟区土壤有效钾含量变异非常大，为11.45～538.16mg/kg。该区55.6%的土壤样品低于150mg/kg的钾供应临界水平，其中13.9%的样品低于80mg/kg，属于极度缺钾土壤（图2-27）。兴山、南漳和房县植烟土壤有效钾含量较高，竹溪、竹山和保康有效钾含量相对较低。以土壤有效钾含量高于150mg/kg的钾供应临界值作为适宜范围标准，则适宜样品比例的分布与有效钾含量呈相似趋势，兴山、南漳和房县烟叶生产中钾的供应相对充足，竹溪和竹山土壤缺钾相对普遍，而且缺乏程度相对严重。

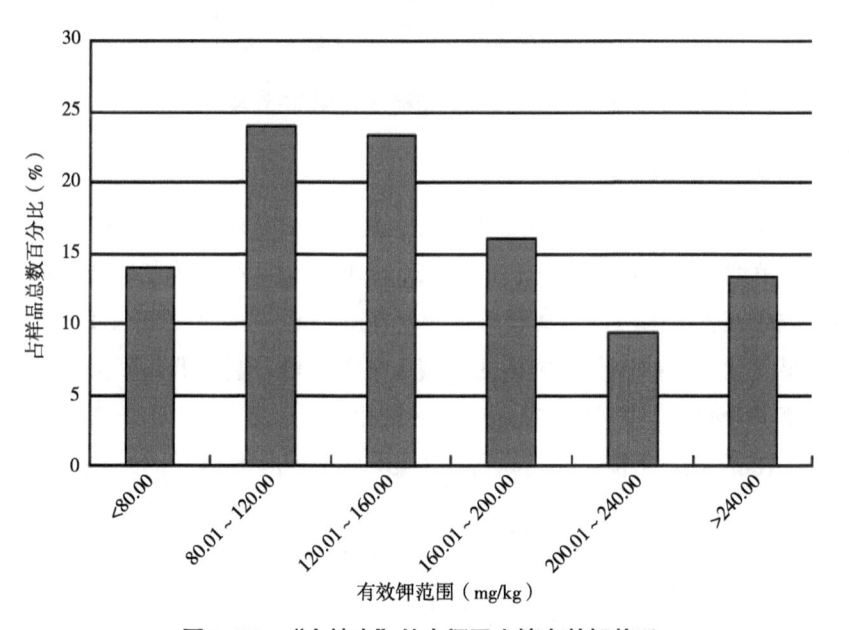

图2-27 "金神农"林中烟区土壤有效钾状况

"金神农"林中烟区土壤速效钾含量大致呈从西北部向东南部逐渐增加的趋势。竹山、房县和兴山南部、保康大部植烟土壤速效钾含量多在150mg/kg以下，竹山西北部、房县西南部和竹溪南部还有部分土壤速效钾含量低于80mg/kg，南漳县大部和兴山东北部区域植烟土壤速效钾含量较高，多在150mg/kg以上（图2-28）。

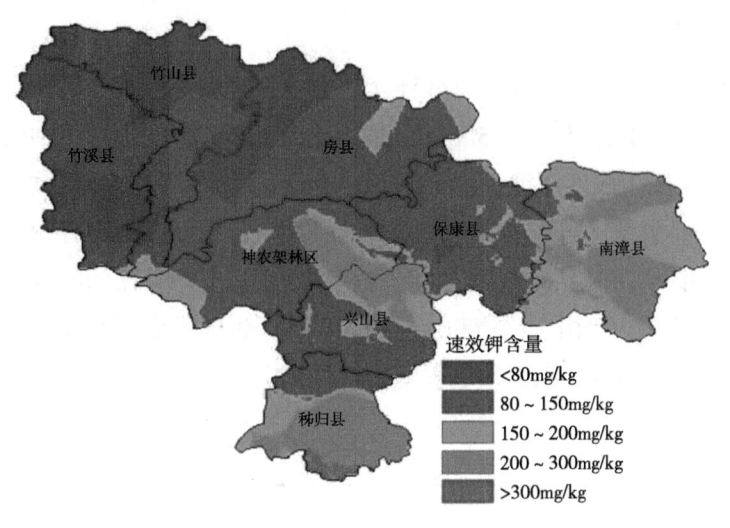

图2-28 "金神农"林中烟区土壤速效钾空间分布

（六）土壤氯含量

我国土壤中氯的整体分布是北方高于南方，沿海高于内地，盐渍土高于非盐渍土。植烟土壤氯离子含量不宜超过30mg/kg。近年平衡施肥研究结果表明，我国多数烟区土壤水溶性氯离子含量小于30mg/kg，一些产区低于10mg/kg。本研究结果显示"金神农"林中烟区土壤氯离子含量普遍较低，多数土壤样品水溶性氯离子含量在0.32～13.82mg/kg，平均3.88mg/kg，97.3%的土壤样品氯离子含量低于10mg/kg，可能会在一定程度上影响烟叶的柔韧性（图2-29）。

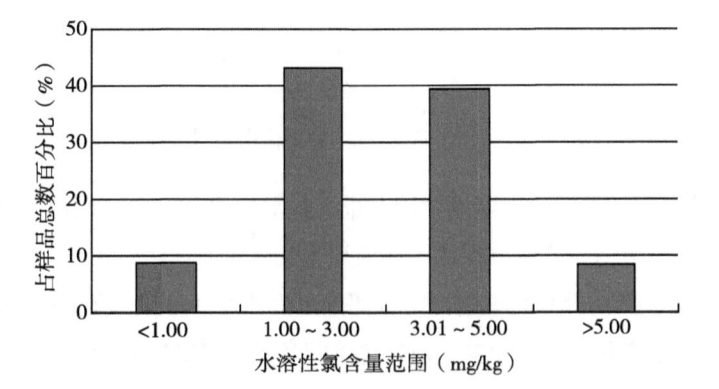

图2-29 "金神农"林中烟区植烟土壤水溶性氯状况

（七）中、微量元素含量

"金神农"林中烟区绝大多数土壤交换性钙含量在800mg/kg以上，交换性镁大于100mg/kg，属于土壤钙和镁含量比较丰富的土壤。植烟土壤有效锌平均含量1.03mg/kg。就平均值而言，该区土壤有效锌含量较高，仅近50%土壤供锌比较充足，但仍有38.7%的土壤处于土壤供锌的临界范围，13.5%的土壤处于缺锌或极缺锌范围，因此，烟叶生产中也应适当重视含锌微肥的施用。土壤有效锰平均含量23.57mg/kg。土壤速效铁含量0.47～58.90mg/kg，平均18.97mg/kg，89.9%土壤速效铁含量在10～30mg/kg。土壤速效铜含量0.07～4.14mg/kg，平均1.30mg/kg，80%以上土壤速效铜含量低于2.00mg/kg。本区土壤速效钼平均含量0.60mg/kg，88.4%的土壤速效钼含量在1.00mg/kg以下，67.4%土壤速效钼含量低于0.50mg/kg。我国植烟土壤缺硼现象十分普遍。对来自保康、兴山和南漳314个土壤有效硼数据的分析结果显示，该区土壤有效硼含量为0.03～0.82mg/kg，平均0.32mg/kg，88.2%的土壤样品有效硼含量低于0.50mg/kg，属于缺硼土壤，21.0%的土壤属于有效硼含量极低的土壤。因此，该区烟叶生产中应大力推广含硼的烟草专用肥以弥补土壤硼供应的不足。

1.土壤交换性钙、镁

"金神农"林中烟区绝大多数土壤交换性钙含量在800mg/kg以上（图2-30）。交换性镁大于100mg/kg（图2-31），属于土壤钙和镁含量比较丰富的土壤，但Ca^{2+}/Mg^{2+}比值在10以上约占40%，可能会出现由于钙镁离子拮抗作用导致的镁缺乏现象，在这些地区烟叶生产中应适当施用镁肥。

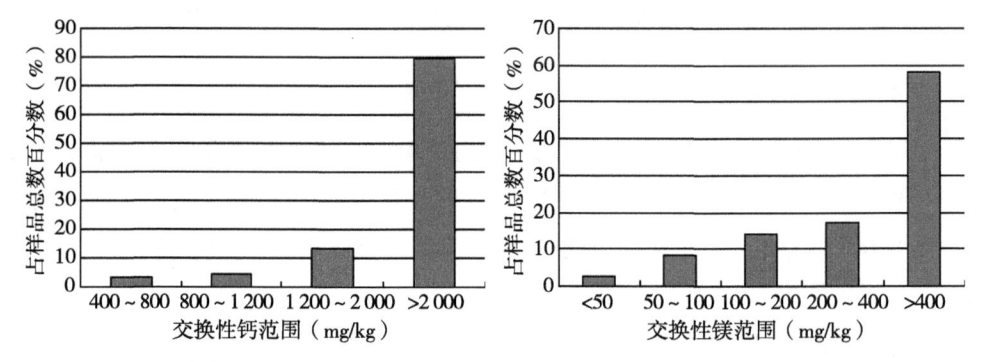

图2-30 "金神农"林中烟区土壤交换性钙　　图2-31 "金神农"林中烟区土壤交换性镁

2. 土壤交换性硫

土壤硫素检测结果表明,该区域土壤供应硫的能力较强,有效硫平均含量为37.7mg/kg,处于缺乏临界值以下的仅占3.7%,缺乏的少部分土壤可以利用含硫肥料加以有效补充。

3. 土壤有效锌

"金神农"林中烟区有效锌平均含量1.03mg/kg(图2-32),含量较高,但有38.7%的土壤处于供锌的临界范围,13.5%的土壤处于缺锌或极缺锌范围,烟叶生产中也应适当重视含锌微肥的施用。

4. 土壤有效铁含量

金神农"林中烟区土壤有效铁含量平均18.97mg/kg,89.9%土壤速效铁含量在10~30mg/kg(图2-33)。

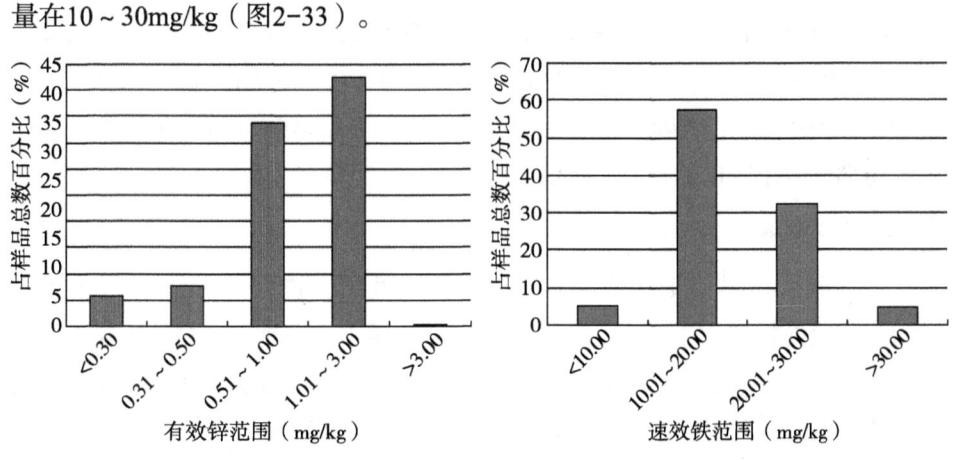

图2-32　"金神农"林中烟区土壤有效锌　　图2-33　"金神农"林中烟区土壤速效铁

5. 土壤有效硼含量

土壤有效硼含量为0.03~0.82mg/kg,88.2%的土壤样品有效硼含量低于0.50mg/kg,21.0%的土壤属于有效硼含量极低的土壤,土壤普遍缺硼(图2-34)。烟叶生产中应大力推广含硼的烟草专用肥以弥补土壤硼供应不足。

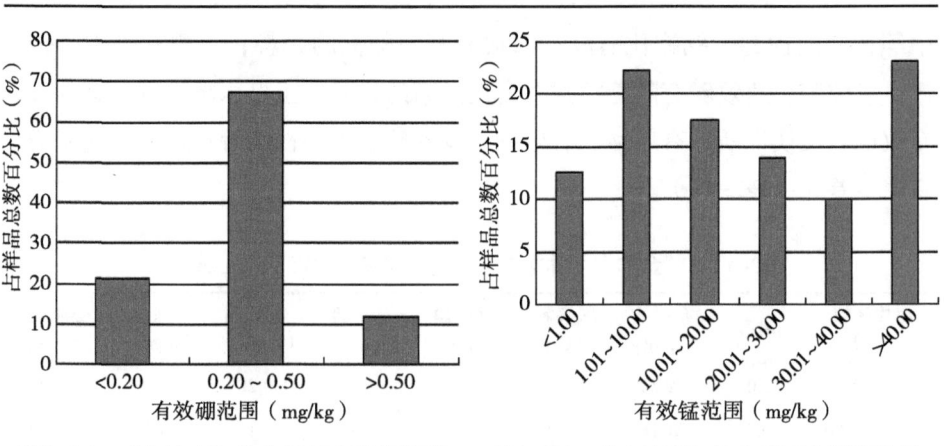

图2-34 "金神农"林中烟区土壤有效硼 图2-35 "金神农"林中烟区土壤有效锰

6.土壤有效锰、钼、铜含量

土壤有效锰平均含量23.57mg/kg。本区土壤速效钼平均含量0.60mg/kg，88.4%的土壤速效钼含量在1.00mg/kg以下，67.4%土壤速效钼含量低于0.50mg/kg（图2-35和图2-36）。土壤速效铜含量0.07~4.14mg/kg（图2-37），平均1.30mg/kg，80%土壤速效铜含量在2.00mg/kg以下。

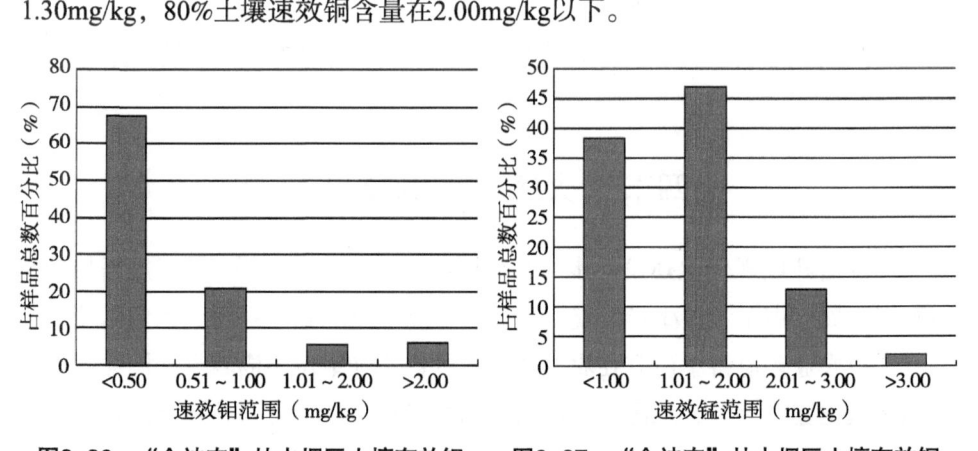

图2-36 "金神农"林中烟区土壤有效钼 图2-37 "金神农"林中烟区土壤有效铜

三、烟区不同海拔土壤养分特征分析

"金神农"林中烟区土壤pH值适宜，随海拔升高有所下降；有机质含量中等；交换性钙、钙镁比有随着海拔升高而降低的趋势；土壤有机质、碱解氮、速效钾、速效磷有随着海拔升高而升高的趋势；土壤水溶性硼、有效锌、有效铜、交换性镁、有效锰、有效铁、有效硫、水溶性氯等指标，不同海拔没有明显差异（表2-11）。

表2-11　"金神农"林中烟区不同海拔烤烟生产区域土壤属性

海拔区域（m）	pH值	有机质（g/kg）	碱解氮（mg/kg）	速效磷（mg/kg）	速效钾（mg/kg）	有效硼（mg/kg）	有效锌（mg/kg）	交换性钙（mg/kg）
<800	7.0	19.35	111.8	17.2	134.3	0.20	0.89	2 359.99
800~1 000	6.7	21.18	120.5	23.8	156.9	0.19	0.83	1 741.67
1 000~1 200	6.4	20.29	122.2	26.2	173.4	0.21	1.11	1 801.28
>1 200	6.2	22.49	139.5	23.6	192.0	0.22	0.87	1 349.73

海拔区域（m）	交换性镁（mg/kg）	钙镁比值	有效铜（mg/kg）	有效锰（mg/kg）	有效铁（mg/kg）	有效S（mg/kg）	水溶氯（mg/kg）
<800	264.00	12.23	1.29	32.35	33.83	32.63	11.23
800~1 000	196.80	9.62	1.25	24.39	45.54	45.47	12.42
1 000~1 200	256.80	8.96	1.11	23.24	43.47	32.92	14.32
>1 200	206.40	7.09	1.04	26.76	44.04	38.48	14.96

第四节　大气、水源特征分析

伴随着我国现代化建设的步伐，环境污染问题也出现了不同程度增加和区域范围扩展。由于农业生产环境污染和农产品安全问题已经得到人们的严重关注，使得农业环境科学研究在农业研究中的作用和地位不断攀升。同样，烟草种植区域土壤、大气、水源等生产条件的质量优劣，也会直接影响到烟叶的质量和安全性。因此，调查分析与评估"金神农"林中烟区土壤、大气、水源等生产环境指标的质量安全，对于"金神农"生态绿色烟叶开发具有重要意义。

"空气清新、水源洁净"是对"金神农"林中烟区大气与水资源特征的最佳概括。连续监测结果表明，该区域在大气指标中二氧化氮、二氧化硫、总悬浮颗粒物、氟化物等各项指标均符合《烟草产地环境技术条件》（NT/T

852—2004）要求，且远远低于标准上限值。按照《环境空气质量标准》（GB 3095—2012），全部指标达到自然保护区、风景区要求的一级标准，且各项指标都远低于二级指标要求。

水资源方面，按照《农田灌溉水质标准》（GB 5084—92）评价，所检测的9项结果均符合标准。按照《烟草产地环境技术条件》（NY/T 852—2004）灌溉水质量标准评价，所检测的6项也均符合标准要求。

一、评价方法

（一）检测点设置

根据"金神农"林中烟区的具体情况，分别委托宜昌市环境保护监测站、房县环境监测站等单位，在烟区选取11个点进行了大气、水源的定点质量跟踪观测。

（二）监测仪器、监测因子与分析方法（表2-12）

表2-12 监测仪器、监测因子与分析方法

类别	监测因子	分析方法	方法依据	仪器名称	仪器编号
环境空气	总悬浮颗粒物	重量法	GB/T 15432—1995	AG204电子天平	1117312749
	二氧化硫	甲醛—盐酸副玫瑰苯胺光度法	HJ 482—2009	2100分光光度计	0711093
	二氧化氮	盐酸萘乙二胺分光光度法	HJ 479—2009	2100分光光度计	0711093
	氟化物	离子选择电极法	HJ 480—2009	PHSJ-4A酸度计	601008020035
地表水	pH值	玻璃电极法	GB 6920—86	pHS-25型pH计	10
	化学需氧量	快速消解分光光度法	HJ/T 399—2007	DR/2010	45600
	总氮	过硫酸钾—紫外光度法	GB11894—89	TV-1221紫外分光光度计	579568428
	汞	原子荧光法	《水和废水监测分析方法（第四版）》	AFS-820	820-0702271
	砷	原子荧光法	《水和废水监测分析方法（第四版）》	AFS-820	820-0702271

（续表）

类别	监测因子	分析方法	方法依据	仪器名称	仪器编号
地表水	镉	火焰原子吸收法（在线富集流动注射法）	《水和废水监测分析方法（第四版）》	TAS-986F	15-986-01-069
	铅	火焰原子吸收法（在线富集流动注射法）	《水和废水监测分析方法（第四版）》	TAS-986F	15-986-01-069
	六价铬	二苯碳酰二肼光度法	GB 7467—87	2100分光光度计	0711093
	氰化物	异烟酸—吡唑啉酮光度法	HJ 484—2009	2100分光光度计	0711093
	挥发酚	4-氨基安替比林萃取光度法	GB 7490—87	2100分光光度计	0711093

二、检测结果分析与评价

（一）空气质量监测分析评价

1. 烟区空气质量总体分析

监测结果表明，所有样品各项指标均符合《烟草产地环境技术条件》（NY/T 852—2004）要求，且远远低于标准上限值（表2-13）。按照《环境空气质量标准》（GB 3095—2012），所有样品全部指标达到自然保护区、风景区要求的一级标准，且各项指标都远低于二级指标要求。检测结果显示，在"金神农"林中烟区，生产环境安全指标达到了绿色环保要求，这为"金神农"生态绿色烟叶生产开发提供了可行的环境条件。

表2-13 "金神农"林中烟区环境空气质量分析

污染物名称		二氧化氮（mg/m³）	二氧化硫（mg/m³）	总悬浮颗粒物（mg/m³）	铅尘（μg/m³）	氟化物（μg/m³）
《烟草产地环境技术条件》NY/T 852—2004（≤）		0.10	0.15	0.30	—	7
《环境空气质量标准》GB 3095—1996	一级（风景区）	0.08	0.05	0.12	1.50	7
	二级（城市、农村）	0.08	0.15	0.30	1.50	7
	三级（特定工业区）	0.12	0.25	0.50	1.50	7

（续表）

污染物名称		二氧化氮（mg/m³）	二氧化硫（mg/m³）	总悬浮颗粒物（mg/m³）	铅尘（μg/m³）	氟化物（μg/m³）
检测点	九道	0.04	0.04	0.04	2.5×10^{-4}	0.09
	野人谷	0.04	0.04	0.05	2.5×10^{-4}	0.10
	店子	0.04	0.04	0.09	2.5×10^{-4}	0.08
	湖北口	0.04	0.04	0.04	2.5×10^{-4}	0.08
	官渡	0.04	0.04	0.05	2.5×10^{-4}	0.07
	柳林	0.05	0.05	0.05	2.5×10^{-4}	0.08
	丰溪	0.04	0.04	0.04	2.5×10^{-4}	0.08
	向坝	0.04	0.04	0.06	2.5×10^{-4}	0.08
	黄粮	0.01	0.02	0.09	2.5×10^{-4}	3.50
	榛子	0.01	0.01	0.12	2.5×10^{-4}	4.50
	马良	0.01	0.01	0.12	2.5×10^{-4}	5.00

2. 烟区不同海拔空气质量

比较不同海拔检测的结果，各质量指标差异很小，都达到一级标准数值水平。空气中二氧化氮、铅尘含量基本相同，二氧化硫含量海拔850～1 050m稍高，总悬浮颗粒物含量海拔850～1 050m最高，海拔≤850m次之，海拔1 050～1 250m最低，氟化物含量海拔≤850m最低，海拔850～1 050m、海拔1 050～1 250m相当。但总体不同海拔空气质量均很好，差别很小（表2-14）。

表2-14　"金神农"林中烟区不同海拔空气质量比较

海拔（m）	二氧化氮（mg/m³）	二氧化硫（mg/m³）	总悬浮颗粒物（mg/m³）	铅尘（μg/m³）	氟化物（μg/m³）
≤850	0.04	0.04	0.06	2.5×10^{-4}	0.09
850～1 050	0.04	0.05	0.07	2.5×10^{-4}	0.08
1 050～1 250	0.04	0.04	0.05	2.5×10^{-4}	0.08

（二）水源质量监测分析评价

按照《农田灌溉水质标准》（GB 5084—2005）评价，取样样品所检测的

9项结果均符合标准。按照《烟草产地环境技术条件》（NY 852—2004）灌溉水质量标准评价，样品所检测的6项也均符合标准要求。根据水样检测结果认为，在"金神农"林中烟区的农田周边水源属于洁净水源，对烟田灌溉用水提供了绿色环保条件（表2-15）。

表2-15 　"金神农"林中烟区灌溉水（地表水）评价结果

取样地点及评价标准	pH值	全盐量（mg/L）	总汞（mg/L）	总镉（mg/L）	总砷（mg/L）	总铅（mg/L）	总铬（mg/L）	氰化物（mg/L）	挥发酚（mg/L）
《农田灌溉水质标准》GB 5084—2005	5.5 ~ 8.5	≤1 000	≤0.001	≤0.01	≤0.1	≤0.2	≤0.1	≤0.5	≤1
《烟草产地环境技术条件》NY 852—2004	5.5 ~ 7.5		≤0.001	≤0.005	≤0.1	≤0.1	≤0.1		
九道	7.58	255	5.0×10^{-5}	0.003	6.0×10^{-5}	0.005	0.004	0.004	0.000 3
野人谷	7.44	202	5.0×10^{-5}	0.003	6.0×10^{-5}	0.005	0.004	0.004	0.000 3
店子	7.39	228	5.0×10^{-5}	0.003	6.0×10^{-5}	0.005	0.004	0.004	0.000 3
湖北口	7.48	176	5.0×10^{-5}	0.003	6.0×10^{-5}	0.005	0.004	0.004	0.000 3
官渡	7.42	209	5.0×10^{-5}	0.003	6.0×10^{-5}	0.005	0.004	0.004	0.000 3
柳林	7.65	128	5.0×10^{-5}	0.003	6.0×10^{-5}	0.005	0.004	0.004	0.000 3
丰溪	7.31	281	5.0×10^{-5}	0.003	6.0×10^{-5}	0.005	0.004	0.004	0.000 3
向坝	7.45	184	5.0×10^{-5}	0.003	6.0×10^{-5}	0.005	0.004	0.004	0.000 3
黄粮	8.00	207	4.0×10^{-5}	0.002	0.001	0.010	0.004	0.004	0.002 0
榛子	7.60	158	4.0×10^{-5}	0.002	0.001	0.010	0.004	0.004	0.002 0
马良	8.10	189	4.0×10^{-5}	0.002	0.001	0.010	0.004	0.004	0.002 0

三、烟区大气水源总体评价

根据"金神农"林中烟区的大气和水源主要因子的检测结果，依据《环境空气质量评价标准》（GB 3095—1996）和《地表水环境质量标准》（GB 3838—2002），对"金神农"林中烟区的大气和水源质量的主要评价结果认为，"金神农"林中烟区空气洁净，地表水主要指标均达到了农业环境标准，全部指标均达到了一级标准，部分指标远低于标准要求，达到自然保护区的标准要求，为优质烟叶的生长提供了绿色环保的大气、水源环境。

第五节 土壤安全指标分析

在土壤重金属含量方面，对神农架区域91个土壤样品进行土壤重金属检测，8种重金属元素在不同土壤样品间存在较大变异，以Hg和Pb变异最大，变异系数分别为60.22%和59.78%，Ni元素变异最小，变异系数为17.81%。8种重金属含量（Hg、Pb、As、Cd、Cr、Ni、Cu、Zn）全部符合无公害农产品产地环境条件质量要求，部分指标远远低于指标要求。

在农药残留方面，依据GB/T 14550—2003《土壤中六六六和滴滴涕测定的气相色谱法》，对"金神农"林中烟区土壤样品进行了检测，结果表明：神农架烤烟土壤六六六和滴滴涕的残留量均值分别为3.76μg/kg、5.97μg/kg，均显著低于《全国不同作物利用的土壤环境基本标准》的一级标准，说明土壤未受到含氯农药的污染，对种植的作物无不良影响，也不会造成污染物的积累。

一、土壤安全评价方法

（一）污染指数法

1. 单因子污染评价

土壤环境质量评价一般以单项污染指数为主，指数小污染轻，指数大污染则重。单因子污染指数计算公式如下。

$$Pi=Ci/Si \tag{1}$$

式中，Pi为土壤中污染物i的单项污染指数；Ci为污染物i的实测值；Si为污染物i的评价标准。$Pi \leq 1$表示土壤未受污染；$Pi>1$表示土壤受污染；Pi值越大，表示受污染程度越严重。一般可将按$Pi \leq 1$、$1<Pi \leq 2$、$2<Pi \leq 3$、$Pi>3$将单因子污染程度分位清洁、轻污染、中污染和重污染4个级别。《国家土壤环境质量二级标准》（GB 15618—1995）对各污染的限量标准见表2-16。

表2-16　国家土壤环境质量二级标准

元素	土壤限量		
	pH值<6.5	6.5≤pH值≤7.5	pH值>7.5
汞	0.30	0.50	1.00
砷	40	30	25
镉	0.30	0.60	1.00
铬	150	200	250
铅	250	300	350
铜	50	100	100
锌	200	250	300

2. 综合污染评价

当区域内土壤环境质量作为一个整体与外区域进行比较或与历史资料进行比较时除用单项污染指数外，还常用综合污染指数。内梅罗法是最常用的综合污染评价方法，本研究以内梅罗法计算各采样点的综合污染指数PI，并根据土壤综合污染指数分级（表2-17）对土壤样品进行综合污染评价。

内梅罗污染指数PI计算公式为。

$$PI = \sqrt{\frac{\left(Ci/Si\right)_{avr}^2 + \left(Ci/Si\right)_{max}^2}{2}} \tag{2}$$

式中，PI为土壤的内梅罗污染指数；（Ci/Si）$_{avr}$为污染物单因子污染指数的平均值；（Ci/Si）$_{max}$为土壤各单因子污染指数最大值。

表2-17　土壤污染分级标准[①]

综合污染等级[②]	综合污染指数	污染程度
1	PI≤0.7	安全（清洁）
2	0.7<PI≤1	警戒（尚清洁）
3	1<PI≤2	轻污染
4	2<PI≤3	中污染
5	PI>3	重污染

注：①中国绿色食品发展中心，《绿色食品产地环境质量评价纲要》（1994年）；②1级、2级适宜发展无公害食品生产

(二)富集系数法

国家土壤环境质量标准评价反映了土壤满足无公害农产品生产的程度,但难以反映重金属的积累状况,因此,在实际评价中,往往出现一些背景值较低地区污染已很严重但相对于二级标准仍不超标,而一些高背景地区无污染但已超标的现象。土壤元素背景值是一定时期土壤元素的实际含量,反映了当时的土壤环境质量状况,通过和当地元素背景值的比较可以反映评测地区元素的历史变迁和不同元素的富集状况。通常采用富集系数C_f^i来衡量单种重金属的富集程度,$C_f^i>1$表明土壤元素有一定程度富集,C_f^i越大表明富集越明显。

富集系数C_f^i计算公式如下。

$$C_f^i = C_m^i / C_n^i \tag{3}$$

式中,C_m^i为沉积物中重金属i含量的实测值;C_n^i为计算所需的参比值(环境背景值)。本研究中,以典型土壤对应的各省元素土壤背景值作为参比值。

二、土壤安全指标评价

(一)土壤重金属含量

对"金神农"林中烟区91个土壤样品进行土壤重金属检测,8种重金属元素在不同土壤样品间存在较大变异,以Hg和Pb变异最大,变异系数分别为60.22%和59.78%;Ni元素变异最小,变异系数为17.81%。8种重金属含量(Hg、Pb、As、Cd、Cr、Ni、Cu、Zn)全部符合无公害农产品产地环境条件质量要求(表2-18),部分指标远远低于指标要求(表2-19)。

表2-18 "无公害农产品产地环境条件"土壤各项污染含量限制

土壤类型	pH值	Pb	Cd	Hg	As	Cr	Ni	Cu	Zn
标准要求≤(mg/kg)	5.5 ~ 6.5	250	0.3	0.3	30	250	40	50	200
	6.5 ~ 7.5	300	0.6	0.5	25	300	50	100	250
	7.5 ~ 8.5	350	1	1	20	350	60	100	300

表2-19 "金神农"林中烟区土壤重金属统计量

指标分布范围	Pb	Cd	Hg	As	Cr	Ni	Cu	Zn
最大值（mg/kg）	194.06	0.39	0.26	23.82	116.02	48.03	52.35	306.86
最小值（mg/kg）	12.25	0.08	0.00	4.99	27.82	16.38	12.38	25.31
均值（mg/kg）	38.58	0.20	0.06	18.07	75.74	38.28	30.92	107.42
变异系数（%）	59.78	33.33	60.22	25.08	22.71	17.81	29.15	40.81

在所考察的"金神农"林中烟区6个县区中，Cu、As、Cd三元素含量以保康植烟土壤相对较高，房县土壤Zn、Se、Cd和Pb含量相对较高，其他元素在不同产区间差异相对较小。在实地调查中发现，房县一些烟区有磷矿和铅锌矿存在，因此，房县烟叶中Cd和Pb含量较高可能与这些矿产的开采有关（表2-20）。

表2-20 "金神农"林中烟区土壤重金属平均含量 （单位：mg/kg）

评价指标	兴山县	保康县	郧西区	竹山县	房县	竹溪县
Cr	75.42	81.34	86.29	62.45	72.38	74.73
Ni	35.87	41.26	42.41	33.76	36.88	40.23
Cu	28.35	34.95	30.02	25.46	31.72	27.76
Zn	79.98	111.27	95.88	85.51	145.01	102.07
As	17.42	21.41	18.27	14.03	16.59	16.21
Cd	0.18	0.22	0.16	0.17	0.22	0.17
Pb	38.03	39.41	29.17	25.43	50.44	30.24
Hg	0.07	0.06	0.05	0.03	0.07	0.05

（二）土壤重金属污染评价

以国家二级土壤环境标准为依据，计算各元素单项污染指数（表2-21），所考察的91个土壤样品中Cr、Cu、As、Cd、Pb、Hg元素的单项污染指数均小于1，表明该区域土壤没有受到这些因素的污染，但分别有3个和2个采样点Ni和Zn含量污染指数大于1，个别地区存在Ni和Zn含量超标现象。

表2-21 植烟土壤单因子污染评价

Pi	Cr	Ni	Cu	Zn	As	Cd	Pb	Hg
最大值	0.72	1.04	0.89	1.22	0.93	0.81	0.65	0.36
最小值	0.11	0.27	0.12	0.10	0.20	0.10	0.04	0.00
均值	0.38	0.76	0.35	0.44	0.61	0.34	0.13	0.12
超标样品数	0	3	0	2	0	0	0	0

内梅罗综合评价方法是最常用的综合污染评价方法，以内梅罗综合评价方法计算的综合污染指数，根据中国绿色食品发展中心《绿色食品产地环境质量评价纲要》（1994年）的要求，土壤内梅罗污染指数1~2级的地区适宜发展无公害食品生产。91个土壤样品内梅罗综合污染指数在0.19~0.94，89.01%的样品为清洁，10.99%的样品为尚清洁，没有污染样品存在，土壤环境质量整体较好，符合无公害农产品产地环境要求（表2-22）。

表2-22 土壤内梅罗污染指数评价标准

等级	内梅罗污染指数	污染等级
1	$PI \leqslant 0.7$	安全（清洁）
2	$0.7 < PI \leqslant 1.0$	警戒（尚清洁）
3	$1.0 < PI \leqslant 2.0$	轻污染
4	$2.0 < PI \leqslant 3.0$	中度污染
5	$PI > 3.0$	重污染

根据湖北省A层（0~20cm）土壤元素背景值为基础，以环境评价的方法计算"金神农"林中烟区不同元素单因子富集指数Pi'，研究不同元素的富集状况，$Pi' > 1$表明土壤元素有一定程度富集，Pi'越大表明富集越明显（表2-23）。

表2-23 "金神农" 林中烟区土壤重金属单因子富集指数

项目	Cr	Ni	Cu	Zn	As	Cd	Pb	Hg
Pi'最大值	1.35	1.29	1.71	3.67	2.27	2.29	7.27	3.27
Pi'最小值	0.32	0.44	0.40	0.30	0.48	0.49	0.46	0.05

（续表）

项目	Cr	Ni	Cu	Zn	As	Cd	Pb	Hg
Pi'均值	0.88	1.03	1.01	1.28	1.72	1.17	1.44	0.74
背景值（mg/kg）	86.0	37.3	30.7	83.6	10.5	0.172	26.7	0.08
超标样品数	23	58	42	69	81	56	78	16
超标率（%）	25.27	63.74	46.15	75.82	89.01	61.54	85.71	17.58

表2-24可以看出，8种元素Pi'值均有大于1的采样点，而且有6种元素Pi'的均值大于1。8种元素中，As的Pi'均值最大，其次为Pb、Zn和Cd，表明"金神农"林中烟区4种元素富集特征明显。由于As、Pb、Cd属于无公害产地环境评价的严格控制指标，并且在烟草的种植及烟草制品生产过程中受到极大关注，特别是Cd元素易被烟株吸收并向人体转移，因此As、Pb、Cd的富集应引起足够重视。

表2-24　单因子指数Pi'计算结果

项目	铅（Pb）	镉（Cd）	汞（Hg）	砷（As）	铬（Cr）	镍（Ni）	铜（Cu）	锌（Zn）
Pi'最小值	0.56	0.29	0.30	0.54	0.48	0.57	0.55	0.75
Pi'最大值	1.61	6.63	3.29	1.25	0.89	2.20	3.68	1.88
Pi'均值	1.19	2.23	0.99	1.13	0.86	0.98	1.36	1.17
背景（mg/kg）	26.70	0.17	0.08	10.50	86.00	37.30	30.70	83.60
超标样品数（Pi'>1）	36	34	10	29	8	8	36	34
超标率（%）	90	85	25	72.5	20	20	90	85

三、土壤农残安全性评价

在20世纪80年代我国禁止使用有机氯农药以前，有机氯农药曾长期大面积施用，由于其残留期长且毒性剧烈，至今仍有检出。六六六、滴滴涕均为有机氯农药，由于化学性质稳定，易通过食物链在人体蓄积，国家土壤环境质量标准明确将六六六和滴滴涕列于10种土壤控制指标之中。

依据《土壤中六六六和滴滴涕测定的气相色谱法》（GB/T 14550—2003），

对"金神农"林中烟区土壤样品进行了检测。检测结果表明，"金神农"林中烟区烟田土壤六六六和滴滴涕的残留量均值分别为3.76μg/kg、5.97μg/kg，均显著低于《土壤环境质量标准》（GB 15618—1995）的一级标准，说明土壤未受到含氯农药的污染，对种植的作物无不良影响，也不会造成产品中污染物的积累（表2-25和表2-26）。

表2-25 "金神农"林中烟区土壤六六六和滴滴涕残留状况

项目	均值 （μg/kg）	变异 系数	最大值 （μg/kg）	最小值 （μg/kg）	95% 置信区间	百分比 （%）	单因子污染 指数（P_i）
六六六	3.76	24.4	4.86	2.07	2.07 ~ 4.83	100	0.004
滴滴涕	5.97	46.3	9.79	3.46	3.47 ~ 9.10	100	0.012

表2-26 土壤环境质量标准 （单位：mg/kg）

项目	一级	二级	三级
六六六	0.05	0.5	1
滴滴涕	0.05	0.5	1

注：一级标准为保护区域自然生态，维持自然背景的土壤环境质量的限制值。二级标准为保障农业生产，维护人体健康的土壤限制值。三级标准为保障农林业生产和植物正常生长的土壤临界值

第六节 生物资源多样性分析

湖北境内北纬30°大巴山系与武当山系之间的"金神农"林中烟区，是我国内陆保存完好的唯一一片绿洲和世界中纬度地区唯一的一块绿色宝地。古老漫长的地理变迁和相对封闭的自然环境，使神农架全境蕴藏着丰富的生物资源。通过收集大量文献资料，认真对比分析，结果表明森林覆盖率高、生物多样性丰富是"金神农"林中烟区生物资源多样性最典型的特征。

一、森林覆盖率

神农架林区森林覆盖率达90%。"金神农"林中烟区部分县（市）区被纳入天然林保护实施范围，实现天保工程覆盖。截至2012年区域内森林覆盖率达55%，烤烟主产县（市）植烟乡镇的森林覆盖率更高，平均达到了70%，神农

架高森林覆盖率的原生态环境，为"金神农"品牌特色优质烤烟生产创造了非常有利的生态条件（表2-27）。

表2-27 "金神农"林中烟区森林覆盖率情况 （单位：%）

地点	森林覆盖率
兴山县	72.1
保康县	66.8
南漳县	64.5
竹山县	41.8
竹溪县	74.7
房县	77.5
郧西区	46.3
神农架林区	70.1
金神农烟区（均值）	62.9

森林是陆地生态系统的主体，具有涵养水源、保持水土、防风固沙、调节径流、净化空气减轻和防治污染等重要作用，对区域生态环境影响很大，对农业生产起着至关重要的影响。

（一）涵养水源

有关资料表明，在涵养水源保持水土的功能上，3 333hm² 的森林蓄水量相当于100万m³的水库。

（二）净化水质

森林净化水质的作用更是有目共睹，森林中流出的水大多澄清度很高，且森林土壤可截留和容纳外加物质，起到了类似过滤的作用。

（三）抑菌，减少病害

1hm²森林一年可吸收粉尘36t，而1hm²针叶林可吸尘68t，就在一定程度上减少了细菌赖以生存的载体，同时许多树木能产生杀菌素，1hm²针叶林一昼夜可分泌杀菌素30kg。树木还能增加空气中负离子浓度，负离子的抑菌作用甚至强于紫外和过氧乙酸。

（四）增加空气湿度

森林具有很强的蒸腾功能，0.06hm²阔叶林一个夏季能向空中散发水分 2 400t，因此，林区空气湿度一般比无林区平均高出15%～20%。

（五）减少水分散失

农田防护林可以降低风速，由于风速的降低，可以减少蒸发，空气湿度可提高5%～15%，土壤含水率可增加10%～20%。

（六）维持气温稳定

林区的无霜期可延长5～7d；春秋季节可提高土壤温度1～2℃，夏季又可降低温度1～2℃。

根据我国第八次全国森林资源清查结果，"金神农"林中烟区平均森林覆盖率达62.9%，远高于湖北省全省的38.40%和全国的21.63%。而全国各省森林覆盖率超过60%的仅有福建和江西两省（图2-38）。

图2-38 "金神农"林中烟区生态概况

二、生物多样性

"金神农"林中烟区生物物种十分丰富，19世纪以来，中外植物学家及国内外科研机构先后多次对神农架进行科学考察，发现其具有丰富的生物多样性及重大的科学研究价值。由于"金神农"林中烟区地形地貌复杂多样，生境类型多样，植物种类繁多，仅从目前调查的情况来看，"金神农"林中烟区几乎囊括了北自漠河，南至西双版纳，东自日本中部，西至喜马拉雅山的所有动植物物种（图2-39）。

图2-39 "金神农"林中烟区生物多样性

"金神农"林中烟区包含各类植物3 700多种，高等维管束植物119科、872属、2 671种，其中列为国家一级和国家二级保护的树种有39种。有各类动物1 060余种，其中两栖类33种，爬行类40种，兽类76种，鱼类47种，鸟类308种，昆虫560种。金丝猴、华南虎、金钱豹、白鹳、白蛇、大鸨等67种珍稀野生动物受国家重点保护。神农架可入药的动植物达2 013种，因此被美誉为"物种基因库""自然博物馆""绿色明珠"。

"金神农"林中烟区由于其含有比其他温带森林生态系统更为丰富的生物多样性而具有全球意义，是生物物种的"天然基因库"，并被全球环境基金确定为"亚洲生物多样性永久性示范地"。

第七节　主要结论

通过地形地貌、气候条件、光、温、降雨、紫外辐射、空气湿度、土壤结构与质地、土壤养分水平、生态安全指标（水、气）及生物多样性等多个方面逐一对比分析认为，"金神农"林中烟区地理位置独特、地貌类型复杂，多种立体区域气候特征显著，光温降雨条件满足生产需求，空气湿度持续保持较高水平，山地森林土壤的基本结构，土壤质地以壤土为主，土壤主要养分空间分布规律较为明显，原生态、无污染、空气清新、水源洁净，生物多样性丰富而独特。

一、地形地貌类型复杂

"金神农"林中烟区位于秦岭、大巴和武当3个山脉体系区域。地貌类型复杂，总体可分为山地地貌、流水地貌、喀斯特（岩溶）地貌和第四纪冰蚀地貌。烟田主要分布在海拔800～1 400m低到中山地带的坡度15°以下的平地、缓坡地。

二、气候垂直变化极为显著

"金神农"林中烟区地属亚热带湿润季风气候区，热量资源较丰富，雨量充沛，光照充足，气候垂直变化极为显著，整体具备优质烟叶生长的气候条件，属我国烤烟生长的气候最适宜区。通过与国内外代表烟区对比发现，"金神农"林中烟区小生态区域具有大田前期光足均温适中多雨，大田中后期寡照、均温高、雨量多，均温变化平缓，降雨前后反差大的特点。

三、山地森林土壤结构

土壤质地以壤土为主，黄棕壤和石灰土，并有少量棕壤、黄壤和紫色土。典型烟田土壤基本属于山区岩石风化后，经淋溶形成的森林土壤和森林边缘地带土壤，主体具备山地森林土壤的基本结构。以普通淡色潮湿雏形土、斑纹简育湿润雏形土、普通酸性湿润雏形土、普通简育湿润淋溶土、普通黏磐湿润淋溶土、斑纹铁质湿润淋溶土和底潜铁渗水耕人为土。土壤质地以壤土为主，黄棕壤和石灰土，并有少量棕壤、黄壤和紫色土，土壤质地偏轻，壤土占89.2%；土壤耕层厚度多在30cm左右，坡度150°以下的平地、缓坡地占72%，土层厚度偏薄，烟区多分布在缓坡地和坡地。

四、土壤养分水平

"金神农"林中烟区土壤pH值、有机质、碱解氮、速效磷和有效钾含量的一般范围分别为5.02～7.92，11.19～52.24g/kg，58.69～216.20mg/kg，3.92～39.00mg/kg和51.84～332.14mg/kg。区域间指标分析比较发现，土壤pH值变异最小，空间分布无明显规律，pH值7.0以上的土壤主要分布在南漳县、竹溪中部和竹山北部部分地区，pH值<5.5的植烟土壤主要分布在竹山、竹溪西北边缘、兴山中北部部分地区，其他产区土壤pH值在6.0～7.0。土壤有机质变异很大，从3.30～68.20g/kg都有分布，1/3的土壤有机质含量在35.00g/kg以上，土壤有机质含量总体偏高。碱解氮平均含量129.70mg/kg，属于中等水平，20%左右土壤碱解氮含量65～100mg/kg，43.9%的土壤碱解氮为100～150mg/kg，25.9%的样品碱解氮含量在150mg/kg以上，部分地区土壤氮供应水平较高。土壤速效磷含量变异最大，平均含量11.98mg/kg，近50%土壤速效磷含量不足10mg/kg，12.3%的样品速效磷在20mg/kg以上。土壤有效钾含量变异非常大，

为11.45~538.16mg/kg。55.6%的土壤样品低于150mg/kg的钾供应临界水平,其中13.9%的样品低于80mg/kg,属于缺钾土壤。土壤氯离子含量普遍较低,多数土壤样品水溶性氯离子含量在0.32~13.82mg/kg,平均3.88mg/kg,97.3%的土壤样品氯离子含量低于10mg/kg。

五、生态安全指标

空气安全指标监测结果均符合《烟草产地环境技术条件》(NY/T 852—2004)要求,且远远低于标准上限值。比较不同海拔检测的结果,各质量指标差异很小,都达到一级标准数值水平。按照《环境空气质量标准》(GB 3095—1996),所有样品全部指标达到自然保护区、风景区要求的一级标准,且各项指标都远低于二级指标要求。植烟新区生产环境安全指标达到了绿色环保要求。水样检测结果认为,植烟新区的农田周边水源属于洁净水源,为烟田灌溉用水提供了绿色环保条件。土壤重金属检测认为,8种重金属含量全部符合无公害农产品产地环境条件质量要求,部分指标远低于指标要求。土壤六六六和滴滴涕的残留量均值分别为3.76μg/kg、5.97μg/kg,均显著低于《土壤环境质量标准》(GB 15618—1995)的一级标准。

六、物种多样性

"金神农"林中烟区地形地貌复杂多样,生境类型多样,动植物种类繁多,目前调查的情况来看,"金神农"林中烟区几乎囊括了北至漠河,南至西双版纳,东至日本中部,西至喜马拉雅山的所有动植物物种,是世界公认的亚洲"物种基因库""自然博物馆"。其生物物种多样性表明,该区域具有未开垦的原始林区生物学特征,具备农业开发巨大潜力。

第三章　"金神农"林中烟
特色解析及规划布局

第一节　"金神农"林中烟质量风格研究

一、林中烟香味物质成分分析

通过气质联用法，在"金神农"林中烟区典型区域不同海拔高度取烟样，结合烟叶质量风格特征，初步阐述了烟叶质量风格特征与香味物质成分之间的关系。

（一）香味物质成分

图3-1分别为26种标样化合物和烟叶样品的总离子流，表明各种香味物质保留时间与标样化合物一致，通过NIST谱库检索进行进一步定性确认，利用顶空-气质联用法，共能分离和鉴定烟叶顶空气体中32种香味物质成分，分别为：乙酸、3-甲基丁醛、2-甲基丁醛、羟丙酮、1-戊烯-3-醇、1-戊烯-3-酮、2，3-戊二酮、戊醛、3-羟基-2-丁酮、已醛、面包酮、糠醛、糠醇、环戊烯二酮、2-乙酰基呋喃、γ-丁内酯、5-甲基糠醛、6-甲基-5-庚烯-2-酮、苯甲醇、苯乙醛、2-乙酰基吡咯、苯乙醇、氧化异佛尔酮、藏红花醛、茄酮、β-大马酮、β-二氢大马酮、香叶基丙酮、巨豆三烯酮、新植二烯。将上述物质按照化学官能团的不同，分为四大类，分别为酸类、酮类、醛类和醇类，并将不同种类香味物质含量合并计算。

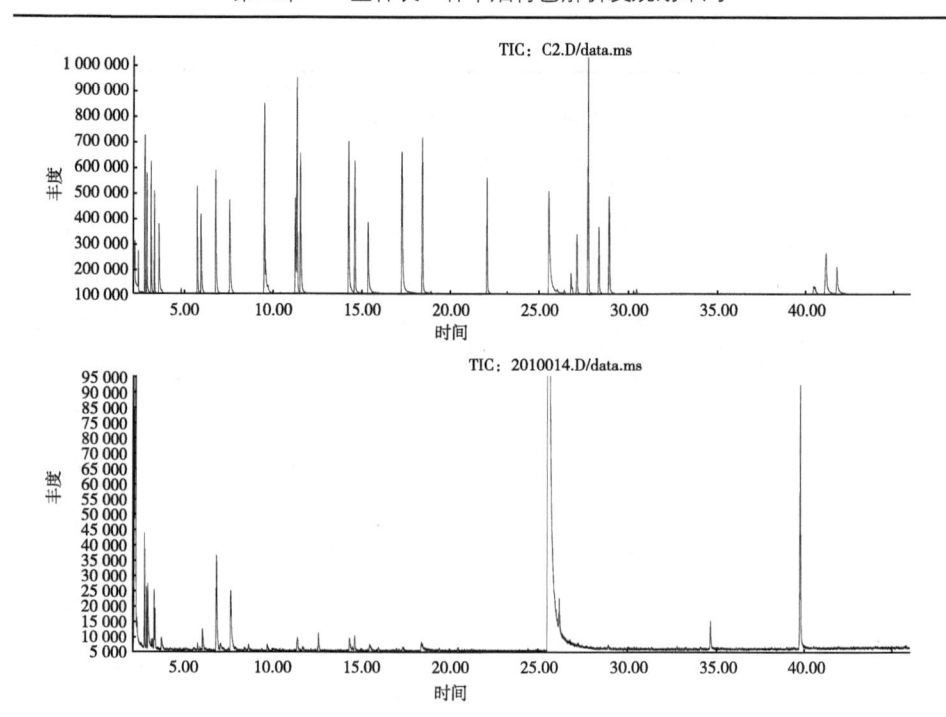

图3-1 标样化合物总离子流（上）及烟叶样品总离子流（下）

（二）香味物质含量与海拔高度的关系

"金神农"林中烟区不同海拔高度烟叶香味物质含量见表3-1和图3-2。

表3-1 "金神农"林中烟区不同海拔烟叶香味物质总量 （单位：μg/g）

地点	等级	香味物质总量	海拔高度（m）		
			800	1 000	1 200
房县	B2F	酸类	39.76	44.51	31.72
		酮类	26.36	23.27	22.86
		醛类	13.69	12.41	17.75
		醇类	19.75	20.34	19.19
房县	C3F	酸类	46.21	46.06	65.75
		酮类	25.51	24.23	26.73
		醛类	12.31	14.69	13.29
		醇类	18.75	21.81	22.24

（续表）

地点	等级	香味物质总量	海拔高度（m）		
			800	1 000	1 200
郧西区	C3F	酸类	33.51	36.37	35.28
		酮类	23.88	24.23	28.33
		醛类	19.23	19.22	20.89
		醇类	18.68	18.71	18.87
竹山县	C3F	酸类	35.06	68.00	34.12
		酮类	22.82	28.03	22.26
		醛类	15.25	19.38	14.29
		醇类	19.35	22.43	18.27
竹溪县	C3F	酸类	37.13	31.83	32.32
		酮类	21.25	17.41	22.49
		醛类	11.22	13.43	11.30
		醇类	18.08	17.25	16.51

房县B2F烟叶感官评价结果为：800m香气量和杂气上表现较好；1 000m在香气质、香气量和杂气上表现较好；1 200m在香气量、杂气和余味上表现稍差一些。综合排序：1 000m样品>800m样品>1 200m样品。房县烟叶海拔1 000m样品综合评价为最好，可能与该海拔烟叶酸类香味物质高于其他海拔样品，醛类物质含量较低有关。另外海拔1 000m烟叶样品香味物质总量明显高于其他两个海拔，因此1 000m样品在香气量方面表现较好。

房县C3F烟叶样品中，酸类香味物质含量海拔1 200m样品明显高于其他两个海拔样品，感官评价结果为800m香气质、刺激性和余味上表现较好；1 000m在香气质、香气量和浓度上表现较好；1 200m在香气质、杂气、刺激性上表现稍差一些。综合排序：1 000m样品≥800m样品>1 200m样品。

对于房县烟叶样品，无论是中部叶还是上部叶，均为海拔1 000m感官评价结果最佳，综研究结果，表明烟叶中酸类香味物质含量处于40～60μg/g时，烟叶感官评价结果最佳，过高和过低均会对感官评价结果不利（图3-2）。

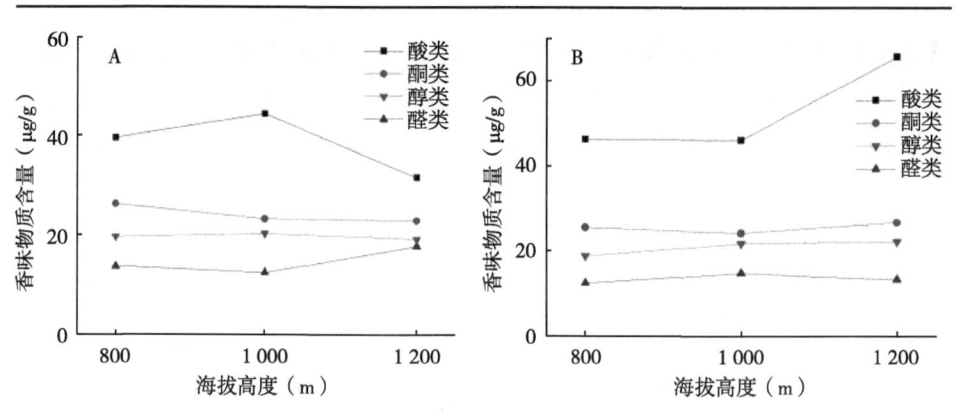

图3-2 房县B2F（A）和C3F（B）烟叶香味物质含量随海拔变化

郧西区C3F烟叶感官评价结果为：800m香气质、香气量、杂气、刺激性和余味上表现较好；1 000m在香气质、香气量、杂气和余味上表现较好；1 200m在香气质、香气量、杂气和余味上表现稍差一些。综合排序：1 000m样品≥800m样品>1 200m样品（图3-3）。

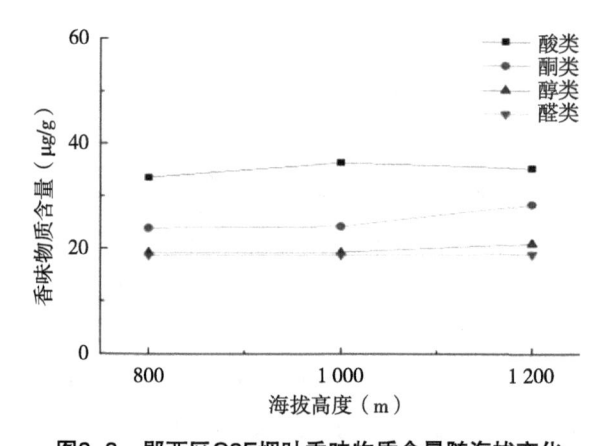

图3-3 郧西区C3F烟叶香味物质含量随海拔变化

竹山C3F烟叶感官评价结果为：800m香气质、香气量、杂气、刺激性和余味上表现较好；1 000m在香气质、香气量、杂气和刺激性上表现较好；1 200m在香气质、香气量、杂气和刺激性上表现稍差一些。综合排序：800m样品>1 000m样品>1 200m样品（图3-4）。

竹溪C3F烟叶感官评价结果为：800m香气质、香气量、杂气、刺激性和余味上表现较好；1 000m在香气质、香气量、杂气、刺激性和余味上表现较好；1 200m在香气质、香气量、杂气、刺激性和余味上表现稍差一些，且香气飘逸感降低，烟气细腻感降低。综合排序：1 000m样品≥800m样品>1 200m样品。

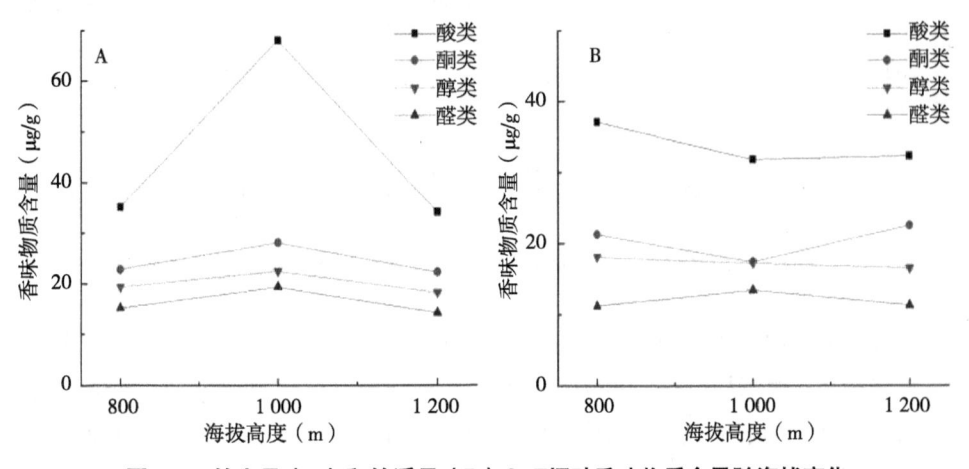

图3-4　竹山县（A）和竹溪县（B）C3F烟叶香味物质含量随海拔变化

以上4个县中兴山和竹山海拔800m烟叶样品的感官评吸结果最佳，而郧西和竹溪则海拔1 000m样品评吸结果最佳，但烟叶样品香味物质随海拔含量变化规律却不尽相同，随着海拔的升高，竹山烟叶酸类物质含量先升高后降低。郧西不同海拔烟叶各类香味物质含量均相近。郧西区烟叶酮类物质含量随海拔升高而增加，醇类物质呈现相反变化。竹山县4种香味物质含量均呈现随海拔高度增加先上升后下降的趋势。

综上所述，随海拔高度升高，烟叶中香味物质含量呈现出不同变化，不同海拔烟叶评吸结果也不一致。中部烟叶感官质量聚类分析结果表明，房县海拔为1 000m烟叶感官评吸质量最佳，与该区域烟叶酸类物质含量适中，酮类和醇类物质含量较高，醛类物质含量低有关。为了进一步弄清4种香味物质与感官评价结果之间的关系，需对香味物质含量与感官评价结果进行相关性分析。

（三）香味物质成分与质量特色的相关性分析

在感官评价指标中，分别设香气质、香气量、浓度、劲头、杂气、刺激性、余味7项指标，分别赋予满分10分分值，根据感官评价结果，与对应样品中四类香味物质含量总量进行相关性分析。由Origin数据处理软件进行相关性分析和差异性显著检验,根据相关系数的正负大小判断各类香味物质含量对烟叶感官评价指标的影响性质和影响程度(表3-2)。

表3-2 "金神农"林中烟区烟叶香味物质含量与感官评价指标相关性

感官评价指标	相关系数			
	酸类总量	酮类总量	醛类总量	醇类总量
香气质	0.573 01**	0.215 12	0.091 87	0.556 19**
香气量	0.668 47**	0.071 73	-0.302 65	0.520 28*
浓度	0.102 34	-0.094 58	-0.180 4	0.236 00
劲头	-0.028 37	0.043 41	0.189 99	-0.179 2
杂气	0.268 16	0.076 5	0.302 99	0.279 37
刺激性	0.216 29	0.144 31	0.187 58	-0.007 77
余味	0.549 63**	0.172 01	-0.005 19	0.230 68

注:相关系数临界值,$a=0.05$,$r=0.422\ 7$;$a=0.01$,$r=0.536\ 8$。**为相关性极为显著,*为相关性显著

烟叶香气成分中,酸类物质含量与香气质、香气量和余味呈极显著正相关,与浓度、杂气和刺激性呈正相关,与劲头呈负相关,但相关性不显著。酮类物质除了与浓度呈负相关外,与其他感官指标均呈正相关,但相关性不显著,有文献报道酮类物质对烤烟香味贡献巨大,特别是巨豆三烯酮、大马酮和茄酮等香味物质,但在本研究中,由于采用静态顶空方法测定顶空香气成分,上述3种酮类化合物由于蒸汽压较小,不易挥发,因而测定含量均较小或低于检测限,因此回归分析中显示酮类物质与感官评价指标相关性均不显著。醛类物质与香气量、浓度和余味呈现负相关。与杂气、刺激性、劲头呈正相关。醇类物质与香气质和香气量呈极显著正相关,与劲头和刺激性呈负相关,与浓度、杂气和余味呈正相关,但相关性不显著。

由于感官评价的最终得分为上述各项得分的加和,因此以单一香味物质含量指标评价烟叶风格特征是不合适的,"金神农"林中烟区中部烟叶感官质量聚类分析结果表明,房县海拔为1 000m烟叶感官评吸质量最佳,与该区域烟叶酸类和醇类物质含量相对较高,其他两类物质含量适中有关。

（四）香味物质成分与质量风格特征的关系

根据连续3年对"金神农"林中烟区烟叶质量风格特征的跟踪，表明"金神农"林中烟区特色烤烟风格特征主要与其在神农架周边的地理位置密切相关。位于神农架以北的十堰市各县基本归于一类，神农架以北区域烟叶香气特性侧重于飘逸、绵长，烟气特性侧重于甜润、细腻；神农架东南区域香气则侧重于飘逸、透发、丰满，烟气侧重于流畅、细腻。通过神农架北部各县烟叶主要致香物质含量比较，神农架以北区域各县市酸类物质含量平均值仅为41.18μg/g，但与外省市烟叶相比，整个"金神农"林中烟区烟叶醇类物质明显高于河南浓香型烟叶，但酮类物质总量略低于云南的清香型烟叶，这可能赋予该区域烟叶甜润、细腻的风格特征。

二、林中烟质量风格特征与类型

"金神农"品牌林中烟特色烤烟质量，与海拔高度密切关系，风格特征主要与其在神农架周边的地理位置密切相关。香气清雅飘逸，透发性较好，烟气醇和细腻，饱满成团，余味纯净舒适，有一定的留香和回甜感，各项指标均衡，适用范围广，配伍性强，工业可用性好。清香淡雅风格显著，外观质量好，感官质量独特，化学成分协调，综合品质优良，配伍性强（表3-3）。具体特征表述如下。

烟叶风格特征表现为：以正甜香、木香、辛香为主体香韵，辅以清甜香、焦甜香、青香、焦香香韵；正甜香香韵较明显，中间香型清香淡雅特色显著；香气悬浮；烟气浓度及劲头适中。

烟叶品质特征表现为：香气质较好、香气量尚充足、较透发；烟气较细腻、较柔和、稍圆润、有刺激性、有干燥感、余味尚净尚舒适。

表3-3 "金神农"特色烤烟质量风格概况

指标	特征描述
外观质量	烟叶整体发育好，颜色以浅橘黄、橘黄为主，组织结构疏松，身份中等、均匀，部位间厚度差异较小，油分较多，光泽鲜亮，且质量均匀度好，叶片柔软，弹性强

（续表）

指标	特征描述
感官质量	香气质好、香气量较足，清甜飘逸、透发性较好，烟气细腻、优雅、绵长，甜润度好，浓度、劲头适中，刺激性较小，余味干净，舒适度较好，有一定的留香和回甜感
化学成分	烟叶化学成分含量在优质烤烟指标范围之内，糖含量较高，钾含量高，氮碱比、钾氯比、两糖差理想，总体上化学成分协调性较为理想

根据已有研究结果，结合2005年、2008年、2012年专家3次对"金神农"烟叶论证评吸意见，"金神农"烤烟总体为中偏清香型，呈现"清香淡雅"特征。风格显著，特点突出，香气清甜飘逸、雅致、透发性较好，烟气醇和细腻、绵长，香气量较足，在一类、二类卷烟中具有较高的工业使用价值；与国内烤烟典型相似产区比较，风格特色更鲜明，柔细度和甜度更为突出；不同海拔的烟叶风格特征总体一致，在800～1 200m的范围内，随着海拔高度的增加，清香淡雅的风格特征更趋明显，特别是柔细度、甜润感更具表现力；年际间烟叶感官质量稳定，产区间质量差异较小，整体表现一致性好。化学成分含量适宜、协调。

表3-4 "金神农"烟区烟叶质量风格类型亚类划分 （单位：%）

亚类名称	主要县域	占域内产量比例
飘逸雅香或雅细型	房县、竹溪、竹山海拔1 000m以上的乡镇	68
透发雅香或雅中型	房县、竹溪、竹山、郧西海拔800～1 000m的乡镇	21
丰满雅香或雅浓型	竹山、郧西	11

湖北省属中间香型烤烟产区，依据其自然生态资源条件和烟叶风格特色，全省烟区划分为环神农架周边烟区和恩施烟区两大区域，"金神农"原生态烟叶和"清江源"富硒烟叶两大特色烟叶品牌。"金神农"烟叶具有清香淡雅的质量风格，可定为雅香品类，香气纯正，透发性较好，配伍性强。

"金神农"林中烟区烟叶感官质量差异不大，但不同区域烟叶质量风格特征有一定差异，按各烤烟产区烟叶质量风格特征拟划分为，飘逸雅香或雅细型，透发雅香或雅中型，丰满雅香或雅浓型3个亚类。

三、"金神农"林中烟品质定位

（一）"金神农"林中烟感官质量

以2008年特色论证会论证意见为基础，引入香韵法对烟叶样品质量风格特色进行评价，评价结果见表3-5、表3-6，具体特征表述如下。

"金神农"林中烟区烟叶风格特征表现为：以正甜香、木香、辛香为主体香韵，辅以清甜香、焦甜香、青香、焦香香韵；正甜香香韵较明显，中间香型清香淡雅特色显著；香气悬浮；烟气浓度及劲头适中（表3-5）。

品质特征表现为：香气质较好、香气量尚充足、较透发；烟气较细腻、较柔和、稍圆润、有刺激性、有干燥感、余味尚净尚舒适（表3-6）。

表3-5　"金神农"林中烟区烟叶质量风格特征评价结果

项目	指标		标度值	图示
风格特征	香型	清香型	0	
		中间香型	3	
		浓香型	0	
	香韵	干草香	3	
		清甜香	2.5	
		正甜香	2.5	
		焦甜香	1	
		青香	1.5	
		木香	1.5	
		豆香	0	
		坚果香	0	
		焦香	0.5	
		辛香	1.5	
		果香	0	
		药草香	0	
		花香	0	
		树脂香	0	
		酒香	0	

（续表）

项目	指标		标度值	图示
风格特征	香气状态	飘逸	0	
		悬浮	4	
		沉溢	0	
	烟气浓度		3	
	劲头		3	
总体评价	风格特征描述			以正甜香、木香、辛香为主体香韵，辅以清甜香、焦甜香、青香、焦香香韵；正甜香香韵较明显，清香淡雅中间香型特征显著；香气悬浮烟气浓度及劲头适中

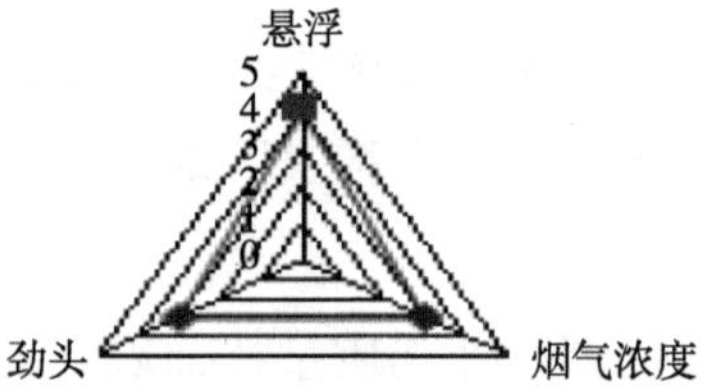

表3-6 "金神农"林中烟区烟叶品质特征评价结果

项目	指标		标度值	图示
品质特征	香气特征	香气质	4	
		香气量	3	
		透发性	4	
	杂气	青杂气	1.5	
		生青气	1.5	
		枯焦气	1	
		木质气	1.5	
		土腥气	0	
		松脂气	0	
		花粉气	0	
		药草气	0	
		金属气	0	
	烟气特征	细腻程度	3.5	
		柔和程度	4	
		圆润感	2.5	
	口感特征	刺激性	3	
		干燥感	3.5	
		余味	3	
总体评价	品质特征描述			香气质较好、香气量尚充足、较透发；烟气较细腻、较柔和、稍圆润、有刺激性、有干燥感、余味尚净尚舒适

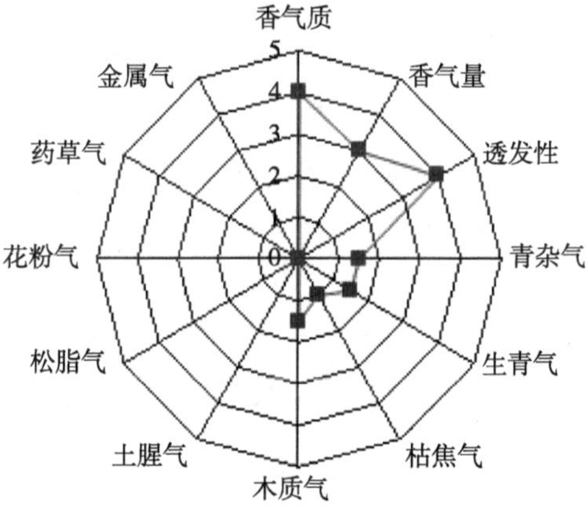

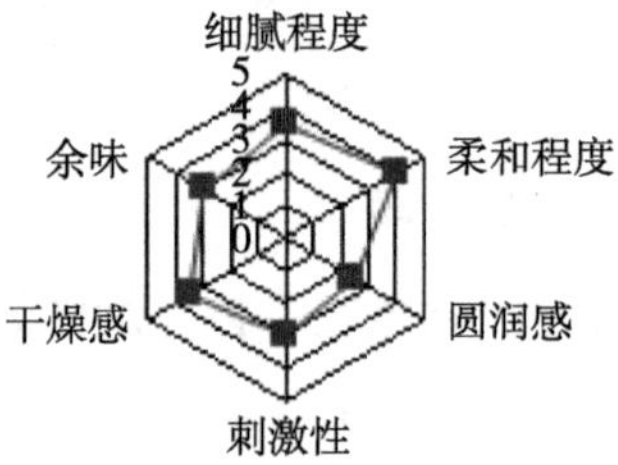

（二）"金神农"林中烟外观质量

外观质量特征评价结果表现为：烟叶整体发育较好，颜色以浅橘色为主，成熟度较好，身份适中，且均匀度好，色泽鲜亮，油分较多，烟叶纯净，富有弹性，体现了"金神农"烟叶的外观特色，感官评吸和外观质量评价基本一致。

各部位烟叶外观质量特征表现为：上部烟叶颜色为金黄色，部分烟叶偏橘黄，成熟度较好，身份中等至稍厚，叶片结构疏松至尚疏松，色度浓，有油分，整体质量较均匀。中部烟叶开片较好，颜色金黄，成熟度好，叶片结构疏松，身份中等，油分有至多，叶片柔软，有弹性，色度较强，整体质量均匀。下部烟叶颜色金黄至正黄，成熟度较适宜，身份稍薄至中等。叶片结构疏松，有一定油分，色度强。

（三）"金神农"林中烟化学成分

对2008—2011年在"金神农"林中烟区定点采集分析烟叶样品内在化学成分，结果见表3-7。总体上看，各等级烟叶烟碱含量适宜，上部叶烟碱含量3.3%左右，糖碱比值较高；烟叶钾和氯含量适宜，钾氯比值较好；烟叶化学成分协调性较好。

表3-7　主要化学成分检测结果

部位	烟碱（%）	总氮（%）	还原糖（%）	总糖（%）	钾（%）	氯（%）
B2F	3.12 ~ 3.58	1.96 ~ 2.16	26.38 ~ 31.12	31.24 ~ 34.80	1.66 ~ 1.98	0.06 ~ 0.4
C3F	2.38 ~ 2.97	1.66 ~ 2.15	25.77 ~ 27.60	30.14 ~ 36.81	1.56 ~ 2.60	0.07 ~ 0.17
X2F	1.44 ~ 1.97	1.47 ~ 2.06	26.87 ~ 30.23	31.93 ~ 34.24	2.33 ~ 2.78	0.05 ~ 0.25

（四）小　结

根据对"金神农"林中烟区烟叶样品品质指标的研究、以工业卷烟品牌对样品品质指标的剖析，结合国家局组织的论证会议论证意见，将"金神农"林中烟区"金神农"品牌特色烟叶品质定位如下。

1.单产指标定位

单产140~150kg/亩（1亩≈667m²，全书同），其中上等烟比例≥40%，等级合格率80%以上。

2.外观品质定位

成熟度好，叶面有成熟斑点，组织结构疏松，厚薄适中，颜色多橘黄，叶面与叶背的色差小，油分充足，弹性强。

3.化学成分指标定位

烟碱含量，下部叶1.5%左右，中部叶2.5%左右，上部叶不超过3.5%；总糖20%~35%，还原糖16%~28%，总氮1.5%~3.0%，氯离子含量低于0.6%，蛋白质8%左右，糖碱比8~12，总糖/蛋白质为2~2.5，淀粉含量5%以下。

4.外观质量特色定位

上部烟叶颜色为金黄色，部分烟叶偏橘黄，成熟度较好，身份中等至稍厚，叶片结构疏松至尚疏松，色度浓，有油分，整体质量较均匀。中部烟叶开片较好，颜色金黄，成熟度好，叶片结构疏松，身份中等，油分有至多，叶片柔软，有弹性，色度较强，整体质量均匀。下部烟叶颜色金黄至正黄，成熟度较适宜，身份稍薄至中等。叶片结构疏松，有一定油分，色度强。

5.质量风格特色定位

清香淡雅。香气清甜飘逸、透发性好，烟气醇和细腻、绵长，饱满成团，劲头适中，余味纯净舒适，有一定的留香和回甜感，各项指标均衡。感官质量表现为香气质较好—好，香气量尚充足+—较足，杂气有-—较轻，刺激性有—微有，余味尚舒适—较舒适，燃烧性强，灰色白，整体感官质量中等—好的水平。

6.工业可用性定位

质量特色突出，香气质好，香气量较足，刺激性小，劲头适中，余味舒适，工业可用性高，配伍性强，能进入名优卷烟产品主配方，并在配方比重上达到10%以上。

四、"金神农"林中烟区域定位

（一）烟叶感官质量区域定位

已有研究结果表明，无论是中部烟叶还是上部烟叶，其质量都与海拔高度关系十分密切，"金神农"林中烟区中部烟叶质量在海拔900～1 050m最好，上部烟叶质量在海拔950～1 070m最好，综合考虑中部和上部烟叶，感官质量大约在海拔950～1 050m这100m范围内最好，其质量特征表现为：香气质较好，香气量接近较足，杂气接近较轻，刺激性微有，余味接近较舒适，燃烧性强，灰色接近白，整体感官质量接近好的水平。海拔相对较低的800～950m感官质量其次，海拔相对较高的1 050～1 250m再次。烟叶感官质量在一个县内主要由海拔高度决定，在"金神农"林中烟区内，除了海拔高度是重要决定因素外，种植区域也是较重要的决定因素，房县上部烟叶感官质量随海拔高度变化较小，质量也较好，而保康上部烟叶感官质量整体还须进一步改善。

（二）烟叶质量风格特征区域定位

总体来看，"金神农"林中烟区烟叶具有"清香淡雅"的共同质量风格特色，进一步分析研究，发现"金神农"林中烟区烟叶在质量风格特征上也有一定个性，研究结果表明："金神农"林中烟区"金神农"烟叶风格特征主要与其在神农架周边的地理位置密切相关，位于神农架以北的十堰市各县基本可归为一类，其烟叶风格特征主要表现为：浓度中等、劲头适中，烟气成团性接近较好，细腻程度接近较细腻，口感回甜感接近较强，干燥感中。位于神农架东南面的保康和兴山县也基本可归为一类，其烟叶风格特征主要表现为：浓度中等—较浓、劲头适中—较大，烟气成团性中等—较好，细腻程度中等—较好，回甜感中等—较强，干燥感中—较强。除了主要与地理位置相关外，烟叶风格特征也与海拔高度有一定关系，兴山和房县高海拔区的中部烟叶风格特征单独归为了一类，其风格特征主要表现为其劲头相对增加，烟气成团性和细腻程度相对减弱。保康低海拔区的上部烟叶风格特征也单独归为了一类，其风格特征主要表现为其浓度和劲头相对增加，烟气成团性和细腻程度相对减弱，口感回甜感和干燥感指标相对变差。

第二节 "金神农"林中烟生态因子解析

一、气象因子分析

从月平均气温来看,"金神农"林中烟区9月的平均气温与各化学成分指标关系最密切,9月平均气温与烟碱、还原糖含量呈正相关,与总糖、钾、两糖差、糖碱比、氮碱比等指标呈负相关,相关性均达到了1%极显著水平;7月、8月、9月平均气温以及5—9月平均气温与烟叶钾呈明显的负相关关系。本区域5—9月和9月平均气温低于国内外主要植烟区域,这可能是本区域烟叶总糖偏高、钾含量偏低的原因之一。

6月降水量与烟碱、还原糖含量呈负相关,而与总糖、钾、两糖差呈正相关;7月降水量与烟碱、总氮、还原糖呈正相关,而与总糖、钾、氯、两糖差、糖碱比等呈负相关;9月降雨与烟碱、还原糖呈负相关,而与总糖、钾、两糖差等呈正相关;5—9月平均降雨与本区域绝大部分烟叶化学成分指标存在明显的相关关系,特别是与烟碱、还原糖含量的正相关性达到了1%的显著性,而与钾、氯呈明显的负相关性;5—9月日照时数与烟叶氯含量呈显著负相关性。本区域降水量在国内主要产区中处于较高水平,这可能是本区域烟叶烟碱、还原糖偏高,钾、氯含量偏低的原因之一。

日照时数与烟叶烟碱、还原糖、总糖以及钾含量均有明显的相关关系。9月以及5—9月日照时数与烟碱的正相关性达到了1%显著性;8月、9月以及5—9月日照时数与还原糖含量的负相关性达到了1%显著性,但与总糖则呈负相关性;而与还原糖含量呈1%的负相关性;9月以及5—9月日照时数与烟叶钾含量的负相关性同样达到了1%显著性。本区域日照时数高于国内大多数产区,这可能是本区域还原糖和钾含量偏低的原因之一。

5—9月平均紫外辐射与烟叶绝大部分化学品质指标的相关性不显著,但9月平均紫外辐射与烟碱呈5%显著性正相关,而与还原糖、钾、两糖比、糖碱比、氮碱比呈5%显著性负相关。5—9月平均总辐射与烟碱、还原糖含量呈1%显著性负相关,而与总糖、钾含量呈1%显著性正相关(表3-8)。

表3-8　气象因子与化学成分的简单相关性分析

指标	月份	烟碱（%）	总氮	总糖	还原糖	钾	氯	两糖差	糖碱比	氮碱比	钾氯比
平均温度	5	-0.01	-0.07	0.03	-0.09	-0.09	0.22	0.08	0.06	-0.01	-0.2
	6	0.00	-0.05	0.01	-0.10	-0.07	0.25*	0.08	0.04	-0.02	-0.23
	7	0.15	0.02	-0.13	0.10	-0.29*	0.11	-0.16	-0.12	-0.15	-0.16
	8	0.14	0.00	-0.12	0.09	-0.28*	0.06	-0.15	-0.11	-0.16	-0.13
	9	0.39**	0.14	-0.33**	0.34**	-0.53**	-0.10	-0.47**	-0.39**	-0.37**	-0.07
	5—9	0.13	0.00	-0.11	0.06	-0.26*	0.12	-0.12	-0.1	-0.14	-0.16
降水量	5	0.20	0.10	-0.08	0.15	-0.08	-0.33**	-0.17	-0.23	-0.21	0.23
	6	-0.29*	-0.13	0.37**	-0.41**	0.49**	0.15	0.55**	0.31**	0.26*	0.03
	7	0.45**	0.25*	-0.31**	0.39**	-0.42**	-0.36**	-0.46**	-0.41**	-0.39**	0.23
	8	-0.18	-0.13	0.13	-0.10	0.25*	-0.01	0.20	0.21	0.14	0.19
	9	-0.26*	-0.18	0.29*	-0.23*	0.31**	0.01	0.37**	0.25*	0.18	0.15
	5—9	0.35**	0.17	-0.24	0.38**	-0.53**	-0.28*	-0.44**	-0.36**	-0.33**	0.13
日照时数	5	-0.24*	-0.11	0.31**	-0.35**	0.28*	0.30*	0.47**	0.26*	0.2	-0.07
	6	0.27*	0.21	-0.25*	0.16	-0.19	0.06	-0.29*	-0.30**	-0.2	-0.10
	7	-0.46**	-0.25*	0.48**	-0.58**	0.65**	0.35**	0.76**	0.50**	0.40**	-0.08
	8	0.13	0.07	-0.23*	0.31**	-0.20	-0.19	-0.39**	-0.21	-0.13	0.19
	9	0.39**	0.21	-0.39**	0.35**	-0.47**	-0.02	-0.52**	-0.43**	-0.35**	-0.08
	5—9	0.36**	0.18	-0.26*	0.40**	-0.55**	-0.28*	-0.47**	-0.37**	-0.33**	0.12
平均紫外辐射	5	0.01	-0.05	0.10	-0.15	-0.04	0.23*	0.18	0.02	-0.05	-0.11
	6	0.20	0.02	-0.09	0.10	-0.21	-0.06	-0.13	-0.22	-0.26*	0.13
	7	-0.01	-0.11	0.12	-0.16	0.03	0.14	0.20	0.03	-0.06	-0.02
	8	0.13	-0.03	-0.01	0.00	-0.13	-0.01	0.00	-0.13	-0.20	0.06
	9	0.33**	0.12	-0.23*	0.20	-0.39**	0.03	-0.31**	-0.35**	-0.34**	-0.06
	5—9	0.11	-0.03	0.01	-0.04	-0.12	0.09	0.04	-0.10	-0.17	0.00
平均总辐射	5	-0.33**	-0.15	0.39**	-0.39**	0.38**	0.22	0.55**	0.37**	0.30*	-0.03
	6	-0.19	-0.04	0.15	-0.23	0.41**	0.08	0.27*	0.18	0.20	0.02
	7	-0.50**	-0.31**	0.49**	-0.56**	0.62**	0.28*	0.74**	0.56**	0.42**	-0.09
	8	-0.16	-0.15	0.22	-0.15	0.23	-0.16	0.26*	0.18	0.09	0.18
	9	0.07	0.08	-0.09	0.21	-0.05	-0.38**	-0.22	-0.09	-0.03	0.25*
	5—9	-0.38**	-0.21	0.41**	-0.39**	0.52**	0.06	0.57**	0.41**	0.33**	0.08

注：*代表0.05显著水平，**代表0.01极显著水平

研究分析认为,与烟叶烟碱含量关联度较大的前5位气象因子依次是:5—9月日照时数、9月日照时数、5—9月降水量、7月降水量和8月日照时数;与烟叶总氮含量关联度较大的前5位气象因子依次是:9月日照时数、6月日照时数、7月降水量、9月降水量、6月平均气温;与烟叶总糖含量关联度较大的前5位气象因子依次是:7月日照时数、7月总辐射、8月总辐射、5—9月总辐射、6月降水量;与烟叶还原糖含量关联度较大的前5位气象因子依次是:5—9月降水量、8月日照时数、5—9月日照时数、6月平均紫外辐射、9月平均紫外辐射;与烟叶钾含量关联度较大的前5位气象因子依次是:7月平均总辐射、7月日照时数、6月降水量、5月日照时数、5月平均总辐射;与烟叶氯含量关联度较大的前5位气象因子依次是:5—9月日照时数、5—9月降水量、8月日照时数、6月平均紫外辐射、6月降水量(表3-9)。

从以上的分析可以看出,日照时数和降水量对烟叶烟碱和总氮含量的影响较大;7月日照时数、总辐射对烟叶还原糖的影响较大;降水量、日照时数和紫外辐射对还原糖的影响较大;对烟叶钾含量影响最大的是平均总辐射、日照时数和降水量;对烟叶氯含量影响较大的因子是日照时数、降水量。比较灰色关联度和简单相关的分析结果,发现二者具有较大的相似性,这进一步说明日照时数、降水量、紫外辐射和总辐射是影响本区域烟叶化学成分的主要因子。

表3-9 气象因子与化学成分关联度分析

气象因子	月份	烟碱(%)	总氮(%)	总糖(%)	还原糖(%)	钾(%)	氯(%)	两糖差	糖碱比	氮碱比	钾氯比
平均气温	5	0.257	0.239	0.247	0.248	0.269	0.271	0.260	0.272	0.288	0.295
	6	0.257	0.280	0.246	0.246	0.255	0.288	0.247	0.285	0.286	0.285
	7	0.266	0.248	0.260	0.265	0.242	0.290	0.261	0.253	0.243	0.278
	8	0.249	0.252	0.261	0.234	0.260	0.260	0.270	0.278	0.255	0.287
	9	0.278	0.240	0.290	0.290	0.215	0.268	0.204	0.261	0.233	0.275
	5—9	0.261	0.260	0.253	0.255	0.249	0.280	0.274	0.262	0.256	0.277

（续表）

气象因子	月份	烟碱（%）	总氮（%）	总糖（%）	还原糖（%）	钾（%）	氯（%）	两糖差	糖碱比	氮碱比	钾氯比
降水量	5	0.292	0.262	0.261	0.234	0.247	0.308	0.228	0.302	0.292	0.334
	6	0.230	0.224	0.349	0.210	0.321	0.348	0.311	0.357	0.312	0.323
	7	0.305	0.282	0.275	0.283	0.225	0.293	0.217	0.247	0.259	0.287
	8	0.231	0.231	0.324	0.239	0.290	0.333	0.319	0.318	0.276	0.326
	9	0.277	0.280	0.339	0.238	0.281	0.328	0.280	0.313	0.294	0.298
	5—9	0.310	0.274	0.300	0.330	0.211	0.394	0.200	0.314	0.309	0.323
日照时数	5	0.246	0.242	0.285	0.204	0.318	0.288	0.353	0.313	0.300	0.286
	6	0.249	0.286	0.286	0.242	0.263	0.306	0.313	0.297	0.275	0.287
	7	0.176	0.197	0.395	0.162	0.331	0.319	0.399	0.379	0.313	0.298
	8	0.302	0.262	0.274	0.323	0.229	0.390	0.221	0.315	0.290	0.339
	9	0.317	0.296	0.219	0.286	0.197	0.263	0.201	0.274	0.273	0.279
	5—9	0.329	0.272	0.288	0.322	0.211	0.402	0.195	0.314	0.300	0.318
平均紫外辐射	5	0.229	0.242	0.299	0.249	0.273	0.310	0.344	0.344	0.284	0.294
	6	0.301	0.254	0.325	0.294	0.233	0.353	0.221	0.321	0.274	0.316
	7	0.260	0.218	0.284	0.260	0.222	0.315	0.255	0.315	0.280	0.290
	8	0.292	0.237	0.315	0.286	0.230	0.330	0.216	0.287	0.268	0.282
	9	0.279	0.271	0.321	0.294	0.265	0.307	0.247	0.321	0.310	0.330
	5—9	0.259	0.223	0.314	0.268	0.237	0.326	0.256	0.324	0.263	0.288
平均总辐射	5	0.230	0.237	0.290	0.204	0.313	0.278	0.346	0.334	0.312	0.297
	6	0.248	0.236	0.268	0.261	0.270	0.321	0.243	0.291	0.290	0.281
	7	0.181	0.211	0.373	0.183	0.335	0.341	0.378	0.376	0.320	0.285
	8	0.255	0.235	0.357	0.224	0.280	0.303	0.309	0.334	0.290	0.328
	9	0.299	0.260	0.269	0.271	0.222	0.342	0.247	0.287	0.284	0.330
	5—9	0.231	0.218	0.353	0.203	0.309	0.321	0.337	0.366	0.281	0.321

二、土壤特性分析

化学成分指标方面,烟叶烟碱与土壤pH值、速效钾呈正相关性;还原糖与交换性钙、有效铁呈负相关性;总氮与速效钾呈正相关性;钾含量与土壤速效钾、有效铁呈正相关性,而与交换性钙、有效锰呈负相关性(表3-10和表3-11)。

表3-10 中部烟叶化学成分与土壤微量元素含量偏相关性

项目	有效硼	有效锌	交换镁	交换钙	钙镁值	有效铜	有效锰	有效铁	有效硫	氯
烟碱（%）	0.030 4	−0.133 2	−0.125 1	−0.176 7	0.101 9	0.008 4	0.012 7	−0.111 1	0.163 2	−0.123 8
还原糖（%）	−0.225 4	0.034 3	0.041 1	−0.239 24*	0.192 8	0.156 9	0.066 4	−0.240 18*	0.171 9	−0.002 8
总氮（%）	−0.105 6	−0.085 4	−0.058 6	−0.172 9	0.127 4	0.022 0	0.163 1	−0.172 7	0.121 0	0.143 7
糖碱比	0.002 4	0.056 8	0.142 1	0.212 3	−0.111 5	−0.066 7	−0.099 4	0.197 4	−0.189 4	0.155 2
钾（%）	0.010 9	−0.050 8	−0.051 6	0.281 60*	−0.219 6	−0.179 5	−0.286 11*	0.354 43**	−0.141 2	0.230 7

注：*代表0.05显著水平，**代表0.01极显著水平

表3-11 中部叶与土壤常规养分的偏相关性

项目	pH值	有机质	碱解氮	速效磷	速效钾
烟碱（%）	0.248 9**	0.041 5	0.073 8	−0.197 0*	0.235 0*
还原糖（%）	−0.072 8	−0.043 6	−0.087 1	0.058 4	−0.041 2
总氮（%）	0.086 8	−0.085 7	0.058 9	−0.130 2	0.207 7*
钾（%）	0.086 87	−0.085 7	0.058 9	−0.130 2	0.207 7*

注：*代表0.05显著水平，**代表0.01极显著水平

感官质量方面,与香气质关联度最高的因子为土壤速效磷和有机质,与香气量关联度最高的因子为土壤碱解氮和烟叶两糖差,与杂气关联度最高的因子为土壤速效磷和烟叶还原糖,与刺激性关联度最高的因子为土壤pH值和烟叶钾

氯比，与烟叶余味、燃烧性和灰色得分关联度最高的因子均为土壤速效磷和烟叶钾氯比（表3-12）。由此可见与烟叶评吸质量相关的主要土壤肥力因子为土壤速效磷。

表3-12　评吸指标得分与各因子的关联度分析

项目	香气质	香气量	杂气	刺激性	余味	燃烧性	灰色	合计
pH值	0.319 6	0.346 5	0.345 1	0.444 4	0.336 0	0.370 8	0.370 8	0.375 3
有机质	0.442 9	0.317 7	0.350 5	0.228 4	0.272 9	0.191 5	0.191 5	0.267 9
碱解氮	0.347 9	0.419 8	0.355 5	0.356 9	0.341 2	0.396 3	0.396 3	0.336 9
速效磷	0.434 6	0.357 4	0.385 8	0.413 4	0.391 2	0.424 2	0.424 2	0.371 8
速效钾	0.340 8	0.325 9	0.347 6	0.296 0	0.271 3	0.296 5	0.296 5	0.289 5
烟碱	0.336 2	0.326 5	0.288 2	0.360 7	0.351 5	0.353 0	0.353 0	0.329 7
还原糖	0.372 8	0.368 4	0.389 4	0.392 1	0.307 5	0.373 1	0.373 1	0.387 3
总氮	0.345 4	0.349 2	0.347 1	0.298 5	0.308 1	0.227 0	0.227 0	0.297 5
糖碱比	0.349 8	0.323 2	0.273 3	0.319 3	0.288 7	0.280 4	0.280 4	0.268 7
氮碱比	0.378 2	0.370 0	0.317 6	0.357 1	0.371 5	0.351 9	0.351 9	0.361 1
钾	0.284 8	0.279 8	0.272 2	0.396 5	0.376 6	0.364 9	0.364 9	0.364 8
钾氯比	0.304 3	0.359 3	0.318 0	0.508 0	0.440 0	0.556 7	0.556 7	0.434 5
两糖差	0.406 3	0.411 3	0.366 3	0.350 9	0.357 9	0.314 3	0.314 3	0.372 8

第三节　"金神农"林中烟的生产布局与规划

一、林中烟的烟区划分

在"金神农"林中烟区的不同区域取烟样，并以"黄鹤楼"为主的高档品牌对烤烟原料的质量需求为标准，对所取烟样进行感官质量评价鉴定，经湖北中烟技术中心和国家烟草专卖局组织的专家组鉴定认证，确定"金神农"特色烤烟质量风格特色为：香气清甜飘逸、透发性好，烟气醇和细腻、绵长，饱满成团，劲头适中，余味纯净舒适，有一定的留香和回甜感，各项指标均衡。感官质量为：香气质较好至好，香气量尚较足至充足，杂气较轻至有，刺激性微有至有，余味尚舒适至较舒适，燃烧性强，灰色白，整体感官质量中等至好的水平。外观质量特色为：烟叶发育好，颜色以浅橘色为主，成熟度好，身份适中，且均匀度好，色泽鲜亮，油分较多，烟叶纯净，富有弹性。

　　总体来看，"金神农"林中烟区烟叶具有上述共同的质量风格特色，进一步分析研究，发现"金神农"林中烟区各区域烟叶在质量风格特征上也有一定个性。

（一）林中烟烟叶质量区域划分

1. 中部烟叶质量与海拔高度和种植区域的关系

　　中部烟叶质量与海拔高度关系十分密切，其中房县、保康县和兴山县均以海拔1 000m左右质量最好，竹山县以海拔1 000～1 280m最好、郧西区以海拔900～1 000m最好（图3-5）。为消除县域影响，对各县质量得分进行标准处理，并与海拔高度进行二次曲线回归，得出"金神农"林中烟区中部烟叶质量与海拔高度的统一关系图，可见中部烟叶质量约在海拔900～1 050m最好（图3-6）。

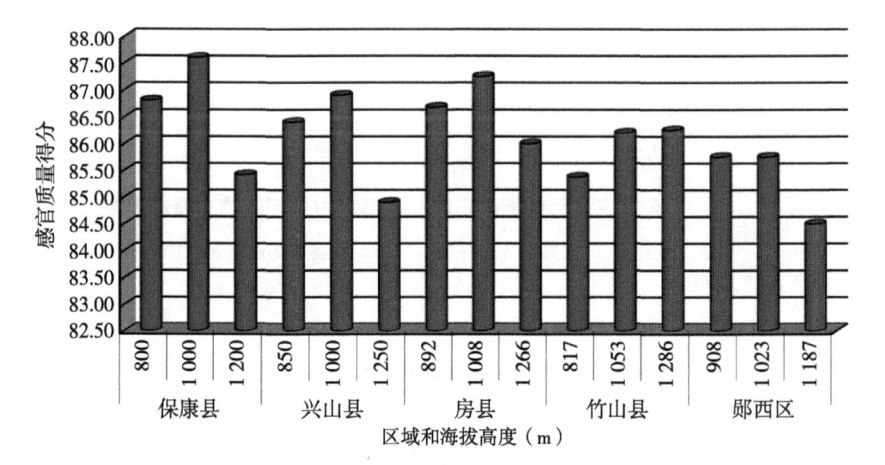

图3-5　"金神农"林中烟区不同海拔高度中部烟叶质量特征评价

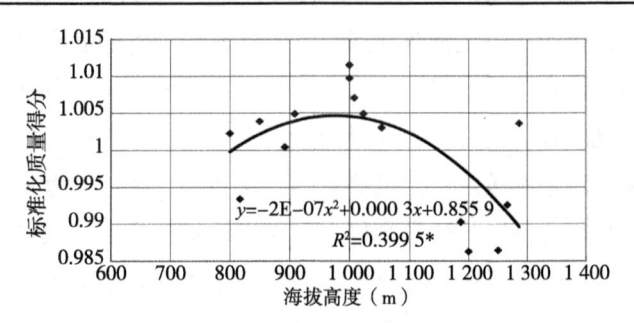

图3-6　"金神农"林中烟区中部烟叶质量与海拔高度的关系

　　通过聚类分析，可把"金神农"林中烟区中部烟叶感官质量分为4类，归为较好至好的是保康县海拔800～1 000m、房县海拔892～1 008m，兴山县海拔850～1 000m，与"金神农"林中烟区中部烟叶质量大约在海拔900～1 050m最好的结果是一致的。归为一般的是保康海拔1 200m、兴山海拔1 250m和郧西海拔1 187m，都是高海拔区（图3-7和表3-13）。说明中部烟叶感官质量在一个县域范围内主要由海拔高度决定，在"金神农"林中烟区内，除了海拔高度是主要决定因素外，种植区域也是重要的决定因素。

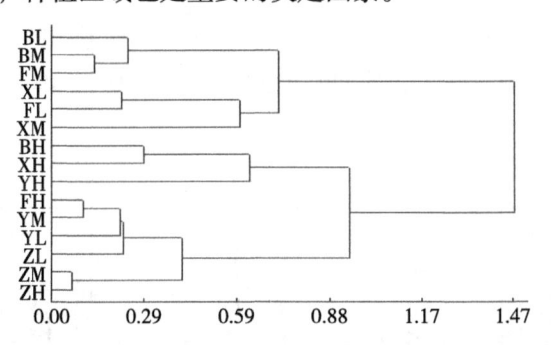

图3-7　"金神农"林中烟区不同海拔高度中部烟叶感官质量聚类

　　注：第一个字母B、X、F、Y、Z分别代表保康、兴山、房县、郧西区和竹山县；H、M和L分别代表高、中和低海拔高度，以下同

表3-13　"金神农"林中烟区中部烟叶质量特征聚类结果

类别	区域/海拔（m）	香气质（18）	香气量（16）	杂气（16）	刺激（20）	余味（22）	燃烧性（4）	灰色（4）	得分	评价
1	保康/800～1 000 房县/1 008	15.58	13.94	13.79	17.43	18.49	4.00	4.00	87.24	好

（续表）

类别	区域/海拔（m）	香气质（18）	香气量（16）	杂气（16）	刺激（20）	余味（22）	燃烧性（4）	灰色（4）	得分	评价
2	兴山/850～1 000 房县/892	15.63	13.62	13.55	17.17	18.80	4.00	3.90	86.66	较好
3	房县/1 266 郧西/908～1 023 竹山/817～1 286	15.36	13.55	13.59	17.27	18.13	4.00	4.00	85.89	稍好
4	保康/1 200 兴山/1 250 郧西/1 187	15.17	13.56	13.31	16.84	18.14	3.96	3.96	84.94	一般

2. 上部烟叶质量与海拔高度和种植区域的关系

上部烟叶质量同样与海拔高度关系十分密切，其中保康县、兴山县均以海拔1 000m左右质量最好，房县以海拔1 000～1 260m最好、郧西区以海拔900m最好（图3-8）。为消除县域影响，对各县质量得分进行标准处理，并与海拔高度进行二次曲线回归，得出环"金神农"林中烟区上部烟叶质量与海拔高度的统一关系图，可见"金神农"林中烟区上部烟叶质量大约在海拔950～1 070m最好（图3-9）。

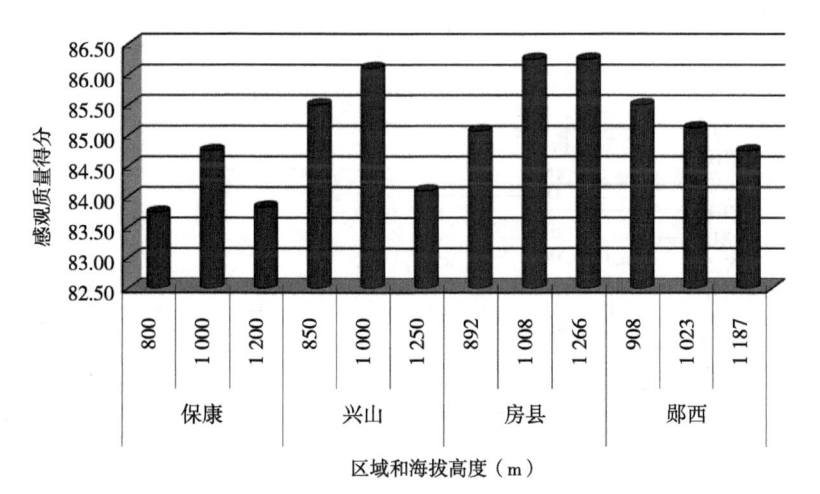

图3-8　"金神农"林中烟区不同海拔高度上部烟叶质量特征

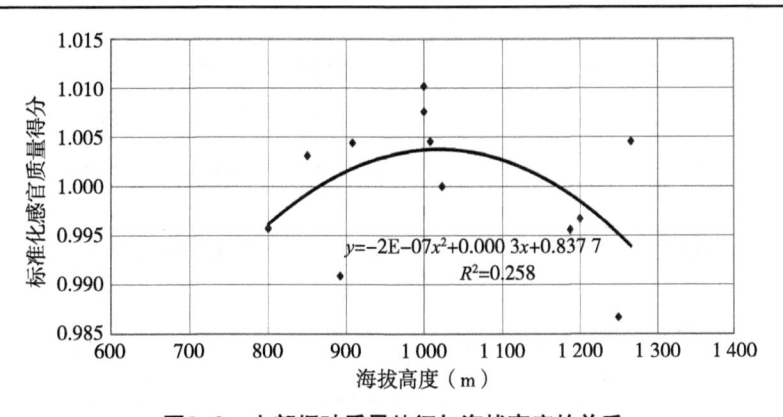

图3-9 上部烟叶质量特征与海拔高度的关系

通过聚类分析，同样可把 "金神农" 林中烟区上部烟叶感官质量分为4类。归为较好至好的是房县海拔1 008～1 266m，兴山海拔850～1 000m，与 "金神农" 林中烟区上部烟叶质量大约在海拔950～1 070m最好的结果是基本一致的（图3-10）。归为一般的是保康海拔800～1 200m、兴山海拔1 250m，说明上部烟叶感官质量在一个县内主要由海拔高度决定，在环 "金神农" 林中烟区内，除了海拔高度是重要决定因素外，种植区域也是重要的决定因素，房县上部烟叶感官质量随海拔高度变化较小，而保康上部烟叶感官质量整体还需进一步改善（表3-14）。

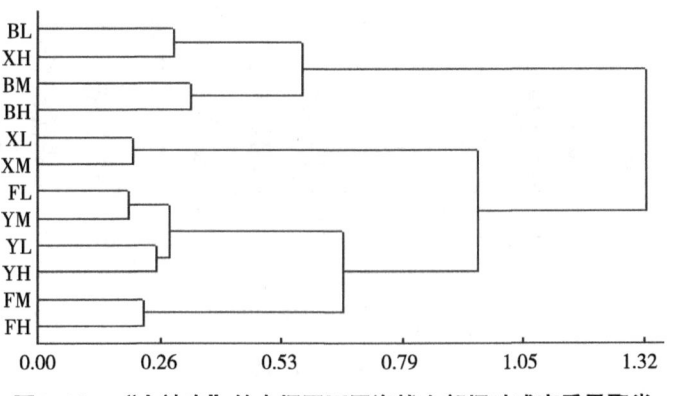

图3-10 "金神农" 林中烟区不同海拔上部烟叶感官质量聚类

表3-14　"金神农"林中烟区上部烟叶感官质量聚类结果

类别	区域	海拔（m）	香气质（18）	香气量（16）	杂气（16）	刺激（20）	余味（22）	燃烧性（4）	灰色（4）	得分	评价
1	房县	1 008 ~ 1 266	15.50	13.81	13.50	17.06	18.38	4.00	4.00	86.25	好
2	兴山县	850 ~ 1 000	15.20	13.80	13.55	17.00	18.40	4.00	3.90	85.80	较好
3	房县 郧西区	892 908 ~ 1 286	15.19	13.51	13.40	16.85	18.19	4.00	4.00	85.12	稍好
4	保康县 兴山县	800 ~ 1 200 1 250	15.10	13.43	13.30	16.53	17.75	4.00	4.00	84.11	一般

（二）林中烟烟叶风格区域划分

1. 中部烟叶风格特征与海拔高度和种植区域的关系

通过聚类分析，可把"金神农"林中烟区中部烟叶风格特征初分为3类。房县和郧西低中海拔区以及竹山全县在风格上归为一类；保康全县、兴山海拔低中海拔区和郧西高海拔区归为一类；兴山和房县高海拔区归为一类。这与上述各县在神农架周边的地理位置基本是一致的，十堰市的房县、竹山和郧西区均位于神农架以北，在风格归类上，十堰各县也基本归为一类，与海拔高度关系似乎不大。保康和兴山县分别位于神农架以东以南，其风格特征在聚类时也都归为一类。另外，兴山和房县的高海拔区单独归为一类（图3-11和表3-15）。前面的研究结果表明，烟叶质量似乎更多与海拔高度相关，而烟叶风格特征则似乎更多与种植区域相关。

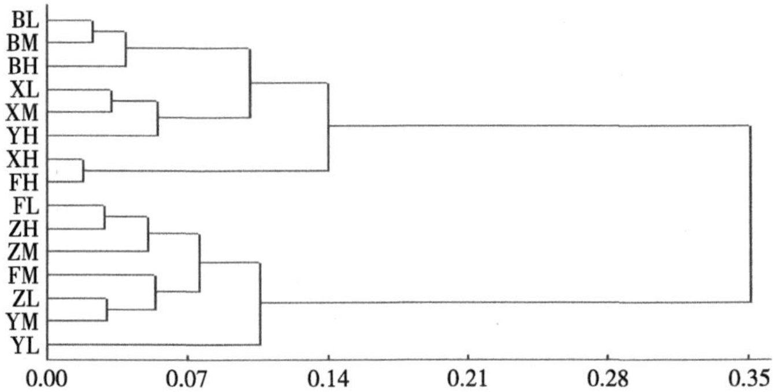

图3-11　"金神农"林中烟区不同海拔高度中部烟叶风格等特征聚类

表3-15 "金神农"林中烟区不同海拔高度中部烟叶风格特征聚类结果

类别	区域	海拔（m）	浓度	劲头	成团性	细腻程度	回甜感	干燥感
1	房县 竹山县 郧西区	892～1 008 817～1 286 908～1 023	3.01	3.01	3.23	3.44	3.47	3.04
2	保康县 兴山县 郧西区	800～1 200 850～1 000 1 187	2.88	3.00	3.22	3.29	3.00	3.02
3	兴山县 房县	1 250 1 266	3.00	2.95	3.00	3.00	3.00	3.00

2. 上部烟叶风格特征与海拔高度和种植区域的关系

通过聚类分析，可把"金神农"林中烟区上部烟叶风格特征处分为4类。房县中海拔区风格特征最优，单独归为一类；房县中海拔以外区域和郧西全县在风格上归为一类；保康中高海拔区和兴山全县归为一类；保康低海拔区上部叶相对因其浓度较浓、劲头较大、干燥感较强，也单独归为一类。上部烟叶风格特征似乎与中部烟叶一样，主要与各县地理位置相关，位于神农架以北的十堰各县基本归为一类；位于神农架东南面的保康和兴山县基本归为一类；保康低海拔区单独归为一类（图3-12和表3-16）。上部烟叶质量与海拔高度和种植区域相关，而其风格特征则似乎更多与种植区域相关。

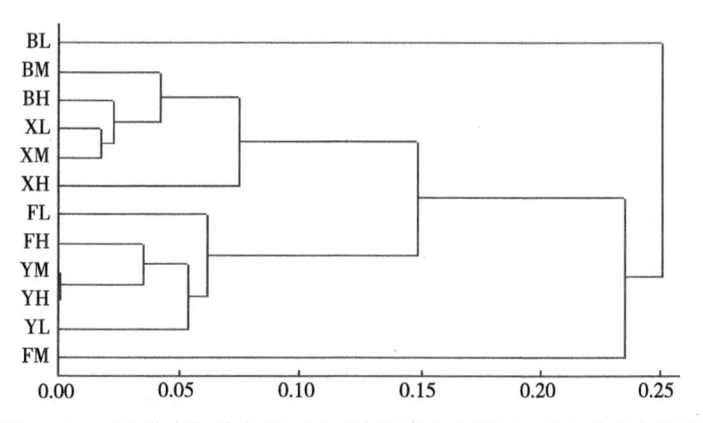

图3-12 "金神农"林中烟区不同海拔高度上部烟叶风格等特征聚类

表3-16 "金神农"林中烟区不同海拔高度上部烟叶风格特征聚类结果

类别	区域	海拔（m）	浓度	劲头	成团性	细腻程度	回甜感	干燥感
1	房县	1 008	3.00	3.00	3.50	3.75	3.25	3.25
2	房县 房县 郧西区	892 1 266 908～1 187	2.91	2.92	3.06	3.06	3.01	3.01
3	保康县 兴山县	1 000～1 200 850～1 250	2.67	2.73	3.00	3.00	3.00	2.98
4	保康县	800	2.17	2.42	3.00	2.92	3.00	2.58

综上所述，"金神农"林中烟区可大致分为两大片区：一是神农架以北的十堰市各县，该区域中部烟叶质量特征较好，具有较为独特的香气，能够较好体现"黄鹤楼"品牌"淡雅香"特色，烟叶质量表现为香气质较好，香气量尚充足+—较足，杂气有+—较轻，刺激性微有，余味尚舒适+—较舒适（接近较舒适水平），燃烧性强，灰色接近白。风格特征表现为浓度中等、劲头适中，烟气成团性中等—较好，细腻程度中等—较细腻，口感回甜感中等—较强，干燥感中等。烟叶可以在"黄鹤楼"高档品牌配方中使用。另外房县烟叶还表现出部位特征差异不明显，上部烟叶质量接近或达到中部烟叶质量水平的特点。二是位于神农架东南面的南漳、保康和兴山县，神农架东南区域中部烟叶质量特征表现为香气质较好，香气量接近较足，杂气有+—较轻，刺激性微有，余味尚舒适+—较舒适，燃烧性强，灰色白；风格特征表现为浓度中等—较浓、劲头适中—较大，烟气成团性中等—较好，细腻程度中等—较好，回甜感中等—较强，干燥感中—较强。烟叶可以在"黄鹤楼"二类配方中做调味用途，其优势在于该区域内中部叶感官质量较为稳定，年度间差异较小。

总体来看，"金神农"林中烟区内各区域烟叶感官质量差异不大，均能满足"黄鹤楼"等高档卷烟品牌配方需求，但不同区域烟叶质量风格特征有一定的微小差异，从而也能满足"黄鹤楼"等高档卷烟品牌配方中的不同需求。

二、林中烟的种植规划

根据前人相关研究结果，区划综合考虑烟叶质量（内在化学成分和感官质量）和生态条件，本研究考虑到烟农生产水平对烟叶质量的重要影响，因此将烟农生产水平（以产量、产值衡量）作为区划的最重要指标。对烟农生产水平、烟叶质量进行综合打分，将总体得分在80分以上的区域化为最适宜烟区，得分在50～80分的区域为适宜烟区，得分在50分以下的区域区划为次适宜烟区。

（一）最适宜烟叶种植区

1. 烟叶主要特点

感官评吸：具有突出的清香淡雅风格特色。香气清甜飘逸、透发性好，烟气细腻、绵长，饱满成团，浓度、劲头适中，有一定的留香和回甜感，各项指标均衡。配方适应范围广，配伍性强，工业可用性好，可以作为中式卷烟的主料烟使用。

外观质量：颜色为金黄色至正黄，部分烟叶偏橘黄，成熟度较好，身份中等，叶片结构疏松，色度浓，有油分，整体质量均匀。

化学成分：烟叶化学成分协调，烟碱1.5%～3.5%，钾含量1.7%～2.4%（2.0%左右），还原糖含量25%左右，氯含量0.2%以上。

经济性状：产量150kg/亩左右，上等烟率45%以上。

2. 主要区域

海拔800～1 300m，主要包括房县上龛乡（镇）、九道、野人谷，青峰，竹山柳林，竹溪十八峡、丰溪、源茂，郧西湖北口等区域。

3. 生态特征

大田期降水量900mm以上；大田期日照时数在900h以上；大田期月均平均总辐射155W/m^2以上。土壤pH值、有机质适宜，碱解氮含量140mg/kg左右，速效磷含量25mg/kg以上、速效钾含量160mg/kg以上；土壤水溶性氯20～40mg/kg；土壤中微量元素含量适宜。

（二）适宜烟叶种植区

1. 烟叶主要特点

感官评吸：具有较突出的清香淡雅风格特色，香气清甜飘逸、透发性好，烟气细腻、绵长，饱满成团，浓度、劲头适中，有一定的留香和回甜感，各项指标均衡。适应范围广，配伍性强，工业可用性好，可以作为中式卷烟的主料、半主料烟使用。

外观质量：颜色为金黄色至正黄，部分烟叶偏橘黄，成熟度较好，身份中等，叶片结构疏松至尚疏松，色度浓，有油分，整体质量较均匀。

化学成分：烟叶化学成分协调，烟碱1.5%～3.5%，钾含量1.5%～2.0%（1.8%左右），还原糖含量25%左右，氯含量0.2%以上。

经济性状：产量130kg/亩左右，上等烟率40%以上。

2. 主要区域

海拔800～1 400m，主要包括房县青峰乡、中坝、土城、门古，郧西湖北口乡、店子、关防，竹山官渡镇、擂鼓镇、双台乡、大庙乡，竹溪泉溪、兵营、天宝、桃园。

3. 生态特征

大田期降水量900mm以上；大田期日照时数在900h以上；大田期月均平均总辐射155W/m²以上。土壤pH值、有机质适宜，碱解氮含量120mg/kg左右，速效磷含量15mg/kg以上、速效钾含量120mg/kg以上；土壤水溶性氯10～40mg/kg；土壤中微量元素含量适宜。

（三）次适宜区

1. 烟叶主要特点

感官评吸：具有清香淡雅风格特色。适应范围广，配伍性强，工业可用性好，可以作为中式卷烟的半主料烟使用。

外观质量：颜色为金黄色至正黄，部分烟叶偏橘黄，成熟度较好，身份中等，叶片结构尚疏松，色度较浓，有油分，整体质量较均匀。

化学成分：烟叶化学成分较协调，烟碱1.5%～3.8%，钾含量1.3%～1.7%（1.5%左右），还原糖含量25%左右，氯含量0.2%以上。

经济性状：产量100kg/亩左右，上等烟率35%左右。

2. 主要区域

主要分布在海拔800m以下烟区。

3. 生态特征

大田期降水量700mm以上；大田期日照时数在900h以上；大田期月均平均总辐射150W/m²以上。土壤pH值、有机质适宜，碱解氮含量120mg/kg左右，速效磷含量在10mg/kg以上、速效钾含量在100mg/kg以上；土壤水溶性氯10～40mg/kg；土壤中微量元素含量适宜。

三、林中烟的发展规划

（一）基本烟田面积规划（表3-17）

表3-17　十堰市基本烟田规划面积　　　　（单位：万亩）

单位	基本烟田		
	合计	烤烟	晾晒烟
房县	15	15	
竹山县	8	8	
竹溪县	8	8	
郧西区	8	3	5
兴山县	10.5	10.5	
神农架林区	2	2	

（二）现代烟草农业建设（表3-18）

表3-18 现代烟草农业建设规划目标

项目	2014年				2015年			
	十堰市	神农架	宜昌市	襄阳市	十堰市	神农架	宜昌市	襄阳市
基地单元建设（个）	4		3	2	5		3	2
合作社建设（个）	3	1	7	2	3	1	7	1
标准化烟叶基层站整合目标（个）	8	0		3	8		1	3
示范社建设（个）	1	1	1		1		1	1
特色烟基地单元（个）	2	0			2			
整县推进（个）	2	0	1		1		0	2
订单生产基地单元（个）	1	0			3		0	
田间机械化基地单元（个）	2	1	1		3		1	2
烤房改造（座）	301	0		100	500		200	100
专业化分级散叶收购总量（万担）	25		4	12	20		5	20
常规基础设施建设（个）	2 350	13	1 523	1 877	3 377	55	1 121	1 877
水源工程（个）	1	0			2		0	1
基本烟田土地整理（万亩）	0.4		0.36	0.7	0.92		0.2	0.7

（三）水源工程项目建设规划

"十二五"烟草行业"金神农"林中烟区规划建设烟草行业水源工程5个，项目投资概算54 069万元。

1. 丹江口市石鼓镇盘道村盘道水库

位于石鼓镇盘道村，为新建小（一）型水库，建设库容170万m³混凝土重力坝1座、预计投资8 000万元。建成后将解决石鼓镇、蒿坪镇受益耕地面积1.8万亩，受益人口14 500余人，其中基本烟田保护面积1.2万亩。

2. 竹溪县鸳鸯池水库

位于水坪镇鸳鸯池村，工程坝址以上承雨面积40.5km²，坝址多年平均径流量1 571万m³，多年平均流量0.5m³/s，多年平均输砂模数300t/km²，总库容1 086万m³。枢纽工程由拦河大坝、溢洪道、输水管等部分组成，枢纽工程总投资15 088.94万元。项目建设完成后年可向竹溪县城及下游的水坪、县河等乡镇提供生活及灌溉水量1 153万m³，可解决15万人及水库下游1.1万亩耕地面积和1万亩基本烟田保护面积。

3. 郧西区天河流域水石门水库

位于天河上游香口乡白岩河村小矛塔处。主体工程分为挡水工程和输水工程及三通一平工程。其中挡水工程为修建一坐碾压砼双曲拱坝，坝高86m，正常蓄水位468.0m，相应库容3 215万m³，死水位450.0m，总库容3 720万m³，有效库容1 981.0万m³，库容系数为13.8%，属年调节水库、Ⅲ等中型工程，工程总投资为24 800万元，覆盖耕地面积6.15万亩，基本烟田保护面积4万亩。

4. 保康县龙坪镇岩头溪水库

位于保康县龙坪镇大阳坡村，承雨面积计15km²，叮建设蓄水容积90万m³的水库一座。项目主要建设内容：水库新建大坝长550m，高20m；新建溢洪道，泄洪流量300m³/s；输水构筑物：渠道长度10km，管网长度100km。投资概算3 100万元，项目建成后受益7个村，受益耕地面积1万亩，基本烟田保护面积0.4万亩。

5. 南漳县薛坪镇泉头岩水库

位于薛坪镇八里川村，为小（二）型水库。目前，该库流域面积0.7km²，总库容11.3万m³。水库正常水位1 003m，最高洪水位1 005m，大坝坝顶高程1 005.96m，坝顶宽28m，最大坝高14m。工程运行20多年，部分地方由于时间长已出现险情，限制蓄水，且供水管道多处开裂，属于病险水库。该水库需除险加固，投资概算3 080万元，改建完成后可受益9个村、9 540人口、2 100户，受益耕地面积1.17万亩、基本烟田面积1万亩。

第四章 "金神农"林中烟关键生产技术研究

第一节 土壤可持续利用技术

植烟土壤的状况对烟叶的品质有着很大的影响，改善和维持植烟土壤适烟特性是烟草生产可持续发展的基础与保障，施用有机肥料是创造良好的植烟土壤环境的重要措施之一。在"金神农"烟区大面积推广使用有机肥的同时，重点开展了饼肥用量和绿肥种植等相应试验研究，从而有效提升了"金神农"烟区土壤的可持续利用水平。

一、饼肥施用技术

长期以来，烟叶生产中存在重视施用无机肥，忽视有机肥的现象，导致烟田土壤明显退化，土壤贫瘠化程度越来越严重，人们单纯施用优质化肥调节土壤营养难以弥补因土壤贫瘠化造成的营养失衡缺陷，造成烟叶工业可用性较差，烟叶的香气质、香气量难以进一步提高，严重制约了烟草生产的可持续发展。

现代烟草农业正逐渐向绿色烟草、生态烟草发展，人们对烟草及烟草制品也提出了更高的安全性要求。减少化学肥料在烟草生产中的施用量，增施有机肥，对改善土壤理化性状，增加土壤肥力，提高烟叶品质和安全性，促进烟草生产的可持续发展具有重要的意义。

本试验通过研究"金神农"林中烟区饼肥不同施用量对烤烟农艺性状、经济性状和外观质量的影响，以达到改善烟叶外观质量，协调烟叶内在化学成分，增加烟叶香气，提高烟农经济效益的目的。

（一）材料和方法

1. 供试品种

房县为'云烟87'，保康和兴山为'K326'。

2. 试验地点基本情况

房县桥上乡西坪村，试验设置在土壤肥力中等，质地疏松，地势较为平坦，排灌方便，农业生产操作较为方便的田块（表4-1）。

表4-1　试验地点基本信息

试验地点	GPS	海拔高度（m）	土壤类型	碱解氮（mg/kg）	速效磷（mg/kg）	速效钾（mg/kg）	有机质（%）	pH值
桥上乡西坪村	E：110°39′22.1″ N：31°52′20.9″	1 150	黄棕壤	149.0	11.95	100.8	1.26	6.8

保康县马良镇云旗山村，试验设置在土壤肥力中等，分布较为均匀，农户生产操作较为规范的田块。

兴山县黄粮镇石槽溪村，试验田面积1.2亩，海拔950m左右。

3. 试验设计

试验设置5个施肥处理：100%无机肥；25%饼肥+75%无机肥；50%饼肥+50%无机肥；75%饼肥+25%无机肥；100%饼肥。5个处理氮、磷、钾比例为1：1.5：3。用氮量90kg/hm²，各个处理中除去有机氮以后，氮、磷、钾不足的部分用无机肥料配足。

随机区组法设计，3次重复。每个小区4行区，行距1.20m，株距0.55m，每小区植烟80株。试验田四周设保护行，剔除边际效应。

4. 主要农事操作

育苗：全部采取漂浮育苗，3月初播种，3月下旬出苗，苗期剪叶3次，成苗均匀一致，健壮无病。

施肥：N、P、K施肥比例为1：1.5：3，施氮量90kg/hm²，移栽后10～15d追肥。

移栽：5月中旬移栽，采取"三带一深"技术，移栽行株距120cm×55cm。

病虫害防治:大田期用菌克毒克800倍液防治花叶病等病毒性病害,用菌核净800倍液和10%宝丽安600倍液防赤星病。用25%氯氟氰800倍液对蝼蛄、地老虎、烟蚜、烟青虫等害虫,防治效果较好。其他技术措施按烤烟生产技术规范执行。

(二)结果与分析

1. 不同处理主要生育期比较

从表4-2可以看出房县和保康县两个点各处理在同一时间移栽后,进入团棵期的时间一致,进入现蕾期、始采期和采收结束的时间相差1～2d,时间接近。说明饼肥肥力发挥较慢。其不同施用量对团棵期的烟株作用效果并不明显。

表4-2 各点各处理主要生育期记载

地点	处理	播种	出苗	移栽	团棵	现蕾	始采	采收结束
	100%无机肥	3月8日	3月25日	5月12日	6月17日	7月14日	7月18日	10月6日
	25%饼肥+75%无机肥	3月8日	3月25日	5月12日	6月17日	7月15日	7月19日	10月5日
房县	50%饼肥+50%无机肥	3月8日	3月25日	5月12日	6月17日	7月15日	7月18日	10月5日
	75%饼肥+25%无机肥	3月8日	3月25日	5月12日	6月17日	7月14日	7月18日	10月6日
	100%饼肥	3月8日	3月25日	5月12日	6月17日	7月16日	7月19日	10月7日
	100%无机肥	2月27日	3月13日	5月18日	6月20日	7月15日	7月31日	11月1日
	25%饼肥+75%无机肥	2月27日	3月13日	5月18日	6月21日	7月15日	7月31日	11月1日
保康县	50%饼肥+50%无机肥	2月27日	3月13日	5月18日	6月21日	7月18日	7月31日	11月1日
	75%饼肥+25%无机肥	2月27日	3月13日	5月18日	6月24日	7月18日	7月31日	11月1日
	100%饼肥	2月27日	3月13日	5月18日	6月24日	7月19日	7月31日	11月1日

2. 不同处理成熟期烟株农艺性状比较

房县点:各处理中饼肥和无机肥配施处理的烟叶长势好于单一施用无机肥的处理,饼肥和无机肥配施处理中以75%饼肥+25%无机肥处理长势最好,其次是25%饼肥+75%无机肥处理和50%饼肥+50%无机肥处理;100%无机肥处理效果最差。

保康点：各处理农艺性状差异不是很明显，25%饼肥+75%无机肥处理和75%饼肥+25%无机肥处理的效果较好。

兴山点：以100%无机肥、25%饼肥+75%无机肥、50%饼肥+50%无机肥的株高比75%饼肥+25%无机肥、100%饼肥高，烟叶叶片大小差异不明显（表4-3）。

表4-3 不同处理成熟期烟株农艺性状

地点	处理	株高（cm）	茎围（cm）	叶数（片）	叶片长（cm）×宽（cm）					
					下部叶		中部叶		上部叶	
房县	100%无机肥	134.50	9.30	21.90	71.10	26.70	78.30	26.40	66.50	21.70
	25%饼肥+75%无机肥	137.90	9.30	21.20	67.30	24.90	76.80	27.50	61.30	19.90
	50%饼肥+50%无机肥	135.70	9.50	21.30	70.20	24.90	81.10	29.40	64.60	21.60
	75%饼肥+25%无机肥	138.30	9.30	21.90	65.80	25.40	78.50	27.00	60.10	18.60
	100%饼肥	131.80	9.10	22.50	69.30	25.50	78.50	26.40	64.00	20.50
保康县	100%无机肥	110.51		20.73			70.06	30.85		
	25%饼肥+75%无机肥	114.16		22.87			72.23	29.62		
	50%饼肥+50%无机肥	111.18		21.87			71.49	31.58		
	75%饼肥+25%无机肥	113.57		21.73			73.65	31.25		
	100%饼肥	110.97		21.47			69.51	30.49		
兴山县	100%无机肥	85.00	8.17	21.53	49.27	23.60	51.93	23.87	27.80	7.23
	25%饼肥+75%无机肥	87.10	8.50	22.20	52.80	25.73	56.53	25.20	28.80	7.80
	50%饼肥+50%无机肥	80.80	8.43	20.93	50.73	24.73	55.33	26.10	29.53	8.30
	75%饼肥+25%无机肥	75.27	7.80	20.47	50.40	24.93	55.20	24.53	29.00	7.97
	100%饼肥	75.73	8.13	20.60	47.20	23.93	54.80	23.67	28.07	7.67

3. 不同处理对烟叶外观质量的影响

在房县点，不同处理各部位烟叶成熟度较好，色度适中，叶片结构、身份、油分差异较大，各处理中综合性状最好的是25%饼肥+75%无机肥处理，其次是75%饼肥+25%无机肥处理，100%无机肥和100%饼肥最差（表4-4）。说明适宜配比施肥方式下生产出来的烟叶长势好，性状佳，烘烤出来的烟叶外观质量好。

表4-4 烟叶外观质量

处理	部位	成熟度	叶片结构	身份	油分	色度
100%无机肥	上部叶	成熟	紧密	厚	有	弱
	中部叶	成熟	疏松	稍薄	稍有	中
	下部叶	成熟	疏松	稍薄	少	弱
25%饼肥+ 75%无机肥	上部叶	成熟	尚疏松	中等	有	中
	中部叶	成熟	疏松	中等	有	中
	下部叶	成熟	疏松	薄	有	中
50%饼肥+ 50%无机肥	上部叶	成熟	稍密	稍厚	有	中
	中部叶	成熟	疏松	中等	稍有	中
	下部叶	成熟	疏松	稍薄	稍有	中
75%饼肥+ 25%无机肥	上部叶	成熟	尚疏松	稍厚	有	中
	中部叶	成熟	疏松	中等	有	中
	下部叶	成熟	疏松	稍薄	稍有	中
100%饼肥	上部叶	成熟	紧密	厚	有	弱
	中部叶	成熟	疏松	稍薄	稍有	中
	下部叶	成熟	疏松	稍薄	少	弱

4. 各点不同处理对烟叶经济性状的影响

房县点：各处理对产量的影响不显著，基本没有差异；产值以25%饼肥+75%无机肥较好，有较显著的差异。综合考虑经济性状以25%饼肥+75%无机肥能获得较为理想的经济收益。

保康点：产量产值方面，随着饼肥用量的增加，产量有逐渐增加趋势，产值呈现曲线变化；均价及上等烟、中等烟比例方面，增施有机肥能够在一定程度上提升均价，随着有机肥使用量的增加，上等烟比例呈曲线变化趋势，中等烟比例有增加的趋势，综合考虑各种经济性状，在一定范围有机肥的使用量能对烟叶的质量起到促进作用，处理中以25%饼肥+75%无机肥经济性状最佳。

兴山点：100%无机肥和25%饼肥+75%无机肥经济性状较好，二者产量基本相当，后者产值较高；表中数据显示，在一定范围内，随着饼肥使用量的提高，产量产值逐渐降低，但均价出现逐渐升高的趋势。全部使用饼肥处理，会对烟叶的质量造成较大影响，导致经济性状最差。

分析3个点的经济性状结果，均以25%饼肥+75%无机肥处理表现最好（表4-5）。

表4-5　经济性状统计

地点	处理	产量（kg/hm²）	产值（元/hm²）	均价（元/kg）	上等烟（%）	上中等烟（%）
房县	100%无机肥	2 448.75	34 551.9	14.11	41.01	83.64
	25%饼肥+75%无机肥	2 448.00	37 552.35	15.34	41.06	83.36
	50%饼肥+50%无机肥	2 439.45	35 445.15	14.53	40.68	83.26
	75%饼肥+25%无机肥	2 457.15	36 120.15	14.70	40.43	83.08
	100%饼肥	2 434.50	32 792.70	13.47	40.92	81.55
保康县	100%无机肥	2 054.25	21 158.85	10.30	25.42	36.25
	25%饼肥+75%无机肥	2 609.55	28 104.90	10.77	26.30	48.86
	50%饼肥+50%无机肥	2 512.20	22 986.60	9.15	23.67	42.78
	75%饼肥+25%无机肥	2 517.60	25 251.60	10.03	24.93	44.17
	100%饼肥	2 314.05	24 019.80	10.38	25.56	46.78
兴山县	100%无机肥	2 214.00	22 759.95	10.28	11.54	47.63
	25%饼肥+75%无机肥	2 207.25	23 043.75	10.44	11.82	51.33
	50%饼肥+50%无机肥	2 051.25	21 517.65	10.49	10.55	52.20
	75%饼肥+25%无机肥	1 957.80	20 556.90	10.50	9.27	51.87
	100%饼肥	1 921.20	19 519.35	10.16	9.00	45.21

5. 不同处理对烟叶主要化学成分的影响

（1）中部烟叶化学成分比较

3个点的中部烟叶的烟碱含量均在适宜值范围内，且随着饼肥用量的增加表现出降低的趋势；糖的含量均比较适宜，钾含量基本在2%以上（表4-6）。

表4-6 各点各处理中部烟叶化学成分比较

地点	处理	烟碱（%）	总氮（%）	还原糖（%）	总糖（%）	钾（%）
房县	100%无机肥	2.38	2.25	27.98	32.71	2.17
	25%饼肥+75%无机肥	2.35	2.10	20.31	27.13	3.08
	50%饼肥+50%无机肥	1.68	2.11	28.51	30.84	2.60
	75%饼肥+25%无机肥	1.72	1.90	27.46	33.96	3.22
	100%饼肥	2.04	2.23	22.23	28.44	3.22
保康县	100%无机肥	2.73	2.47	20.05	23.74	2.56
	25%饼肥+75%无机肥	2.93	2.66	15.66	19.65	2.24
	50%饼肥+50%无机肥	2.72	2.62	16.44	19.50	2.68
	75%饼肥+25%无机肥	2.51	2.26	19.58	22.73	2.79
	100%饼肥	2.00	2.25	25.42	30.33	2.24
兴山县	100%无机肥	1.94	1.97	23.19	30.25	2.22
	25%饼肥+75%无机肥	2.58	1.91	27.52	32.99	1.83
	50%饼肥+50%无机肥	2.65	2.20	21.07	26.62	2.52
	75%饼肥+25%无机肥	2.56	1.93	25.70	30.06	2.22
	100%饼肥	2.65	2.06	18.93	24.76	2.12

（2）上部烟叶化学成分比较

3个点中，房县点随着饼肥用量的增加，烟碱有降低的趋势，总氮含量基本适宜，全部有机肥处理的糖含量较高，其他处理较适宜，钾含量接近或略超过2%；保康县点也是随着饼肥用量的增加，烟碱有降低的趋势，但在中间略升高再降低，糖含量均较适宜，钾含量均接近2%；兴山县点是随着饼肥用量的增加，烟碱先降低再升高，糖含量基本适宜，钾含量接近或略超过2%。总体来说，施用饼肥后能适当降低烟碱的含量，协调化学成分（表4-7）。

表4-7　各点各处理上部烟叶化学成分比较

地点	处理	烟碱（%）	总氮（%）	还原糖（%）	总糖（%）	钾（%）
房县	100%无机肥	3.93	2.56	22.45	28.46	2.17
	25%饼肥+75%无机肥	3.06	2.16	28.92	35.35	1.77
	50%饼肥+50%无机肥	3.03	2.73	26.08	30.67	2.38
	75%饼肥+25%无机肥	2.20	2.23	27.19	37.74	1.68
	100%饼肥	1.84	2.05	33.72	40.38	1.68
保康县	100%无机肥	3.55	2.85	18.20	21.72	1.77
	25%饼肥+75%无机肥	3.23	2.74	18.85	21.54	1.94
	50%饼肥+50%无机肥	3.52	2.75	17.25	25.80	1.85
	75%饼肥+25%无机肥	3.35	2.83	19.11	23.43	2.04
	100%饼肥	2.86	2.54	21.21	28.21	1.85
兴山县	100%无机肥	2.94	2.45	16.38	23.20	2.12
	25%饼肥+75%无机肥	2.81	2.26	22.63	29.49	1.83
	50%饼肥+50%无机肥	2.66	1.99	17.90	25.17	2.31
	75%饼肥+25%无机肥	3.00	2.33	18.28	26.13	2.31
	100%饼肥	3.14	2.37	18.72	26.36	1.96

6. 不同处理对中部烟叶感官质量评吸的影响

保康县点烟叶随着饼肥用量的增加，烟叶的香气量有增加的趋势，烟叶的刺激性降低，饼肥用量达到75%以上时效果较明显；房县各个处理的烟叶质量基本没有差异（表4-8）。

表4-8　试验各处理中部烟叶感官质量评价结果　　　　　（单位：分）

地点	处理	得分							
		香气质	香气量	杂气	刺激性	余味	燃烧性	灰色	合计
保康县	100%无机肥	15.5	13.5	14.0	16.5	18.0	4	4	85.5
	25%饼肥+75%无机肥	15.2	13.6	13.6	16.6	17.7	4	4	84.7
	50%饼肥+50%无机肥	15.0	13.4	13.7	16.7	17.8	4	4	84.6
	75%饼肥+25%无机肥	15.4	13.7	13.8	16.7	18.0	4	4	85.6
	100%饼肥	15.5	13.8	14.1	17.2	18.0	4	4	86.6

（续表）

地点	处理	得分							
		香气质	香气量	杂气	刺激性	余味	燃烧性	灰色	合计
房县	100%无机肥	15.1	13.4	13.5	16.9	18.2	4	4	85.1
	25%饼肥+75%无机肥	15.2	13.3	13.6	17.1	18.1	4	4	85.3
	50%饼肥+50%无机肥	15.2	13.6	13.6	16.8	17.9	4	4	85.1
	75%饼肥+25%无机肥	15.0	13.4	13.6	16.7	17.8	4	4	84.5
	100%饼肥	15.2	13.4	13.5	17.0	18.0	4	4	85.1

（三）小 结

第一，田间观察表明不同的饼肥用量对烟叶生育期和农艺性状有一定的影响，但处理间差异不大。

第二，从烤后烟叶经济性状统计来看，以25%的饼肥用量为最佳。

第三，上中部烟叶的烟碱含量大部分在适宜值范围内，且随着饼肥用量的增加表现出降低的趋势，糖的含量均比较适宜，钾含量基本在2%左右。

第四，保康县点烟叶随着饼肥用量的增加，烟叶的香气量有增加的趋势，烟叶的刺激性降低，饼肥用量达到75%以上时效果较明显；房县各个处理的烟叶评吸质量基本没有差异。

第五，综合烟叶经济性状、外观质量、主要化学成分、感官评吸质量等指标，以25%的饼肥配以75%的无机肥效果最佳。

二、绿肥种植与土壤培肥技术

对比了保康县和房县两地绿肥种植和其他4种施肥方式共5个处理（处理1：100%无机肥；处理2：30%饼肥+70%无机肥；处理3：于揭膜培土期在垄体上覆盖秸秆300kg/亩；处理4：秸秆腐熟厩肥，于施肥起垄时条施入大田，施用量按300kg/亩；处理5：绿肥于烟苗移栽前40d翻压，翻压量按1 500kg/亩计算）对烤烟生产的影响，主要结果如下。

（一）不同处理对烟叶经济性状的影响

房县点以处理2（30%饼肥+70%无机肥）的综合经济性状为佳，其次是处理5（绿肥于烟苗移栽前40d翻压）较好；保康县点以处理5（绿肥于烟苗移栽前40d翻压）最好（表4-9）。

表4-9　不同处理下烟叶的经济性状

地点	处理	产量（kg/亩）	产值（元/亩）	均价（元/kg）	上等烟（%）	上中等烟（%）
房县	100%无机肥	134.86	1 902.16	14.12	32.60	71.40
	30%饼肥+70%无机肥	141.20	2 203.20	15.60	42.41	85.14
	50%饼肥+50%无机肥	121.22	1 780.59	14.69	37.69	76.99
	75%饼肥+25%无机肥	136.93	2 001.87	14.62	41.68	83.36
	100%饼肥	139.91	2 058.33	14.71	41.96	84.68
保康县	100%无机肥	134.90	1 812.60	13.40	32.60	76.40
	25%饼肥+75%无机肥	141.20	2 013.20	14.30	38.40	85.20
	50%饼肥+50%无机肥	135.20	1 820.00	13.50	37.90	76.70
	75%饼肥+25%无机肥	136.90	2 001.40	14.60	41.80	83.50
	100%饼肥	139.90	2 058.30	14.70	41.90	84.60

注：处理1为100%无机肥；处理2为30%饼肥+70%无机肥；处理3为于揭膜培土期在垄体上覆盖秸秆300kg/亩；处理4为秸秆腐熟厩肥，于施肥起垄时条施入大田，施用量按300kg/亩；处理5为绿肥，于烟苗移栽前40d翻压，翻压量按1 500kg/亩计算；表4-10～表4-12同

（二）不同处理对烟叶主要化学成分的影响

与其他处理相较，处理5增加了烟叶中烟碱的积累，同时总氮的含量相应降低。化学成分总体协调性较好（表4-10和表4-11）。

表4-10　各点各处理中部烟叶化学成分比较

地点	处理	烟碱（%）	总氮（%）	还原糖（%）	总糖（%）	钾（%）
房县	100%无机肥	1.56	1.93	35.60	39.96	2.27
	30%饼肥+70%无机肥	1.43	2.10	31.32	35.67	2.60
	50%饼肥+50%无机肥	1.62	2.00	32.24	30.87	2.16
	75%饼肥+25%无机肥	0.86	1.72	28.70	17.30	2.16
	100%饼肥	1.84	1.90	32.41	30.36	2.16

（续表）

地点	处理	烟碱（%）	总氮（%）	还原糖（%）	总糖（%）	钾（%）
	100%无机肥	2.46	1.66	26.23	38.70	1.66
	30%饼肥+70%无机肥	2.39	1.82	28.06	38.94	1.57
保康县	50%饼肥+50%无机肥	2.34	1.87	28.46	38.78	1.85
	75%饼肥+25%无机肥	2.52	1.81	26.66	38.04	1.48
	100%饼肥	2.46	1.66	26.23	38.70	1.66

表4-11 各点各处理上部烟叶化学成分比较

地点	处理	烟碱（%）	总氮（%）	还原糖（%）	总糖（%）	钾（%）
	100%无机肥	2.41	2.16	25.57	35.92	1.77
	30%饼肥+70%无机肥	3.25	2.49	22.00	32.04	2.06
房县	50%饼肥+50%无机肥	2.84	2.36	22.60	25.98	1.67
	75%饼肥+25%无机肥	2.69	2.47	21.65	26.47	1.77
	100%饼肥	3.32	2.82	19.48	22.80	2.37
	100%无机肥	2.91	2.05	23.91	38.60	1.31
	30%饼肥+70%无机肥	2.60	2.07	24.24	36.42	1.31
保康县	50%饼肥+50%无机肥	2.29	1.70	26.22	38.60	1.40
	75%饼肥+25%无机肥	2.76	2.10	25.22	38.61	1.31
	100%饼肥	2.77	1.93	23.73	42.41	1.23

（三）不同处理对烟叶感观质量评级的影响

不同处理的烟叶感官质量评价得分，在两地均以处理1的综合得分最高，其他各处理评吸得分均低于对照处理1，但绿肥种植处理与之差异并不大（表4-12）。

表4-12 各处理中部烟叶感官质量评价结果比较   （单位：分）

地点	处理	得分							
		香气质	香气量	杂气	刺激性	余味	燃烧性	灰色	合计
保康县	100%无机肥	15.0	13.0	13.3	17.0	18.0	4	4	84.3
	30%饼肥+70%无机肥	15.1	13.4	13.1	16.5	17.8	4	4	83.9
	50%饼肥+50%无机肥	14.7	12.8	13.0	16.8	17.2	4	4	82.5
	75%饼肥+25%无机肥	15.1	13.3	13.1	16.7	17.4	4	4	83.6
	100%饼肥	14.8	12.9	13.0	16.9	17.4	4	4	83.0
房县	100%无机肥	14.6	12.8	12.8	16.9	17.3	4	4	82.4
	30%饼肥+70%无机肥	14.6	12.8	12.6	16.5	17.2	4	4	81.7
	50%饼肥+50%无机肥	14.3	12.6	12.3	16.7	17.0	4	4	80.9
	75%饼肥+25%无机肥	14.5	12.9	12.7	16.7	17.3	4	4	82.1
	100%饼肥	14.5	13.0	12.6	16.5	17.4	4	4	82.0

总体来言，绿肥种植处理下烤烟的产质量与其他处理差异不大，在保康的试验中绿肥种植处理下烤烟的亩产值达到最高。从土壤可持续利用的角度，不影响烤烟生产的前体下，绿肥种植可以在生产中加以推广。

三、土壤调理剂施用技术

植烟土壤环境对烟叶的产量和品质具有较大的影响，土壤结构、土壤质地、养分状况、排灌性、通气性等直接关系着烟叶的品质和产量，土壤pH值、耕层深度也影响烟草的根系生长发育。我国的植烟土壤面积很大，长期以来大量施用化学肥料，土壤结构遭受很大破坏，板结土壤面积扩大，原有的农田生态系统发生很大变化。"免深耕"土壤调理剂是一种新型产品，主要通过高活性物质与水的媒介作用，促进土壤迅速形成团粒结构，降低容重，增加土壤孔隙度，提高土壤通透性，活跃土壤微生物，为植物根系生长创造良好的外部环境条件，促使植物根系始终处于适合生长发育的环境，形成健壮的功能根群，促进根系对肥、水的吸收利用，为植物高产优质培育一个强"源"大"库"，从而增强土壤保肥保水能力。有关研究表明"免深耕"土壤调理剂在柑橘、水稻、油菜、小麦等作物田使用，均能产生较好的经济效益。

（一）材料与方法

1. 供试材料

"免深耕"土壤调理剂（四川成都新朝阳生物化学有限公司生产）。

2. 供试品种

'烤烟K326'。

3. 试验地点

2009年，兴山县榛子乡和平村，海拔1 180m，试验面积1.5亩。

2010年，兴山县榛子乡幸福村，海拔1 200m，试验面积2亩。

4. 试验设计

2009年，试验处理设置为：喷施一次调理剂，起垄时进行，将土壤调理剂均匀喷洒在垄体上，然后覆膜；喷施二次调理剂，第一次在整地起垄前40d进行，用背负式喷雾器把药液均匀喷洒到处理田块，第二次在起垄时进行，将土壤调理剂均匀喷洒在垄体上，然后覆膜；与基肥混合后一次施入；对照CK（不使用调理剂）。

2010年，试验处理设置为：喷施一次调理剂，起垄时进行，将土壤调理剂均匀喷洒在垄体上，然后覆膜；喷施二次调理剂，第一次在整地起垄前40d进行，用背负式喷雾器把药液均匀喷洒到处理田块，第二次在起垄时进行，将土壤调理剂均匀喷洒在垄体上，然后覆膜；对照CK（不使用调理剂）。

两年的试验均是大区对比试验，不设重复，每个处理种植烤烟300株，种植规格120cm×55cm，除了试验的要求外，田间其他管理措施均按烤烟生产技术规范执行。

5. 土壤项目测定

处理土样采集分别在7月2日和7月30日进行，处理和对照均采用5点取样，从地表10cm、30cm、50cm处用环刀取土，用于测定各土层的土壤容重；用环刀从0～20cm、20～40cm、40～60cm 3层的上、中、下部位取土，用于测定田间持水量；田间持水量使用环刀法，室内测定；利用烘干法测定土壤质量、含水量；用环刀法测定土壤容重；通过容重和比重计算总孔隙度；采用叶绿素仪测定烟叶叶绿素的合成效率；在烟叶采收结束时，小心挖出烟株的整株根系，用网袋网好后用水慢慢冲洗干净，然后测量根系的数量和鲜根的质量，经烘干后再测定干根的质量。

（二）结果与分析

1. 对土壤理化性状的影响

（1）对土壤容重的影响

土壤容重是指在自然结构状态下单位体积土壤的重量。它反映土壤的疏松程度，土壤容重小，说明土壤疏松，反之，土壤紧实板结。表4-13的结果表明：烟田使用土壤调理剂后，表层和深层的土壤容重均发生了变化，比对照降低了。

表4-13　烟田使用土壤调理剂后容重的变化　　　　（单位：g/cm³）

试验地点	土壤层次	调理剂处理		
		喷施一次	喷施两次	不施（CK）
兴山县	表层	1.10	1.12	1.12
	深层	1.27	1.34	1.40
保康县	表层	1.06	1.07	1.19
	深层	1.38	1.41	1.44

（2）对土壤总孔隙度的影响

土壤孔隙度是指土壤孔隙的容积占土壤总容积的百分数，也是一种反映土壤疏松程度的指标，一般土壤孔隙度在30%～60%，其中以50%左右或稍大于

50%为好。表4-14的结果表明：烟田使用土壤调理剂后，表层和深层的土壤总孔隙度均有不同程度的变化，比对照提高了。

表4-14　烟田使用土壤调理剂后总孔隙度的变化　　　　（单位：%）

试验地点	土壤层次	调理剂处理		
		喷施一次	喷施两次	不施（CK）
兴山县	表层	58.61	57.92	57.77
	深层	51.95	49.57	47.28
保康县	表层	59.93	59.62	54.95
	深层	47.88	46.77	45.60

2. 对烟株生长发育的影响

（1）对烟株根系发育的影响

烟株根系的生长发育状况和在土壤中的分布会直接影响烟株地上部的生长发育。表4-15的结果表明：烟田使用土壤调理剂后，烟株的根重明显增加，根系数量明显增多。

表4-15　烟田使用土壤调理剂后根系发育的变化

试验地点	根系鲜重（g）			根系干重（g）			根系数量		
	喷施一次	喷施两次	不施（CK）	喷施一次	喷施两次	不施（CK）	喷施一次	喷施两次	不施（CK）
兴山县	163.77	171.13	122.99	39.11	40.20	29.33	52	67	42
保康县	147.6	163.49	120.55	43.13	39.08	26.57	79	68	60

（2）对烟叶叶绿素合成作用的影响

表4-16结果表明：在两个试验点，施用土壤调理剂后，烟叶叶绿素的合成效率均提高了，叶绿素的含量均比对照高（个别数据除外），以喷施两次的处理效果最佳。

表4-16 叶绿素含量测定结果

试验地点	兴山县		保康县	
测定时间	7月2日	7月30日	7月2日	7月30日
不施	42.01	38.56	48.13	40.45
喷施一次	43.57	38.71	48.21	38.59
喷施二次	44.30	40.53	50.03	42.30

（3）对烟株农艺性状的影响

在两年的试验中，使用土壤调理剂的各处理的农艺性状均优于CK，其中以喷施两次的农艺性状表现最好、不施用土壤调理剂的处理最差，说明施用土壤调理剂（免深耕）可以改良土壤，促进烟株的生长发育；施用两次调理剂比施用一次对烟叶生长的促进作用要明显，垄体表面喷施效果较与基肥混施效果要好（表4-17）。

表4-17 各处理农艺性状测定结果

年份	试验地点	处理	株高（cm）	茎围（cm）	叶数（片）	最大叶长（cm）	最大叶宽（cm）
2009	兴山县	喷施一次	89.4	8.4	21.6	62.4	23.9
		喷施二次	91.4	8.6	21.6	64.8	25.6
		随基肥施	88.0	8.3	21.6	62.2	23.6
		不施	89.2	7.3	20.8	60.6	23.4
2010	兴山县	喷施一次	106.4	11.1	16.0	71.4	34.6
		喷施二次	118.2	10.3	15.4	74.0	30.2
		不施	110.2	10.4	14.2	70.8	32.6

（4）对烟叶经济性状的影响

施用土壤调理剂的处理经济性状表现均明显优于对照。这说明施用调理剂可以协调和平衡土壤养分供应，促进烟株生长发育，提高烟叶产质量（表4-18）。

表4-18 各处理经济性状结果

年份	试验地点	处理	产量（kg/hm²）	产值（元/hm²）	均价（元/kg）	上中等烟（%）
2009	兴山县	喷施一次	1 939.5	24 437.7	12.60	83.3
		喷施二次	2 059.5	27 185.4	13.20	84.9
		随基肥施	1 783.5	22 293.8	12.50	83.2
		不施	1 569.0	18 514.2	11.80	81.3
2010	兴山县	喷施一次	1 924.4	25 267.4	13.13	77.2
		喷施二次	2 007.5	27 201.6	13.55	78.6
		不施	1 805.7	23 437.9	12.98	72.9

（5）烟叶化学成分分析

上部烟叶的烟碱含量略偏高，中下部烟叶的烟碱含量均在适宜范围，氮碱比基本接近1，两糖含量基本适宜，钾含量在2%左右（表4-19）。

表4-19 各处理烟叶化学成分分析结果比较（兴山县）

部位	处理	烟碱（%）	总氮（%）	氮碱比	还原糖（%）	总糖（%）	钾（%）	氯（%）
上	喷施一次	4.32	2.71	0.63	15.90	24.04	1.46	0.17
	喷施二次	3.99	1.88	0.47	17.83	28.77	1.54	0.16
	随基肥施	3.62	2.42	0.67	20.21	29.17	1.39	0.13
	不施	3.65	2.49	0.68	18.45	28.13	1.46	0.13

（续表）

部位	处理	烟碱（%）	总氮（%）	氮碱比	还原糖（%）	总糖（%）	钾（%）	氯（%）
中	喷施一次	2.32	1.67	0.72	26.32	30.84	2.52	0.10
	喷施二次	2.38	1.55	0.65	29.05	32.30	1.86	0.10
	随基肥施	1.93	1.52	0.79	34.89	33.16	1.86	0.10
	不施	1.72	1.83	1.06	20.63	23.97	2.86	0.17
下	喷施一次	2.07	1.69	0.82	27.05	30.24	2.52	0.16
	喷施二次	1.78	1.56	0.88	28.17	31.52	2.22	0.13
	随基肥施	1.53	1.71	1.12	28.13	29.83	2.41	0.12
	不施	1.98	1.68	0.85	26.28	32.22	2.22	0.10

（6）烟叶感官质量评价（表4-20）

表4-20 中部烟叶感官质量评吸结果（兴山县） （单位：分）

处理	得分							
	香气质	香气量	杂气	刺激性	余味	燃烧性	灰色	总分
喷施一次	16.0	13.5	14.0	18.0	19.0	4	4	88.5
喷施二次	15.2	13.4	13.8	17.7	18.2	4	4	86.3
随基肥施	15.2	13.3	13.3	17.2	18.1	4	4	85.1
不施	14.8	13.2	13.3	17.0	17.8	4	4	84.1

3个处理均比对照的分数高，香气质量明显高于对照，其中以喷施一次调理剂处理最好，明显优于其他处理与对照。

评价结果为：喷施一次调理剂处理的中部烟叶烟气透发性好，香气质好，香气量略显不足，整体良好，烟气形态好，回味略甜，劲头适中，余味好。

喷施二次调理剂处理烟叶浓度稍高，香气质略差，整体不错，香气量比喷施一次调理剂处理充足；与基肥混合后一次施入调理剂处理烟叶整体较喷施一次调理剂处理和喷施二次调理剂处理略差，杂气较重；不喷施调理剂处理（对照）烟叶整体质量较差，刺激性较大。

四、小结

第一,"免深耕"土壤调理剂对改善烟田土壤物理性状有较明显效果,团粒结构得到改善,透气性增强。

第二,施用调理剂对烟叶农艺性状有较大的影响,通过改善根际营养状况和发育环境,促进烟株的生长发育。以喷施二次调理剂处理(起垄前在田块表面喷施+垄体喷施)效果最佳。

第三,施用土壤调理剂对提高烟叶的产量和质量均具有明显的促进作用,以喷施二次调理剂处理("免深耕"土壤调理剂对改善烟田土壤物理性状有较明显效果,团粒结构得到改善,透气性增强)最佳、在垄体喷施一次调理剂处理次之。

第四,施用土壤调理剂对烟叶的化学成分影响不明显。

第五,施用土壤调理剂对烟叶的感官质量影响较大,各处理明显优于对照,其中以在垄体喷施一次调理剂处理最好、起垄前在田块表面喷施+垄体喷施,施用两次调理剂处理次之。

第二节 减量化高效施肥技术

烤烟栽培中,施肥显著影响烟叶产量和品质。一般而言,烟叶产量随施肥量的增加而提高,但过量施肥会降低烟叶品质,同时长期大量施用化肥产生了一系列土壤环境问题,如土壤板结难耕,通透性变差,肥料利用率降低,土地生产力下降,环境污染等。在"金神农"生态烤烟施肥实践中,在满足烤烟营养特性,提高烟叶产量、品质的同时,应兼顾维持土地生产力,保证烤烟和整个大农业的可持续发展。目前,烤烟施肥的研究较多,但合理施肥必须综合考虑作物、土壤、气候等区域生态条件。"金神农"林中烟区以其独特的林中烟的生态条件成就了其特有的清香淡雅风格,在确定其高效施肥技术的时候也必须与其独特的区域生态条件相匹配。

一、烤烟烟碱和氮素来源分析

^{15}N稳定同位素示踪技术是研究植株氮素吸收、利用与分配的重要方法,

可有效地区分不同来源氮素（土壤氮和肥料氮）对烤烟生长发育的贡献。本试验旨在应用^{15}N示踪技术研究施用氮肥、不同移栽期和基肥施用时间对烤烟生长发育、氮素吸收利用、烟碱含量以及烟碱氮素来源的影响，科学确定适宜的移栽期和基肥施用时间，为环 "金神农" 林中烟区 "金神农" 优质烤烟生产以及调控烟叶中烟碱含量，从而达到提高烤烟烟叶（尤其是中、上部叶）的工业可用性的目的提供理论依据与指导。

（一）基肥施用时间对烟碱含量和氮素来源的影响

1.基肥施用时间对烤烟烟碱含量的影响

烤烟地上部各器官中烟碱含量随着生育期的推进逐渐增加，尤其是中、上部叶中烟碱含量在打顶之后急剧增加。成熟期与打顶时相比，烤烟上、中、下部叶和茎中烟碱含量，低海拔赵家山地点分别平均增加8.2～10.0倍、2.1～2.8倍、0.4～0.7倍和0.6～3.8倍；高海拔老湾地点分别平均增加5.8～10.6倍、1.6～2.5倍、0.2～0.4倍和0.5～1.9倍。打顶之前，各部位烟叶中烟碱含量随着叶位上升而逐渐下降，打顶之后则正好相反。茎中烟碱含量低于烟叶。结果说明，打顶显著促进烤烟烟碱的合成以及地上部各器官中烟碱的积累，尤其是中、上部叶，这种趋势并没有随施用氮肥和改变基肥施用时间发生明显变化。

施用氮肥显著提高各生育期地上部各器官中烟碱含量。至成熟期，与不施用氮肥相比，施用氮肥，烤烟上、中、下部叶中烟碱含量，低海拔赵家山地点分别增加0.1～0.2倍、0.1～0.3倍、0.1～0.4倍；高海拔老湾地点分别增加0.5～0.7倍、0.1～0.2倍、0.3～0.7倍。

提前施用基肥，两个试验地点烤烟各生育期各部位中烟碱含量基本上都呈现逐渐增加的趋势（表4-21、表4-22和图4-1）。与提前0d或者15d施用基肥相比，提前30d施用基肥，至打顶期，低海拔赵家山地点，烤烟中部叶和上部叶烟碱含量分别平均增加19.4%、20.0%；高海拔老湾地点，烤烟中、下部叶中烟碱含量分别增加11.8%、14.8%。至成熟期，赵家山地点烤烟下部叶中烟碱含量平均增加10.1%～17.4%；老湾地点烤烟上、中、下部叶中烟碱含量分别增加7.0%、6.3%、18.5%。

表4-21 不同处理对烤烟各生育期各部位烟碱影响的方差分析及多重比较结果（赵家山）

项目	变异来源	团棵期	打顶期				成熟期			
		地上部	上叶	中叶	下叶	茎	上叶	中叶	下叶	茎
F值	基肥时间	19.7**	35.7***	8.42*	0.980ns	2.01ns	0.440ns	0.330ns	7.19**	2.25ns
F值	氮肥	92.3***	52.9***	15.7**	210***	363***	25.4***	6.44*	24.1***	13.6**
F值	基肥时间×氮肥	91.6***	104***	1.91ns	0.44ns	1.35ns	2.12ns	3.80ns	15.4***	0.720ns
不同提前施用基肥时间平均数比较 Duncan	0d	—	—	—	—	—	2.15a	1.15a	0.69b	0.47a
	15d	0.59b	0.20b	0.31b	0.49a	0.20a	2.20a	1.19a	0.81a	0.45a
	30d	0.69a	0.24a	0.37a	0.50a	0.19a	2.21a	1.16a	0.76a	0.52a
氮肥	施氮（N）	0.74a	0.25a	0.38a	0.59a	0.28a	2.32a	1.23a	0.82a	0.45a
	不施氮（N0）	0.55b	0.19b	0.30b	0.40b	0.11b	2.04b	1.10b	0.69b	0.53a

注：*代表0.05显著水平，**代表0.01极显著水平，ns代表差异不显著，不同字母代表5%水平下差异显著，下表同

表4-22 不同处理对烤烟各生育期各部位烟碱浓度影响的方差分析及多重比较结果（老湾）

项目	变异来源	团棵期	打顶期				成熟期			
		地上部	上叶	中叶	下叶	茎	上叶	中叶	下叶	茎
F值	基肥时间	36.8***	1.07ns	3.60ns	18.5**	8.56*	3.47ns	7.49*	52.2***	0.140ns
F值	氮肥	166***	0.450ns	18.9***	138***	179***	166***	34.8***	296***	12.7**
F值	基肥时间×氮肥	0.350ns	7.53*	12.9**	4.39ns	0.030ns	2.35ns	5.31*	97.9***	54.6***
不同提前施用基肥时间平均数比较 Duncan	0d	0.55b	—	—	—	—	2.43b	1.26b	0.81b	0.59a
	15d	0.68a	0.27a	0.40a	0.68b	0.27b	2.60a	1.34a	0.96a	0.59a
	30d	0.76a	0.29a	0.46a	0.76a	0.38a	2.60a	1.39a	1.06a	0.63a
氮肥	施氮（N）	0.76a	0.29a	0.49a	0.83a	0.38a	3.08a	1.39a	1.06a	0.63a
	不施氮（N0）	0.48b	0.27a	0.37b	0.76a	0.31b	1.95b	1.21b	0.71b	0.55a

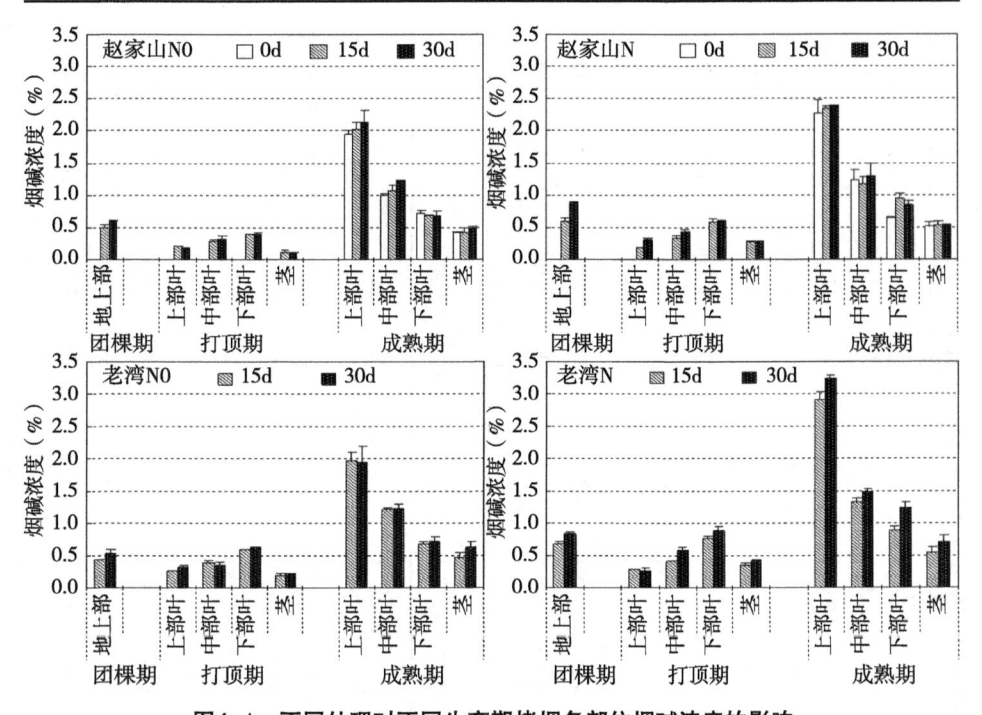

图4-1　不同处理对不同生育期烤烟各部位烟碱浓度的影响

2.基肥施用时间对烤烟吸收的氮素用于烟碱合成比例的影响

烤烟吸收的氮素用于烟碱合成的比例随着生育期的推进逐渐增加。测定团棵期、打顶期和成熟期烤烟地上部烟碱氮占总氮比例低海拔赵家山地点分别为2.4%～2.9%、2.8%～3.8%和9.6%～13.0%；高海拔老湾地点分别为2.0%～2.4%、2.1%～4.2%和9.4%～11.7%。成熟期与打顶时相比，烤烟地上部总烟碱氮占总氮的比例低海拔赵家山地点平均增加2.4～3.3倍；高海拔老湾地点平均增加1.8～3.5倍。此外，从团棵期至打顶期烤烟地上部总烟碱氮占总氮比例之间的差距远远小于打顶期至成熟期地上部总烟碱氮占总氮比例之间的差距。由此可见，随着生育期的推进，烤烟体内氮素代谢方向发生了变化，尤其是打顶前后，氮素代谢的方向发生剧烈变化，烤烟吸收的氮素用于烟碱合成的比例显著提高，这也进一步证明打顶显著促进烤烟体内烟碱的合成。

施用氮肥显著提高烤烟各生育期（除团棵期不显著外）地上部总烟碱氮占总氮的比例以及各器官中烟碱氮占其对应总氮比例（表4-23、表4-24和图4-2）。

表4-23 不同处理对烤烟各生育期各部位烟碱氮占总氮比例（%）影响的方差分析及多重比较结果（赵家山）

项目	变异来源	团棵期	打顶期					成熟期				
		地上部	上叶	中叶	下叶	茎	地上部	上叶	中叶	下叶	茎	地上部
F值	施肥时间	2.83ns	16.7**	8.09*	1.11ns	4.81ns	14.5**	13.1**	12.8*	28.7***	2.67ns	1.44ns
	氮肥	3.74ns	62.6***	34.7**	1 141***	988***	360***	258***	89.2***	498***	27.9***	116***
	基肥时间×氮肥	23.8**	5.73*	0.870ns	0.850ns	0.120ns	4.28ns	5.17*	8.80*	15.7**	5.53*	4.97*
平均数比较	0d	2.64a	1.68a	3.25a	9.04a	4.37a	3.74a	20.03a	16.46a	14.91a	4.86a	12.83a
	15d	2.45a	1.08b	2.49b	6.33a	2.95a	2.58b	15.08b	11.52c	11.73b	4.37a	10.99a
	30d	2.66a	1.49a	2.98a	6.16a	3.13a	2.97a	17.85a	15.45a	13.08a	4.46a	11.09a
	施氮（N）	—	—	—	—	—	—	15.30b	13.39b	10.41b	3.84a	11.57a
	不施氮（N0）	2.57a	0.89b	2.23b	3.45b	1.72b	2.81b	12.12b	10.45b	8.59b	3.59b	9.61b

注：*代表0.05显著水平，**代表0.01极显著水平，ns代表差异不显著，不同字母代表5%水平下差异显著，下表同

表4-24 不同处理烤烟各生育期各部位烟碱氮占总氮比例（%）影响的方差分析及多重比较结果（老瓦）

项目	变异来源	团棵期	打顶期					成熟期				
		地上部	上叶	中叶	下叶	茎	地上部	上叶	中叶	下叶	茎	地上部
F值	施肥时间	3.26ns	12.6**	50.2***	30.2***	25.5***	45.5***	3.14ns	66.2***	1.49ns	10.3*	19.5***
	氮肥	10.8*	98.5***	56.2***	115***	236***	147***	258***	142***	36.8***	49.3***	24.2***
	基肥时间×氮肥	0.710ns	12.1**	23.6**	20.3**	21.0**	31.3***	5.17*	6.72*	7.17*	5.10*	0.150ns
平均数比较	0d	1.99b	1.01b	2.60b	5.11b	2.86b	2.58b	14.73a	10.50b	9.18a	7.99b	9.51b
	15d	2.41a	1.22a	4.04a	7.50a	3.87a	3.77a	15.60a	15.05a	8.75a	9.00a	11.59a
	30d	2.32a	1.42a	4.08a	8.63a	4.91a	4.24a	17.27a	16.11a	10.02a	9.61a	11.71a
	施氮（N）	—	—	—	—	—	—					
	不施氮（N0）	2.09a	0.81b	2.56b	3.97b	1.82b	2.10b	13.06b	9.43b	7.91b	7.38b	9.40b

如与不施用氮肥相比，在打顶期和成熟期，施用氮肥烤烟地上部总烟碱氮占总氮的比例低海拔赵家山地点分别平均增加1.00～1.13倍和1.32～1.34倍；高海拔老湾地点分别平均增加0.58～1.42倍和0.20～0.30倍。

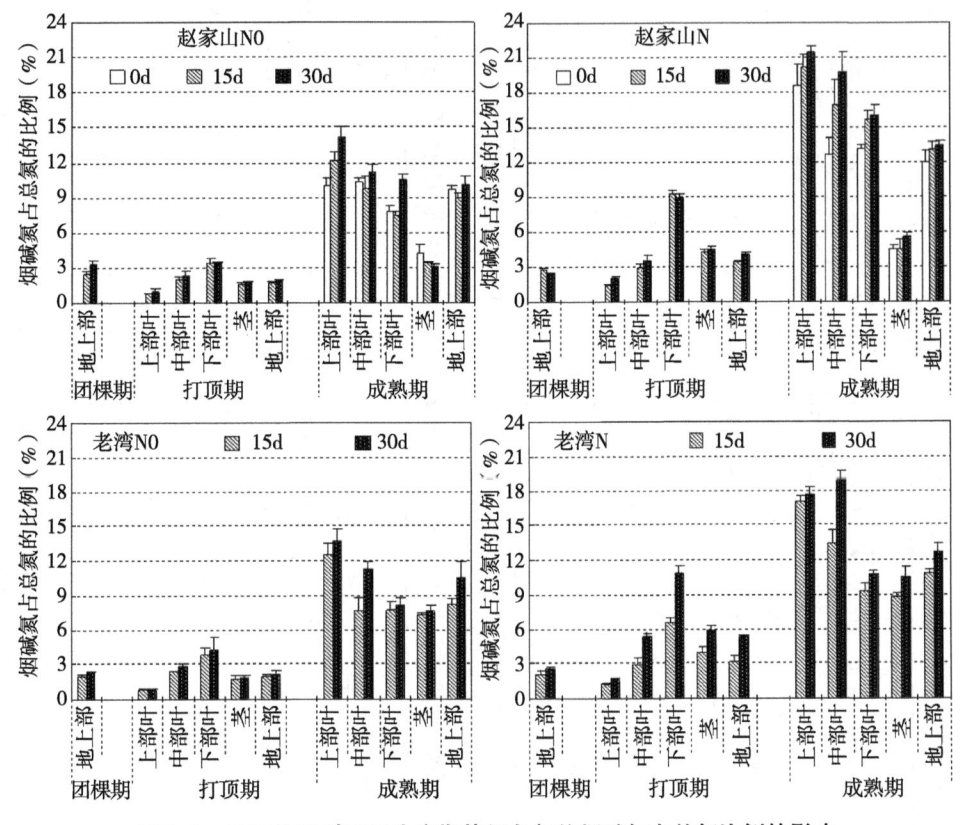

图4-2 不同处理对不同生育期烤烟各部位烟碱氮占总氮比例的影响

与烟碱含量变化规律相似，提前施用基肥，两个海拔地点烤烟吸收的氮素用于烟碱合成比例均有逐渐增加的趋势。具体表现为：在低海拔赵家山地点，打顶期，与提前0d或15d施用基肥相比，提前30d施用基肥，烤烟中部叶和上部叶中烟碱氮比例平均增加19.7%和38.0%，至成熟期，上、中、下部叶中烟碱氮比例平均增加11.7%～16.7%、15.4%～34.1%、13.0%～24.7%；高海拔老湾地点，与提前15d施用基肥相比，在打顶期，提前30d施用基肥，烤烟上、中、下部叶和茎中烟碱氮比例分别增加10.9%、55.4%、46.8%和35.3%，至成熟期，中部叶和茎中烟碱氮占其对应总氮的比例分别显著增加43.3%和13.9%。

此外，不同生育期，烤烟地上部各部位烟叶烟碱氮占总氮的比例分布顺序有所差异。表现为：打顶之前，烟碱氮占总氮的比例随着叶位上升而降低，打顶之后，随着叶位上升而提高。茎中小于烟叶。

3. 基肥施用时间对烟碱氮素来源的影响

在烟苗移栽之前改变基肥施用时间，应用^{15}N示踪技术测定不同生育期烤烟地上部不同部位烟碱氮中肥料氮占总烟碱氮比例的结果如图4-3所示。结果表明，烤烟地上部各器官烟碱氮中来源于肥料氮的比例随着生育进程显著降低。如，团棵期、打顶期和成熟期，烤烟地上部烟碱氮中肥料氮占总烟碱氮的比例赵家山地点平均分别为66%～70%、39%～43%和25%～25%，老湾打顶平均分别为61%～69%、32%～33%和17%～18%。这说明，在生育中后期（打顶期和成熟期），土壤氮对烟碱合成的贡献显著大于肥料氮。

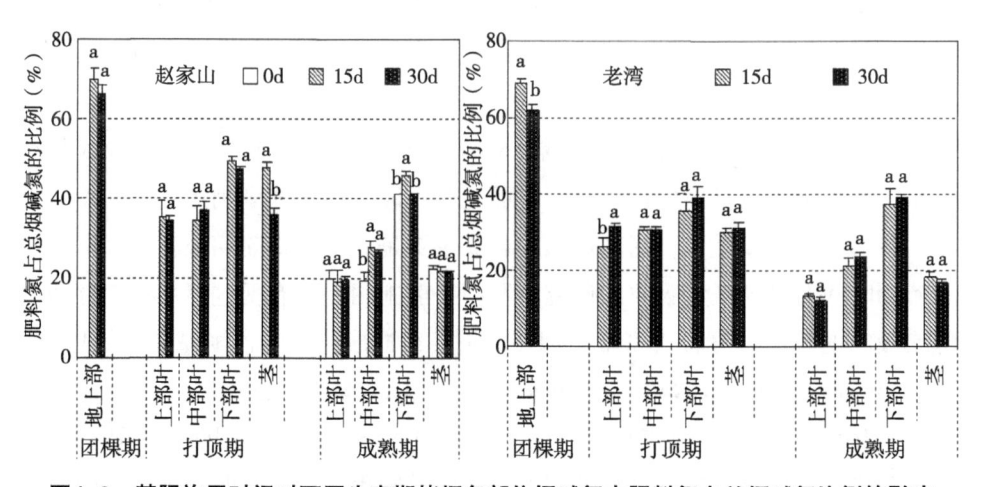

图4-3　基肥施用时间对不同生育期烤烟各部位烟碱氮中肥料氮占总烟碱氮比例的影响

基肥施用时间对不同海拔地点烤烟各生育期各部位烟叶中肥料氮占总烟碱氮比例的影响有所差异。低海拔赵家山地点，在打顶之前，基肥施用时间对烤烟各部位烟叶中肥料氮比例的影响不显著，但打顶之后，与提前0d相比，提前15～30d施用基肥，中部叶肥料氮比例显著增加38.6%～43.4%（$P<0.05$）。高海拔老湾地点，至打顶时，与提前15d施用基肥相比，提前30d施用基肥烤烟上

部叶烟碱氮中肥料氮占总烟碱氮的比例增加21.1%，但是基肥施用时间对成熟期各器官中肥料氮比例影响不显著。

此外，同一生育期烟株烟碱氮中来源于肥料氮的比例在各部位烟叶中的分布表现出同样的规律，表现为：随着叶位上升而逐渐下降，即上部叶<中部叶<下部叶，基肥施用时间变化不改变这一趋势。

4. 小结

施用氮肥显著增加烤烟烟碱含量，而且随着生育期的推进，烤烟烟碱含量逐渐增加。李文卿等人研究表明，随着生育期的推进，烤烟烟碱含量和烟碱累积量都不断增加，与我们的研究结果一致。刘卫群等人在研究氮素在土壤中的转化及其对烤烟上部叶烟碱含量的影响时就指出，0～20cm深的植烟土壤中，无机氮浓度随着氮肥的施入有大幅度的增加。也就是说，与不施氮肥的土壤相比，烤烟根系吸收了相对较多的氮素营养，从而更有利于协调烤烟体内碳氮代谢，增加蛋白质等物质在烟叶等器官中的累积以及促进根系的烟碱合成，增加烤烟各器官中烟碱含量，而且，施氮量越高，烤烟地上部烟碱含量增幅越大（李文卿等，2007）。

推迟施用基肥有增加烤烟烟碱含量的趋势。烟碱的累积与氮素的吸收并不同步，氮的吸收在打顶后达到高峰，而此时烟碱的积累才刚刚开始剧增（胡国松，1999），也就是说，烤烟烟碱的合成主要是利用生长前期吸收的氮素。基肥施用时间对烤烟氮素吸收的研究表明，提前施用基肥有促进烤烟各生育期对氮素吸收的趋势。再者，氮素是烟碱的重要组成成分，约占烟碱分子的17.3%（Collins & Hawks，1994），这可能是导致烟碱含量增加的原因。

利用^{15}N示踪技术测定植株烟碱氮素来源的结果显示，烟碱氮中肥料氮占总烟碱氮的比例随着生育进程逐渐降低，而且同生育期不同叶位烟碱氮中肥料氮分布规律为随着叶位上升逐渐下降。对氮素吸收的研究表明，在团棵期，烤烟地上部对肥料氮吸收最多，之后随着生育期的推进而逐渐降低，这可能是导致烟碱氮中来源于肥料氮的比例随生育进程逐渐降低的原因。习向银（2005）研究指出，同生育期各叶位烟叶烟碱氮中肥料氮的分布为下部叶最高，中、上部叶最低，这与我们的研究结果一致。

（二）不同移栽期对烟碱含量和氮素来源的影响

1. 移栽期和氮肥对烤烟烟碱含量的影响

两个海拔地点，烤烟各部位烟碱含量随着生育期的推迟显著增加，尤其是中、上部叶中烟碱含量在打顶后急剧上升（表4-25、表4-26和图4-4）。例如，成熟期与打顶时相比，上、中、下部叶和茎中烟碱含量低海拔赵家山地点分别平均增加了7.4～10.0倍、1.7～3.8倍、0.2～0.8倍和0.5～1.4倍；高海拔老湾地点分别平均增加了6.5～10.4倍、1.5～1.7倍、0.1～0.4倍和0.6～1.0倍。打顶之前，各部位烟叶中烟碱含量随着叶位上升而逐渐下降，打顶之后则正好相反，茎中烟碱含量低于烟叶。结果说明，成熟期是烟碱积累的主要生育阶段，而且积累的主要器官为上部叶和中部叶，这种趋势并没有随施用氮肥和改变移栽期发生明显变化。

施用氮肥显著提高烤烟地上部各部位中烟碱含量（图4-4）。至成熟期，与不施用氮肥相比，施用氮肥，低海拔赵家山地点，烤烟上、中、下部叶中烟碱含量分别平均提高44.1%、45.0%和85.9%；高海拔老湾地点，中、下部叶和茎中烟碱含量分别平均提高33.0%、26.5%和27.3%。成熟期高海拔老湾地点不施用氮肥处理烟株上部叶中烟碱浓度较高可能是因为植株矮小产生浓缩效应的结果。

推迟移栽期，低海拔赵家山地点烤烟各生育期、各部位烟碱含量基本上呈现降低的趋势，而高海拔老湾地点则呈现逐渐增加的趋势。例如，与5月5日移栽相比，5月15—25日移栽，在打顶期和成熟期，烤烟上、中、下部叶中烟碱含量，低海拔赵家山地点依次分别平均降低4.2%～16.7%、22.0%～38.0%、43.7%～44.8%和5.6%～20.1%、16.2%～25.4%、19.6%～24.3%；高海拔老湾地点则依次分别平均增加3.4%～24.1%、4.5%～25.0%、33.3%～49.0%和10.5%～13.6%、13.9%～32.7%、59.6%～84.6%。

表4-25 不同处理对烤烟不同生育期和不同部位烟碱含量影响的方差分析及多重比较结果（赵家山）

项目	变异来源	团棵期	打顶期				成熟期			
		地上部	上部叶	中部叶	下部叶	茎	上部叶	中部叶	下部叶	茎
F值	移栽期	9.59*	5.39*	41.0***	22.4***	3.88*	42.6***	12.0**	43.0***	9.10**
	氮肥	12.5***	6.77*	52.1***	24.9***	256***	663***	59.6***	662***	76.0***
	移栽期×氮肥	12.3**	15.2***	15.0***	5.48*	6.73*	203***	19.6***	43.7***	11.2**
移栽期烟碱含量（%）平均数 Duncan比较	5月5日	0.53b	0.24a	0.50a	0.87a	0.27a	2.33a	1.42a	1.07a	0.40b
	5月15日	—	0.23a	0.39b	0.49b	0.26a	1.94c	1.06b	0.86b	0.50a
	5月25日	0.59a	0.20b	0.31c	0.48b	0.20b	2.20b	1.19b	0.81b	0.48a
氮肥	施氮（N）	0.60a	0.24a	0.46a	0.75a	0.37a	2.55a	1.45a	1.19a	0.46a
	不施氮（N0）	0.52b	0.21b	0.34b	0.49b	0.20b	1.77b	1.00b	0.64b	0.43a

注：*代表0.05显著水平，**代表0.01极显著水平，ns代表差异不显著，不同字母代表5%水平下差异显著，下表同

表4-26 不同处理对烤烟不同生育期和不同部位烟碱含量影响的方差分析及多重比较结果（老湾）

项目	变异来源	团棵期	打顶期				成熟期			
		地上部	上部叶	中部叶	下部叶	茎	上部叶	中部叶	下部叶	茎
F值	移栽期	12.5**	14.4***	11.2**	161**	8.37**	11.0**	7.92**	206**	5.40*
	氮肥	18.8**	297***	13.2**	77.8***	66.2***	38.9***	27.5***	24.6***	76.0***
	移栽期×氮肥	2.57ns	101***	23.6***	107***	13.5***	47.7***	2.80ns	26.0***	48.4***
移栽期烟碱含量（%）平均数 Duncan比较	5月5日	0.46b	0.30b	0.44b	0.51c	0.28b	2.20b	1.01c	0.52c	0.66a
	5月15日	—	0.37a	0.55a	0.68b	0.26a	2.50a	1.15b	0.83b	0.62a
	5月25日	0.55b	0.29b	0.46b	0.76a	0.20b	2.43a	1.34a	0.96a	0.59a
氮肥	施氮（N）	0.59a	0.41a	0.51a	0.69a	0.37a	2.21b	1.33a	0.86a	0.70a
	不施氮（N0）	0.43b	0.23b	0.45a	0.61a	0.26b	2.54a	1.00b	0.68b	0.55b

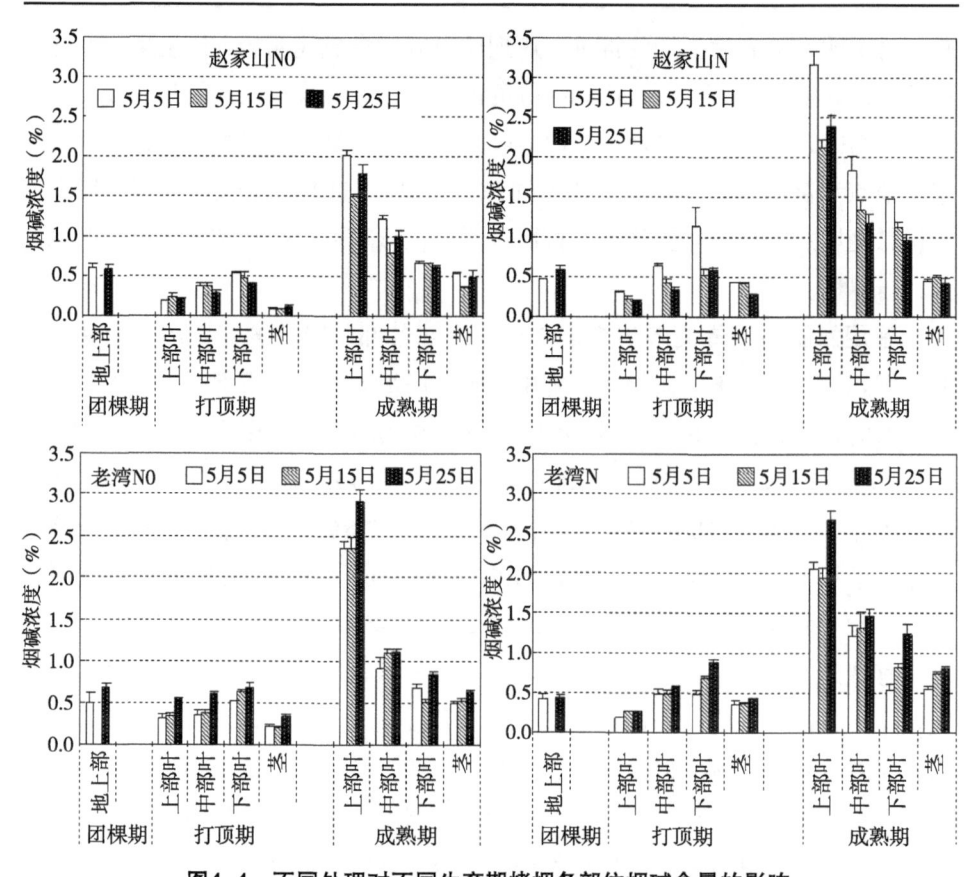

图4-4 不同处理对不同生育期烤烟各部位烟碱含量的影响

2.移栽期和氮肥对烤烟吸收的氮素用于烟碱合成比例的影响

两个植烟生态区，烤烟地上部吸收的氮素用于烟碱合成的比例随着生育期的推迟逐渐增加（表4-27、表4-28和图4-5）。团棵期、打顶期和成熟期测定的烤烟地上部吸收的氮素用于合成烟碱的比例，低海拔赵家山地点分别是2.0%~2.7%、2.1%~4.8%和8.2%~15.0%；高海拔老湾地点分别是1.7%~2.2%、2.4%~4.3%和9.8%~12.8%。

此外，与打顶之前相比，打顶之后，植株吸收的氮素用于烟碱合成的比例急剧上升，具体表现为，在团棵期至打顶期烤烟吸收的氮素用于烟碱合成的比例的差距远远小于打顶期至成熟期烤烟吸收的氮素用于烟碱合成的比例的差距。这说明，随着生育期的推进，烤烟体内氮素合成代谢的方向发生了变化，打顶则是此变化的分水岭，烤烟吸收的氮素用于烟碱合成的比例显著提高。如成熟期与打顶时相比，烤烟地上部吸收的氮素用于烟碱合成的比例，低海拔赵家山地点和高海拔老湾地点平均增加2.0～3.3倍。这与前面关于打顶之后烟碱含量急剧增加的结论相互佐证，再次说明打顶显著促进烤烟植株体内烟碱迅速合成与累积。

施用氮肥显著提高各生育期烤烟地上部各部位吸收的氮素用于烟碱合成的比例。例如，与不施氮相比，施用氮肥，烤烟上、中、下部叶、茎中烟碱氮占总氮的比例，至打顶期和成熟期，低海拔赵家山地点分别平均增加60.0％～148.3％、41.1％～183.5％、20.4％～217.8％、149.1％～307.8％和100.5％～183.9％、22.5％～110.8％、114.8％～285.5％、2.8％～41.4％；高海拔老湾地点分别平均增加74.1％～244.6％、49.6％～87.8％、21.3％～157.8％、20.5％～214.4％和5.8％～57.4％、67.6％～127.3％、7.7％～30.1％、33.8％～84.4％。

移栽期对两个不同海拔生态区烤烟吸收的氮素用于烟碱合成比例的影响有所差异，具体表现为：推迟移栽期降低低海拔赵家山地点烤烟各生育期各部位烟碱氮占总氮的比例，但是提高高海拔老湾地点各生育期烤烟地上部各部位烟碱氮占总氮的比例。例如，与5月5日移栽相比，5月15—25日移栽，上、中、下部叶、茎中烟碱氮占该部位总氮比例，至打顶期和成熟期，低海拔赵家山地点分别平均降低3.9％～30.3％、35.1％～53.5％、53.5％～63.0％、5.2％～29.7％和13.8％～25.0％、36.0％～45.0％、30.2％～35.8％、14.5％～25.3％；高海拔老湾地点分别平均增加3.5％～62.8％、43.3％～46.1％、46.8％～62.5％、72.8％～122.8％和16.7％～28.3％、9.6％～32.1％、61.1％～94.3％、5.3％～110.1％。

另外，和烟碱含量分布规律一样，不同生育期，烤烟各部位烟叶中烟碱氮素占总氮的比例变化规律也有所差异。表现为：打顶之前，烟碱氮比例随着叶位的上升而逐渐减少，打顶之后则刚好相反，即随着叶位上升逐渐增加。茎小于烟叶。

表4-27　不同处理对烤烟不同生育期和不同部位烟碱氮占总氮比例影响的方差分析及多重比较结果（赵家山）

项目	变异来源	团棵期	打顶期					成熟期				
		地上部	上叶	中叶	下叶	茎	地上部	上叶	中叶	下叶	茎	地上部
F值	移栽期	7.47*	21.0***	264***	96.6***	15.3**	299***	44.1***	45.0***	41.7***	10.1**	116***
	氮肥	5.89*	189***	546***	164***	477***	1684***	972***	99.5***	434***	6.80*	867***
	移栽期×氮肥	0.890ns	13.1**	172***	50.8***	20.1***	115***	41.2***	16.5**	44.2***	6.04*	81.1***
移栽期烟碱氮占总氮比例（%）Duncan 平均数比较	5月5日	2.34b	1.52b	5.35a	13.62a	4.24a	4.53a	17.50a	18.01a	18.28a	5.85a	14.00a
	5月15日	—	1.46a	3.47b	5.04b	4.02b	3.28b	13.12c	9.90b	12.76b	5.00b	9.88c
	5月25日	2.45a	1.06b	2.49c	6.33b	2.98b	2.58c	15.08b	11.52b	11.73b	4.37b	10.99b
氮肥	施氮（N）	2.63a	1.78a	4.98a	11.81a	5.91a	4.81a	21.19a	16.83a	20.82a	5.43a	14.99a
	不施氮（N0）	2.08b	0.91b	2.56b	4.85b	1.58b	2.11b	9.27b	9.46b	11.73b	4.37b	8.26b

注：*代表0.05显著水平，**代表0.01极显著水平，ns代表差异不显著，不同字母代表5%水平下差异显著，下表同

表4-28　不同处理对烤烟不同生育期和不同部位烟碱氮占总氮比例影响的方差分析及多重比较结果（老湾）

项目	变异来源	团棵期	打顶期					成熟期				
		地上部	上叶	中叶	下叶	茎	地上部	上叶	中叶	下叶	茎	地上部
F值	移栽期	1.15ns	22.3***	8.68**	68.5***	59.4***	16.0***	15.1***	9.82**	47.9***	217***	10.9***
	氮肥	10.9**	127***	47.2***	167***	94.6***	52.9***	53.0***	126***	0.170ns	448***	83.9***
	移栽期×氮肥	6.04*	23.0***	2.24ns	50.5***	23.4***	7.63**	12.4**	0.710ns	3.50ns	141***	2.97ns
移栽期烟碱氮占总氮比例（%）Duncan 平均数比较	5月5日	1.84a	1.13b	2.82b	4.00c	2.24c	2.40b	13.37c	11.39b	5.43c	7.60b	10.23b
	5月15日	—	1.84a	4.12a	5.87b	4.99a	3.98a	17.16a	12.48b	12.76a	8.00b	12.00a
	5月25日	1.99a	1.17b	4.04a	7.50a	3.87b	3.77a	15.60b	15.05a	10.55a	8.75b	11.59a
氮肥	施氮（N）	2.16a	1.93a	4.63a	7.37a	4.71a	4.28a	17.44a	16.86a	8.33a	14.44a	12.76a
	不施氮（N0）	1.68b	0.83b	1.17b	4.21b	2.70b	2.48b	13.32b	9.08b	8.16a	6.60b	9.79b

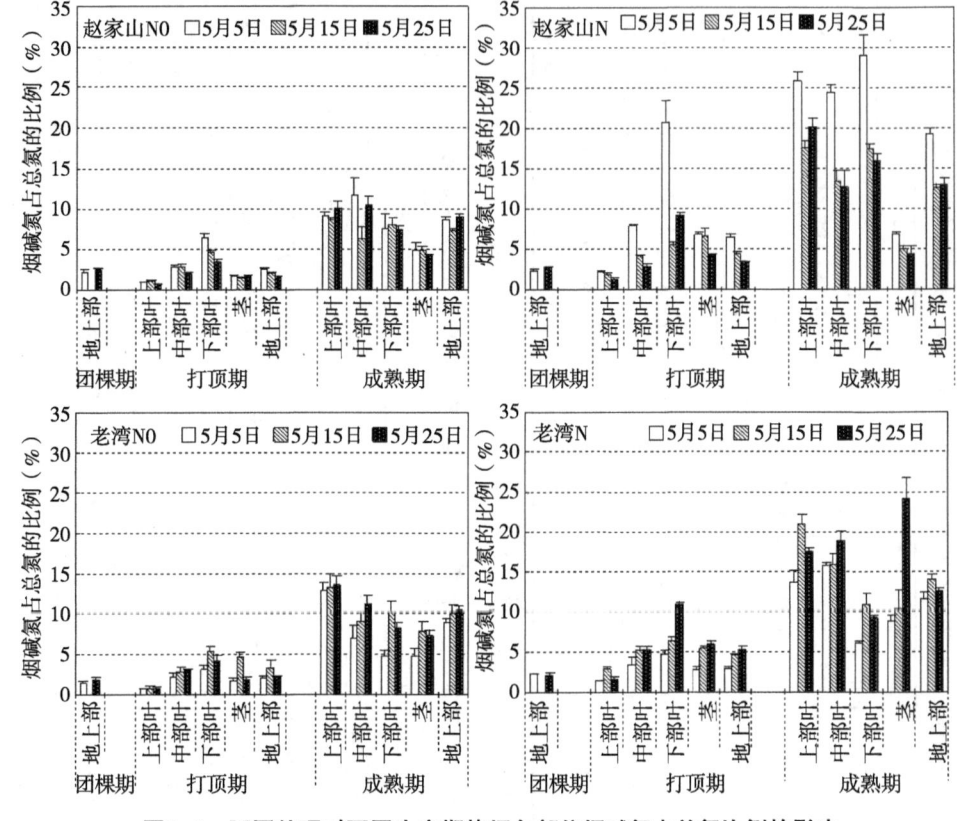

图4-5 不同处理对不同生育期烤烟各部位烟碱氮占总氮比例的影响

3.移栽期对烟碱氮素来源的影响

烤烟烟碱氮素来自两个方面:一是肥料氮,二是土壤氮。改变移栽期,应用 ^{15}N 示踪技术测定烤烟各部位烟碱氮中肥料态氮的比例如图4-6。计算结果表明,团棵期、打顶期和成熟期烤烟植株地上部烟碱氮中来源于肥料氮比例赵家山地点平均为57%～70%、42%～52%和24%～33%,老湾地点平均为58%～69%、31%～33%和11%～18%。结果表明,随着生育期的推进,各部位烟碱氮来自肥料氮的比例显著下降,尤其是在生育中后期(打顶期和成熟期),烤烟烟碱氮主要来自土壤氮。

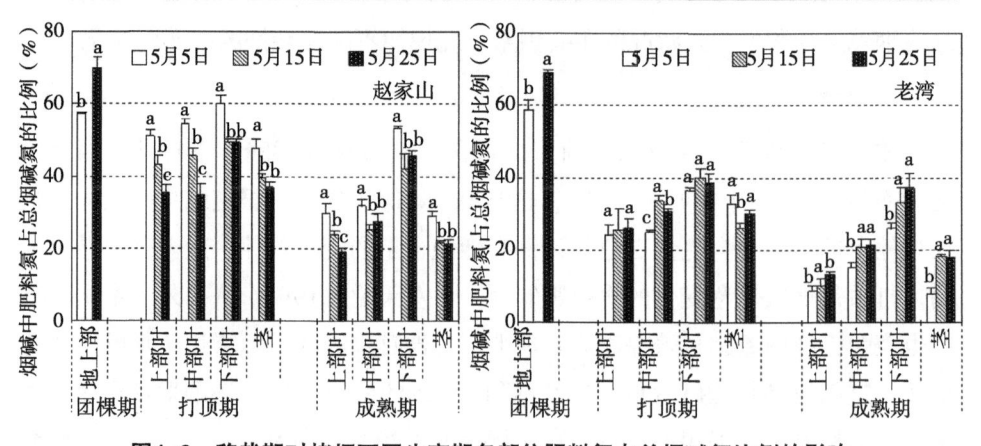

图4-6 移栽期对烤烟不同生育期各部位肥料氮占总烟碱氮比例的影响

移栽期对两个试验地点烟碱氮中来源于肥料氮的比例的影响有所差异。例如,推迟移栽期降低低海拔赵家山地点各生育期(除团棵期外)地上部各部位烟叶总烟碱氮中肥料的氮比例。在打顶期和成熟期,与5月5日移栽相比,5月15—25日移栽烤,上、中、下部叶中肥料氮占总烟碱氮比例平均下降15.6%~30.9%,16.0%~36.4%,17.7%~17.7%,19.8%~35.8%,13.8%~20.9%和14.2%~21.4%。但是,高海拔老湾地点烤烟不同生育期不同部位(除打顶期茎外)烟碱氮中来源于肥料氮的比例随移栽期的推迟基本上均呈现逐渐增加的趋势。至打顶期,与5月5日移栽相比,5月15—25日移栽烤烟中部叶烟碱氮中肥料氮的比例显著增加23.1%~34.7%;而打顶之后,烤烟上、中、下部叶肥料氮比例随着移栽期的推迟分别平均增加21.0%~55.9%、35.5%~38.4%、27.6%~43.4%。

此外,同一生育期,两个地点肥料氮在各生育期各器官烟碱氮中分配的动态变化规律一致,即烟碱氮中来源于肥料氮的比例随着叶位上升逐渐下降,而打顶加大了这种趋势。此外,至成熟期,烤烟上、中、下部叶烟碱氮素中肥料氮占总烟碱比例低海拔赵家山地点分别平均为19%~30%、25%~32%、41%~53%;高海拔老湾地点分别平均为8%~13%、15%~21%、26%~37%。由此可见,肥料氮对烟株烟碱合成主要是在烤烟生育中、后期(打顶期和成熟期)和中、上部叶。众所周知,烤烟烟碱合成主要是在打顶之后,而且主要的累积器官是中、上部叶,所以,土壤氮供应是影响烤烟中、上部叶,尤其是上部叶最终烟碱含量和累积量状况的主要因素，此规律不随移栽期的改变而变化。

4.小结

本实验条件下，在打顶之前，烟碱含量上部叶<中部叶<下部叶，而打顶之后变为上部叶>中部叶>下部叶，这与Flower等（1995）报道结果一致，而且烤烟地上部烟碱中含氮量占总氮比例和烟碱含量的变化规律一致。这一结果说明，打顶是烟碱代谢变化的重要影响因子（左天觉，1993）。另外，本试验研究也表明，施用氮肥显著提高烤烟地上部各器官中吸收的氮素用于烟碱合成的比例，进而提高其烟碱含量。Collins和Hawks的研究指出，烤烟烟碱合成与氮素施用量呈显著的正相关关系，李文卿等人（2005）和习向银（2005）的研究也取得类似结果，这些结果与我们的研究结果一致。

推迟烟苗移栽（5月15—25日）促进烤烟地上部吸收的氮素用于烟碱合成的比例以及各器官中的烟碱含量。对烤烟氮素吸收利用规律的研究表明，移栽期的推迟提高烤烟吸氮量，这可能是推迟移栽期提高烤烟烟碱含量的原因之一。此外，试验点海拔1 130m，其光照时间、强度以及气温均随着移栽期的推迟而相对提高，烤烟的各生理代谢能力加强，有利于烟株根系发育和新生根的生成，从而提高烤烟吸收的氮素用于烟碱合成的比例，提高地上部烟碱含量。Mothes（1956）很早就发现，烟碱主要是在根部合成，而且主要是靠根尖的生长和发育，产生的烟碱再通过木质部向地上部运输（韩锦峰，1996）。另外，烟碱含量同烟株接收的光照时间和光的波长有密切关系。据Tso等（1970）报道，烤烟各器官中总生物碱含量随着光照时间的延长显著增加。因此，本实验条件下，推迟移栽期，有利于改善光照条件，从而提高了氮素吸收和烟碱含量。

烤烟烟碱氮素来源于土壤氮和肥料氮。应用^{15}N示踪技术测得烤烟各部位烟碱氮中肥料氮的比例结果表明，烤烟各部位烟叶烟碱氮来源于肥料氮的比例随着生育进程和叶位上升均逐渐下降。在生育中后期（打顶期和成熟期）肥料氮比例均小于40%，这说明在生育中后期烤烟烟碱氮素主要来源于土壤氮。陆引罡等人（1997）对烤烟不同生育期蛋白质、烟碱积累与分配的研究以及习向银等人（2008）研究肥料氮和土壤氮对烤烟氮素吸收和烟碱合成的影响时均取得类似的结果。我们的研究表明，团棵期、打顶期和成熟期烤烟地上部吸收的氮素为15.2%~28.0%、40.4%~60.2%和24.7%~31.6%，而用[15]N示踪法测定的肥料利用率分别为8.8%~15.7%、17.4%~19.9%和20.4%~21.3%。显然，成熟期与打顶时相比，氮肥利用率相差不大，说明在打顶之后，烤烟吸收的氮素主要是土壤氮。因此，土壤氮成为打顶后烟碱氮的主要来源。

（三）移栽期和海拔高度对烤烟氮素吸收利用的影响

1.移栽期对烤烟氮素吸收利用影响

移栽期对烤烟吸收氮素的影响，在不同海拔地区有一定差异。在低海拔地区，推迟移栽期显著提高烤烟各个生育期的氮素吸收量，但在高海拔地区，除团棵期吸氮量显著增加外，其他各期吸氮量呈现下降趋势。

团棵期、打顶期和成熟期分别吸氮量占总氮量平均百分数，低海拔地区分别是24.9%~25.5%、37.5%~41.4%和33.7%~37.4%，高海拔地区分别是15.2%~28.0%、40.4%~60.2%和24.7%~31.6%（表4-29和表4-30）。这一结果表明，烤烟吸收氮素主要在中后期，而打顶之后仍然要吸收1/3的氮素。不同海拔地区烤烟氮素吸收特点有明显差别：与低海拔地区相比，高海拔地区团棵期至打顶期氮素吸收显著提高，而打顶后吸收明显下降。

施用氮肥促进烤烟对氮素的吸收与累积。与不施氮肥相比，团棵期、打顶期、成熟期地上部氮素累积量，低海拔地区施氮平均提高烤烟植株氮素累积量分别为1.04倍、1.14倍和1.09倍；高海拔地区分别为0.38倍、0.91倍和0.68倍。显然，高海拔地区的氮肥效果低于低海拔地区，这可能与土壤有效氮含量差别有关。氮素在各部位的分配顺序是上部叶>中部叶>茎部>下部叶，两个试验点及不同生育期取样测定的结果一致。例如，打顶期不同部位氮素分配，低海拔地区，4个部位氮素累计平均百分数分别是30.4%~34.9%、27.4%~34.3%、19.6%~24.6%、12.1%~16.1%；高海拔地区分别是30.0%~32.9%、26.6%~30.7%、20.5%~24.9%、16.8%~18.8%。打顶后各部位氮素流向产生明显变化。与打顶期相比，至成熟期，两个海拔地区的试验数据都表明，烤烟上部叶和茎部氮素累积量增加，平均分别增加14%~31%和18%~52%；而中部叶和下部叶均下降，平均下降14%~48%。这种趋势并没有随施用氮肥和改变移栽期发生明显变化。

表4-29　移栽期和氮肥施用对烤烟不同生育期各器官氮素吸收利用影响的方差分析及多重比较（赵家山）

项目	变异来源	团棵期					打顶期					氮累积量 成熟期
		总量	上叶	中叶	下叶	茎	总量	上叶	中叶	下叶	茎	总量
F值	移栽期	43.1***	65.2***	52.1***	25.9***	181***	1.60ns	5.70*	58.8***	58.8***	31.7***	65.3***
	施氮	275***	473***	223***	254***	1065***	2395***	75.7***	474***	242***	811***	1036***
	移栽期×施氮	11.7**	30.0***	5.00*	22.4***	19.6***	5.10*	0.900ns	8.80**	21.2***	2.40ns	0.600ns
差法检验 移栽期新复极差	5月5日	0.71b	0.61b	0.48c	0.23b	0.43b	1.75c	1.15b	0.59b	0.23a	0.81c	2.77b
	5月15日	—	0.68b	0.68b	0.36b	0.44a	2.24b	1.43a	0.94a	0.30a	0.97b	3.58a
	5月25日	0.93a	0.84a	0.85a	0.30a	0.49a	2.48a	1.44a	0.89a	0.28a	1.12a	3.74a
氮肥	施氮	1.10a	0.89a	0.89a	0.41a	0.69a	2.94a	1.69a	1.12a	0.37a	1.42a	4.55a
	不施氮	0.54b	0.52b	0.45b	0.18b	0.22b	1.37b	0.99b	0.50b	0.17b	0.51b	2.18b

注：*代表0.05显著水平，**代表0.01极显著水平，ns代表差异不显著，不同字母代表5%水平下差异显著，下表同

表4-30　移栽期和氮肥施用对烤烟不同生育期各器官氮素吸收利用影响的方差分析及多重比较（老湾）

项目	变异来源	团棵期					打顶期					氮累积量 成熟期
		总量	上叶	中叶	下叶	茎	总量	上叶	中叶	下叶	茎	总量
F值	移栽期	51.0***	0.500ns	0.700ns	4.60*	12.8**	4.50*	6.60*	0.800ns	0.600ns	11.6**	8.30**
	施氮	19.0**	53.1***	21.7***	58.8***	166***	122***	126***	47.0***	69.4***	558***	7456***
	移栽期×施氮	0.130ns	2.00ns	0.200ns	1.70ns	4.40*	2.20ns	2.50ns	2.60ns	0.200ns	4.50*	3.70ns
差法检验 移栽期新复极差	5月5日	0.59b	0.88a	0.78a	0.55a	0.73a	2.93a	1.53b	0.76a	0.45a	1.14a	3.89a
	5月15日	—	0.79a	0.75a	0.41b	0.44a	2.44b	1.34b	0.74a	0.43a	1.02b	3.53b
	5月25日	1.02a	0.82a	0.70a	0.45b	0.43a	2.49b	1.57a	0.70a	0.42a	0.95b	3.64b
氮肥	施氮	0.94a	1.10a	0.89a	0.62a	0.85a	3.44a	1.79a	0.88a	0.54a	1.41a	4.62a
	不施氮	0.68b	0.57b	0.60b	0.32b	0.31b	1.80b	1.17b	0.59b	0.32b	0.66b	2.74b

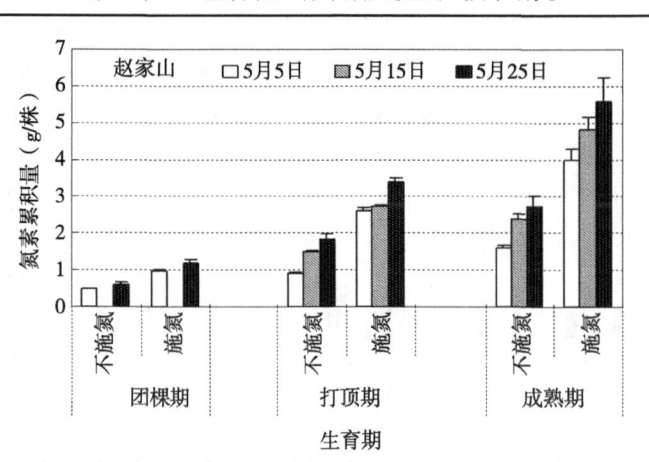

图4-7 移栽期和氮肥施用对不同生育期烤烟植株地上部氮素吸收的影响（赵家山）

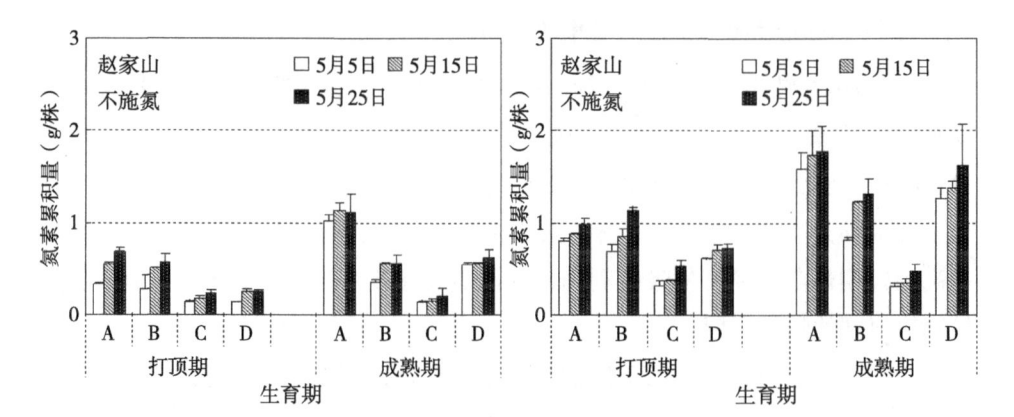

图4-8 移栽期和氮肥施用对烤烟不同生育期氮素在植株不同部位分配的影响（赵家山）

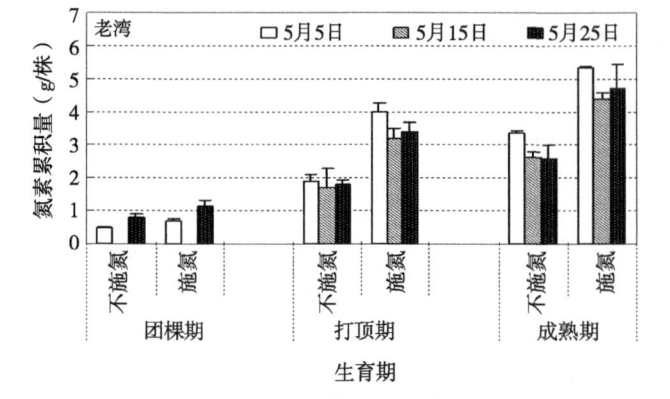

图4-9 移栽期和氮肥施用对不同生育期烤烟植株地上部氮素吸收的影响（老湾）

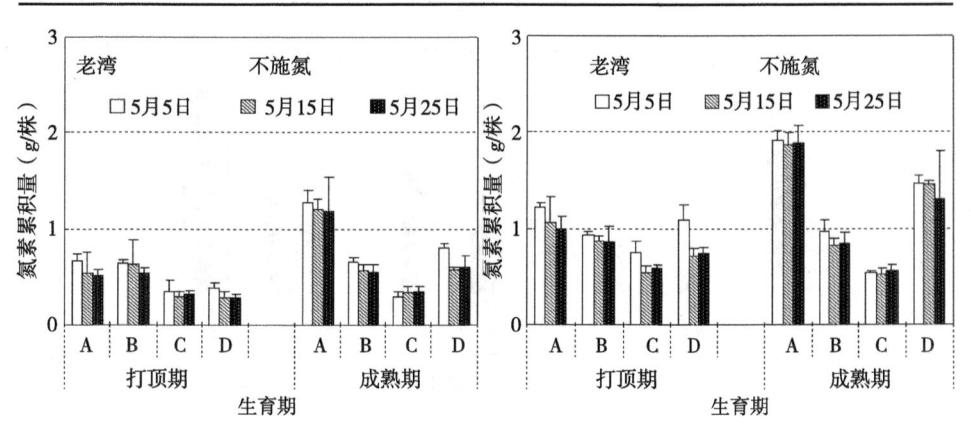

图4-10　移栽期和氮肥施用对烤烟不同生育期氮素在植株不同部位分配的影响（老湾）

2. 移栽期对烤烟肥料氮利用率的影响

用^{15}N示踪技术测得的氮肥利用率见表4-31。结果表明，成熟期取样的烤烟氮肥利用率，低海拔赵家山试验点为30%左右，而高海拔的老湾试验点为21%左右。显然，赵家山试验点的氮肥利用率较高。移栽期对烤烟中后期（打顶期和成熟期）氮肥利用率没有明显影响，但推迟移栽期（至5月25日）显著提高团棵期烟苗对氮肥的吸收利用，这说明晚移栽，改善光热条件有利于苗期植物对氮肥的吸收利用。

值得注意的是，烤烟对氮肥的吸收主要在打顶期以前。如打顶期测定的氮肥利用率，赵家山试验点为27.0%~28.4%，老湾试验点为17.4%~19.9%。这一数据和成熟期测定的数据相差无几。结合前面对氮素吸收积累的结果分析，烤烟打顶后吸收的氮素来源主要来自土壤氮素。

表4-31　移栽期对两个海拔生态区烤烟氮肥利用率的影响 （单位：%）

移栽期	氮肥利用率					
	赵家山			老湾		
	团棵期	打顶期	成熟期	团棵期	打顶期	成熟期
5月5日	6.95b	28.44a	30.60a	8.85b	17.44a	20.46a
5月15日	—	27.04a	28.87a	—	18.82a	21.34a
5月25日	13.79a	27.97a	29.53a	15.74a	19.94a	21.06a

注：不同字母代表5%水平下差异显著

3. 移栽期条件下肥料氮在烤烟各器官中的分布

烤烟吸收来源于肥料的氮的比例随着生育进程而逐渐降低（图4-11）。团棵期、打顶期和成熟期测定植株全氮中肥料氮的比例，低海拔的试验点分别是77%～79%、42%～52%和31%～39%，高海拔试验点分别是57%～70%、22%～33%和21%～25%。两个试验点的趋势基本一致，但不同地区肥料氮比例：低海拔>高海拔，同等情况下两者之间相差2倍以上。

移栽期对烤烟不同生育期、不同部位肥料氮的利用，不同生态海拔地区的试验结果有明显差异，表现为推迟移栽期降低低海拔地区的肥料氮比例，却提高高海拔地区的肥料氮比例（图4-11）。如低海拔的赵家山地点，除团棵期不显著外，在打顶期和成熟期，烤烟各器官中肥料氮占总氮的比例随移栽期的推迟逐渐下降，降幅为10%～40%（$P<0.05$）。而高海拔的老湾地点，推迟移栽期各部位肥料氮利用率明显增加。如与5月5日移栽相比，随移栽期的推迟（5月15—25日），使烤烟各器官中肥料氮比例增加10%～50%（$P<0.05$）。

此外，两个地点同一生育期植株吸收肥料氮比例在烤烟各器官中的分布均表现出同样的规律，即随着叶位上升而逐渐下降，表现为上部叶<中部叶<下部叶，移栽期变化不改变这一趋势。

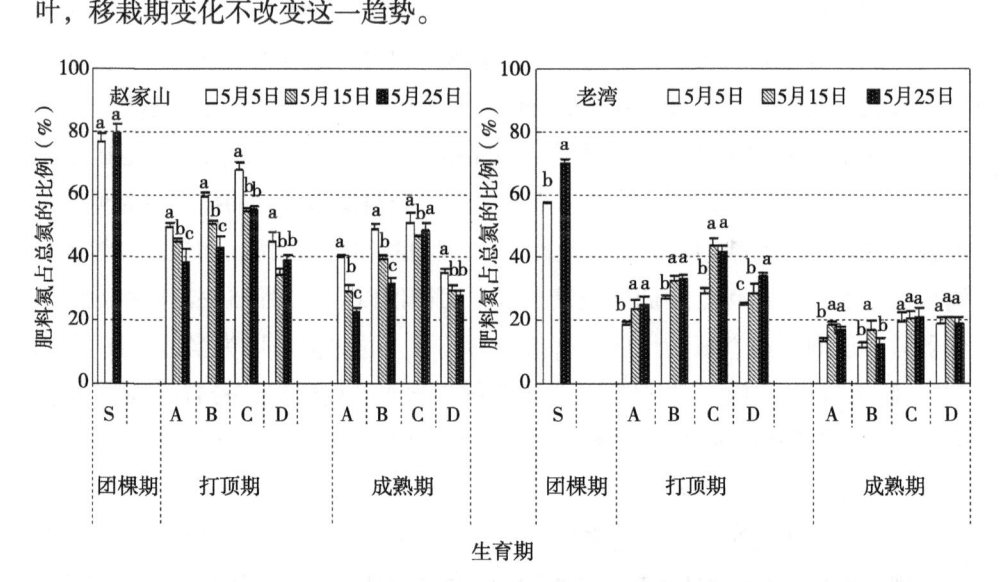

图4-11 移栽期对两个海拔生态区植株各生育期各部位肥料氮占总氮比例的影响

4.小结

氮素是植物生长发育所必需的大量元素之一，是蛋白质、核酸、酶的主要组成成分。施用氮肥促进烤烟产量、产值以及氮素吸收累积的增加是预想到的，也与前人的研究结果一致。然而，值得注意的是，在我们的试验中，氮肥的增产效果以低海拔试验点明显，这可能是与该地点氮素肥力相对较低有关。

一般来讲，推迟移栽期促进烤烟氮素吸收，这在低海试验点表现明显。过早移栽，由于低温，烟苗及其根系生长受到抑制，影响了养分吸收。而推迟移栽，苗床温度回升幅度大，烟苗生长健壮，根系发达，移栽至大田时，更有利于烤烟吸收土壤中的养分，从而导致氮肥增产效果提高。而在高海拔试验点上，推迟移栽却对氮素积累的影响比较复杂。团棵期氮素吸收的随移栽期推迟显著增加，但打顶期至成熟期的氮素积累呈先下降（5月15日移栽）后上升的趋势（5月25日移栽）。数据分析发现，这主要是由于推迟移栽期，烤烟下部叶和茎部氮素积累下降所致。

氮肥利用率是衡量作物氮肥利用效率的重要指标。本试验条件下，低海拔试验点氮肥利用率在30%左右，而高海拔试验点氮肥利用率在21%左右。氮肥利用率的高低受土壤肥力、作物种类及栽培管理技术等多种因素影响。本试验高海拔试验点氮肥利用率明显偏低与其土壤氮肥力较高有关。事实上，已经有试验表明，在肥料种类和施用量相同时，土壤肥力越高氮肥利用率越低。

烤烟氮素营养来源于两个方面：肥料氮和土壤氮。由于高海拔地区土壤氮素肥力高于低海拔地区，因此，高海拔地区肥料氮占总氮的比例显著低于低海拔地区。推迟移栽期降低低海拔赵家山地区的肥料氮比例，却提高高海拔老湾地区的肥料氮比例。在低海拔试验点，团棵期以后，5月15—25日移栽烤烟各器官中肥料氮占总氮的比例显著低于5月5日。这可能是因为当地6月中下旬至7月降水量相对较多，导致肥料氮淋失损失严重，而5月15—25日移栽，此时烤烟正好处于团棵之后打顶之前的旺长时期，但是5月5日移栽则基本上已经打顶。前人研究表明，大约80%的氮素被吸收在烤烟移栽后8周（即旺长时期）左右。在高海拔地区，打顶之前与低海拔地区正好相反，打顶之后，中、上部叶中肥料氮比例5月15日显著高于5月5日和5月25日。原因可能是高海拔试验点土壤中有机—无机团聚体含量较低海拔试验点高,保肥效果好,随着移栽期的推迟,气温逐渐回升降水量增加,促进烤烟根部养分的运转,因而增加对肥料氮素的吸收与利用。

(四)基肥施用时间和海拔高度对烤烟氮素吸收利用的影响

1. 基肥施用时间对烤烟氮素吸收利用与分布的影响

施用氮肥显著促进烤烟地上部对氮素的吸收与累积。与不施用氮肥相比,施氮提高烤烟团棵期、打顶期和成熟期氮素累积量,低海拔赵家山试验点分别为93%、79%和102%,高海拔老湾试验点分别为44%、88%和60%(表4-32和表4-33)。

植株对氮素的吸收与累积随着生育进程逐渐增加。团棵期、打顶期和成熟期吸氮量占总氮量平均百分数,低海拔的赵家山地点分别是19%~25%、39%~41%和34%~43%,高海拔的老湾地点分别是19%~26%、37%~38%和36%~44%。本研究结果表明,烤烟吸收氮素主要在中后期,打顶后仍然要吸收氮素40%左右。

提前施用基肥显著促进烤烟中、后期(打顶期和成熟期)对氮素的吸收与累积。与提前0d或15d施用基肥相比,基肥提前30d在打顶期和成熟期的氮素累积量,低海拔的赵家山地点分别平均提高7.7%和16.3%;高海拔的老湾地点分别平均提高9.2%和26.1%。

打顶期以前,氮素在各部位的分配顺序是上部叶>中部叶>茎部>下部叶,但是打顶后各部位氮素流向产生明显变化(图4-12)。两个海拔地区的试验数据都表明,打顶期至成熟期,上部叶和茎中累积氮量急剧增加。至成熟期,与打顶期相比,烤烟上部叶和茎部氮素累积量平均分别增加14%~22%和44%~93%;而中部叶和下部叶均下降,平均下降30%~49%,结果导致氮素在各部位的分配顺序是上部叶>茎部>中部叶>下部叶(图4-13)。两个地点及不同生育期取样测定的结果一致。这种趋势并没有随施用氮肥和改变基肥施用时间而发生明显变化。

表4-32 基肥施用时间和氮肥对烤烟各生育期各器官和地上部氮素吸收影响的方差分析及多重比较结果（赵家山）

项目	变异来源	团棵期	打顶期					成熟期				
		地上部	上叶	中叶	下叶	茎	地上部	上叶	中叶	下叶	茎	地上部
F值	氮肥	239***	88.6***	267***	82.8***	350***	1 245***	96.8***	114***	71.7***	189***	320***
	基肥时间	3.20ns	2.70ns	5.20ns	1.43ns	0.100ns	20.8**	5.80*	56.3***	8.60**	12.1**	
	基肥时间×氮肥	5.60*	0.100ns	2.80ns	2.20ns	0.000ns	0.000ns	1.10ns	2.60ns	0.400ns	5.90*	1.60ns
均数Duncan检验 不同提前施用基肥时间（g/株）平均数	0d	1.19a	1.00a	1.15a	0.43a	0.73a	3.30a	1.99a	1.08a	0.41a	2.03a	5.50a
	15d	0.93a	0.84a	0.85a	0.30a	0.49a	2.48b	1.44b	0.90a	0.28b	1.12c	3.74b
	30d	0.86a	0.89a	0.92a	0.37a	0.48a	2.67a	1.82a	0.87a	0.33b	1.61a	4.64a
氮肥	施氮（N）	—	—	—	—	—	—	1.45b	0.71b	0.45a	1.39b	3.99b
	不施氮（N0）	0.60b	0.72b	0.63b	0.25b	0.48b	1.84b	1.16b	0.57b	0.30b	0.72b	2.74b

表4-33 基肥施用时间和氮肥对烤烟各生育期各器官和地上部氮素吸收影响的方差分析及多重比较结果（老湾）

项目	变异来源	团棵期	打顶期					成熟期				
		地上部	上叶	中叶	下叶	茎	地上部	上叶	中叶	下叶	茎	地上部
F值	氮肥	18.9**	102***	33.5***	76.3***	382***	334***	38.1***	43.8***	28.4***	559***	432***
	基肥时间	1.70ns	1.50ns	4.40ns	0.010ns	2.60ns	6.90*	21.6**	7.00*	0.100ns	148***	108***
	基肥时间×氮肥	0.600ns	7.90*	0.300ns	0.030ns	5.70*	6.30*	3.60ns	0.300ns	0.080ns	72.2***	7.20*
均数Duncan检验 不同提前施用基肥时间（g/株）平均数	0d	1.02a	0.83a	0.70a	0.45a	0.51a	2.49b	1.57b	0.71b	0.45a	1.14b	3.87b
	15d	0.92a	0.88a	0.82a	0.46a	0.55a	2.72a	1.91a	0.84a	0.47a	1.67a	4.88a
	30d	1.15a	1.08a	0.94a	0.58a	0.79a	3.39a	1.96a	0.92a	0.57a	1.92a	5.37a
氮肥	施氮（N）	—	—	—	—	—	—	—	—	—	—	—
	不施氮（N0）	0.80b	0.62b	0.58a	0.33b	0.27b	1.80b	1.52b	0.60b	0.35b	0.89b	3.36b

注：*代表0.05显著水平，**代表0.01极显著水平，ns代表差异不显著，不同字母代表5%水平下差异显著，下表同

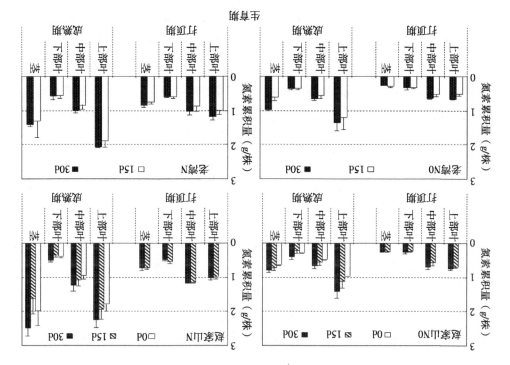

图4-13 减脂施用方法和施用量对2个海拔生态区烤烟不同生育期烟叶和茎氮素积累分配的影响

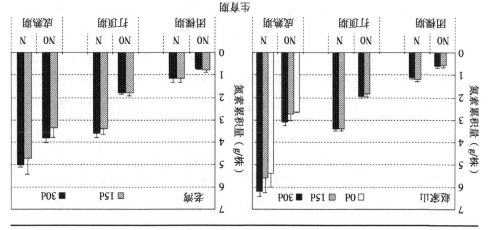

图4-12 减脂施用方法和施用量对2个海拔生态区烤烟不同生育期上部烟叶和茎氮素积累的影响

2. 基肥施用时间对氮肥利用率的影响

采用 ^{15}N 示踪技术测得的氮肥利用率见表4-34。结果表明,成熟期取样的烤烟氮肥利用率,低海拔赵家山地点为30.1%～31.9%,而高海拔的老湾地点为21.1%～28.0%。显然,赵家山试验点的氮肥利用率较高。

基肥施用时间对低海拔赵家山地点烤烟各生育期氮肥利用率没有明显影响,但提前30d施用基肥显著提高高海拔的老湾地点烤烟在打顶期和成熟期对氮肥的吸收利用,与提前15d相比,肥料利用率平均提高3～6个百分点。烤烟对氮肥的吸收主要在打顶期以前。如打顶期测定的氮肥利用率,赵家山地点为27%～28%,仅比成熟期低1.6%～4.1%;老湾地点为19.9%～23.0%,比成熟期低1.1%～5.0%。可见,烤烟打顶后对肥料氮的吸收很少。结合前面对氮素吸收积累的结果分析,烤烟打顶后吸收的氮素主要来自土壤氮素。

表4-34　基肥施用时间对两个海拔试验点烤烟肥料利用率的影响　　（单位：%）

基肥时间	氮肥利用率					
	赵家山			老湾		
	团棵期	打顶期	成熟期	团棵期	打顶期	成熟
0d	—	—	30.09a	—	—	—
15d	13.79a	27.97a	29.53a	15.74a	19.94b	21.06b
30d	12.67a	27.38a	31.90a	14.77a	22.95a	27.96a

注：不同字母代表5%水平下差异显著

3. 基肥施用时间对肥料氮在烤烟各器官中分布的影响

烤烟在生育早期（团棵期）以吸收肥料态氮为主,随着生育进程推进,吸收氮来源于肥料氮的比例逐渐降低,两个试验点的趋势基本一致（图4-14）。在团棵期、打顶期和成熟期分别测定植株全氮中肥料氮的比例,低海拔的赵家山地点分别是66.0%～79.3%、42.0%～42.4%和26.5%～31.1%,高海拔的老湾地点分别是66.0%～69.7%、31.8%～32.5%和21.7%～24.0%。此外,两个不同海拔植烟生态区烤烟地上部全氮中的肥料氮比例,在生育中、后期（打顶期和成熟期）,低海拔试验点比高海拔试验点高30.4%～32.2%和10.2%～43.0%。

至打顶期,基肥施用时间对烤烟不同部位的肥料氮比例影响不明显（除老湾试验点的茎外），但至成熟期，不同生态海拔地区的试验结果有明显差异，具体表现为：提前施用基肥，低海拔赵家山地区各部位的肥料氮比例降低，而高海拔老湾地区中、上部叶的肥料氮比例增加。例如，至成熟期，与提前0d或15d相比，低海拔的赵家山地点，提前30d施用基肥烤烟上部叶和下部叶的肥料氮比例分别降低7.9%，24.0%和13.5%，15.3%；而高海拔老湾地点的上、中部叶的肥料氮比例却增加26.8%和32.1%。

此外，除高海拔老湾试验点成熟期外，两个地点，同一生育期植株吸收肥料氮比例在烤烟各器官中的分布均表现出同样的规律，即随着叶位上升而逐渐下降，具体表现为：上部叶<中部叶<下部叶，基肥施用时间变化不改变这一趋势，而打顶之后，上、中、下部叶和茎中肥料氮占总氮的比例显著下降，表明打顶后植株吸收的氮主要来源于土壤。

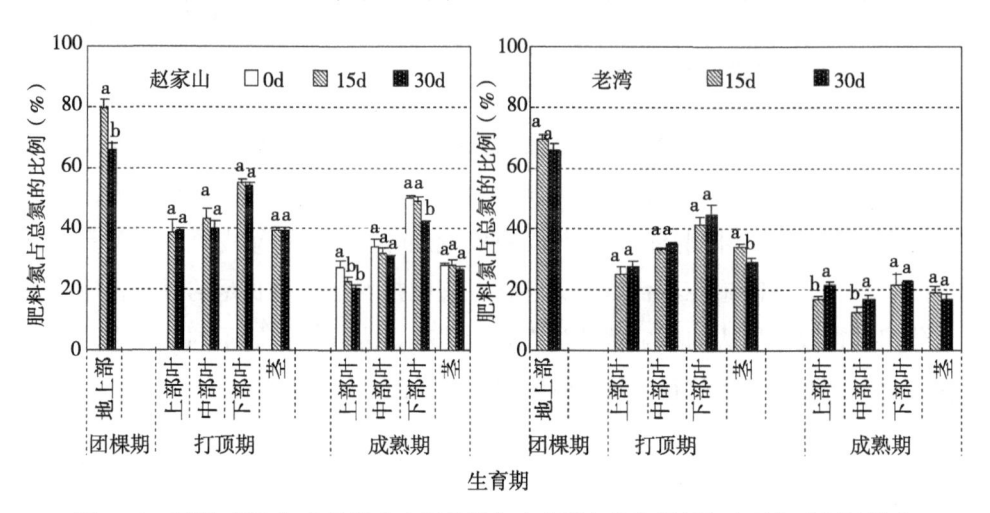

图4-14　基肥时间对2个海拔生态区植株各生育期各部位肥料氮占总氮比例的影响

4. 小结

研究结果表明，团棵期、打顶期和成熟期吸氮量占总吸氮量的平均百分数，低海拔的赵家山地点分别是19%～25%、39%～41%和34%～43%，高海拔的老湾地点分别是19%～26%、37%～38%和36%～44%。可见，在本试验条件下，烤烟在3个生育期吸氮量都较多，而且氮素累积滞后，打顶后仍有约40%左右的氮素吸收。这可能是因为试验地土壤有机质较高，土壤氮供应充分，导致烤烟生育后期供氮仍然较高。进一步通过^{15}N示踪数据分析发现,烤烟打顶后吸收的肥料氮很少。例如,打顶期测定的氮肥利用率,赵家山试验点为27.4%~28.0%,仅比成熟期低1.6%~4.1%;老湾试验点为19.9%~23.0%,比成熟期低1.1%~5.0%。这可能是因为当地6月下旬至8月降水量骤增,此时烤烟移栽后刚过团棵期,而且此时已经揭膜,土壤中氮素营养产生淋洗、下渗等损失,导致氮肥利用率下降(Mengel,1982)。此外,^{15}N示踪结果还表明,两个不同海拔生态地区,肥料氮进入植物体内的比例在团棵期最高,之后随着生育期的推移逐渐下降。至收获时,肥料氮占总氮的比例均为20%~30%。秦艳青等(2007)研究不同供氮方式对烤烟氮素吸收的影响和单德鑫等(2007)研究烤烟对氮素吸收与分配都发现烤烟在生育后期(成熟期)吸收的氮素主要来源于土壤氮素。这也说明后期过多施氮是不适宜的。

二、适宜施肥水平研究

合理施肥能充分利用肥料资源,提高肥料利用率,增加烟叶产量,改善烟叶品质,降低生产成本,提高经济效益,同时能恢复和提高土壤肥力,减少环境污染,提高烟叶制品的安全性,是实现烟叶产业可持续发展的一项重要技术措施。开展平衡施肥项目以来,各地在施肥技术上取得长足的进步,但没有充分挖掘神农架周边地区独特的生态资源优势,为此,开展不同施肥水平的研究,旨在为形成"金神农"特色风格烟叶品牌提供施肥依据。

(一)材料与方法

1. 供试品种

保康县与兴山县为'K326',竹山为'云烟87'。

2. 试验地点及概况

(1)保康县马良镇赵家山村

海拔878m,面积1.5亩,前茬作物为小麦。试验地点地势平坦,地力均衡,土壤质地疏松、土层深厚、通透性好。土壤养分状况如表4-35所示。

（2）竹山县柳林乡三河村3组

位于东经109°56′、北纬31°43′，海拔1 183m，坡度4°，地势平坦；前茬作物为玉米。土壤质地为中壤，供肥保肥性能较好，通气性适中，耕性较好，土层较厚。土壤养分状况如表4-35所示。

（3）兴山县黄粮镇界牌垭村，海拔1 100m。

表4-35 试验地点土壤养分状况

试验地点	土壤类型	有机质（%）	碱解氮（mg/kg）	速效磷（mg/kg）	速效钾（mg/kg）	pH值
保康县	黄棕壤	4.48	175.60	22.56	364.64	6.74
竹山县	黄棕壤	2.48	142.46	10.08	117.90	6.50

3. 试验设计

试验设计见表4-36。随机排列，重复3次，行株距120cm×55cm，每行20株，重复间隔离区宽100cm，四周设置保护行。其他各项措施均按照当地烤烟生产技术方案执行。

表4-36 试验处理设计

试验地点	处理设计	N：P：K
保康县	①N=4kg/亩；②N=5kg/亩；③N=6kg/亩	1：1：2
竹山县	①N=5kg/亩；②N=6kg/亩；③N=7kg/亩	1：1.2：3
兴山县	①N=5kg/亩；②N=6kg/亩；③N=7kg/亩	1：1：2

（二）结果与分析

1. 生育期分析

从表4-37可以看出：在保康县试验点，3个施肥水平的大田生育期基本一样，只有在N=4kg/亩的水平上，团棵期到现蕾期的时间短了5d。从田间农艺性状观察来看，N=6kg/亩的水平长势最好，N=4kg/亩的水平长势最差，且表现出缺氮症状。烟叶颜色随施肥量的增加而加深。

表4-37　保康县试验点生育期记载

处理	播种	出苗	移栽	团棵	现蕾	打顶	始采	采收结束
N=4kg/亩	3月5日	3月18日	5月16日	6月26日	7月14日	7月18日	8月1日	9月26日
N=5kg/亩	3月5日	3月18日	5月16日	6月20日	7月13日	7月21日	8月1日	9月26日
N=6kg/亩	3月5日	3月18日	5月16日	6月22日	7月15日	7月21日	7月25日	9月26日

从表4-38可以看出：在竹山县试验点，3个处理的大田生育期相同，处理1各生育期均比其他处理少1~3d，处理2各生育期与处理3没有明显差异；3个处理在移栽后20d和40d时，田间长势没有明显差异。

表4-38　竹山县不同处理生育期天数及田间长势

处理	移栽期	团棵	现蕾	初花	脚叶成熟期	顶叶成熟期	大田生育期	田间长势 20d	田间长势 40d
N=5kg/亩	5月18日	39	48	51	73	142	149	中	中
N=6kg/亩	5月18日	41	49	51	75	144	149	中	中
N=7kg/亩	5月18日	41	48	52	76	145	149	中	中

2．农艺性状比较（表4-39）

表4-39　各点各试验处理农艺性状比较

试验地点	处理	株高（cm）	茎围（cm）	叶片数	叶片大小（长cm×宽cm）下部叶	中部叶	上部叶
竹山县	N=5kg/亩	118.8	9.6	19.2	54.2×24.9	70.4×29.8	53.9×20.3
	N=6kg/亩	114.6	9.2	19.4	52.9×26.2	69.8×29.4	56.0×19.2
	N=7kg/亩	115.5	9.4	19.0	52.4×24.6	70.1×30.5	56.0×19.4
兴山县	N=5kg/亩	103.0	9.2	21.5	57.4×24.0	62.1×24.6	50.0×18.6
	N=6kg/亩	107.6	9.8	20.8	62.1×27.3	65.1×25.4	54.0×20.0
	N=7kg/亩	109.7	9.9	21.0	64.7×27.0	66.6×25.9	56.1×20.5

在竹山县，处理N=5kg/亩的株高、叶数、茎围、中部叶片大小均表现最好，综合性状最优，其次为处理N=6kg/亩，处理N=7kg/亩最差。

在兴山县，处理N=7kg/亩的综合性状最好，处理N=6kg/亩次之，处理N=5kg/亩最差。

3. 经济性状比较（表4-40）

表4-40 各点各试验处理经济性状比较

试验地点	处理水平	产量 （kg/亩）	产值 （元/亩）	均价 （元/kg）	上等烟 （%）	上中等烟 （%）
保康县	N=4kg/亩	163.6	1 590.2	9.72	30.7	92.5
	N=5kg/亩	167.2	1 648.6	9.86	34.4	94.8
	N=6kg/亩	172.8	1 655.4	9.58	31.1	90.4
竹山县	N=5kg/亩	184.6	834.8	6.00		23.7
	N=6kg/亩	170.3	1 007.4	5.92		22.7
	N=7kg/亩	191.9	1 028.1	5.36		17.7
兴山县	N=5kg/亩	107.8	890.2	8.30		
	N=6kg/亩	114.5	889.8	7.80		
	N=7kg/亩	122.8	1 121.0	9.10		

保康县，N=6kg/亩处理产量产值最高，N=5kg/亩处理均价、上中等烟比例最高。方差分析表明，各处理水平结果差异不显著。

竹山县，N=7kg/亩处理产值最高，规律性不强，方差分析表明，各处理水平结果差异不显著。

兴山县，N=7kg/亩处理综合性状最好，优于其他两个处理，方差分析表明，各处理水平结果差异不显著。

4.化学成分分析（表4-41）

表4-41 各处理化学成分分析 （单位：%）

试验地点	处理	部位	烟碱	总氮	K	总糖	还原糖
保康县	N=4kg/亩	中部	1.90	1.46	2.08	33.69	29.20
	N=4kg/亩	上部	2.32	1.89	1.94	27.41	24.46
	N=5kg/亩	中部	2.04	1.32	2.13	31.92	26.86
	N=5kg/亩	上部	2.33	1.70	1.79	28.97	24.23
	N=6kg/亩	中部	2.28	1.97	2.28	25.4	23.87
	N=6kg/亩	上部	2.36	1.74	1.79	28.86	25.83
竹山县	N=5kg/亩	中部	4.06	3.04	1.24	23.72	15.44
	N=5kg/亩	上部	4.07	3.12	0.77	23.78	15.75
	N=6kg/亩	中部	3.76	2.41	1.08	20.71	15.66
	N=6kg/亩	上部	4.24	3.21	1.86	20.16	11.82
	N=7kg/亩	中部	3.17	2.39	1.60	24.33	18.17
	N=7kg/亩	上部	4.17	3.24	1.47	17.34	16.81
兴山县	N=5kg/亩	中部	3.01	2.09	2.48	26.31	16.00
	N=5kg/亩	上部	3.95	2.36	2.38	20.24	12.28
	N=6kg/亩	中部	2.56	2.23	2.79	21.97	18.58
	N=6kg/亩	上部	2.65	1.62	2.27	28.60	17.11
	N=7kg/亩	中部	2.42	1.86	2.84	23.80	19.80
	N=7kg/亩	上部	3.78	2.70	2.48	20.70	13.11

保康县，各处理不同部位烟叶烟碱含量以施氮量5～6kg/亩最为适宜，成分间比值较为协调。

竹山县，各处理不同部位烟叶烟碱含量以施氮量6～7kg/亩最为适宜，成分间比值较为协调。

兴山县，各处理不同部位烟叶烟碱含量以施氮量7kg/亩最为适宜，成分间比值较为协调。

（三）小　结

本试验研究了不同施氮水平对烤烟大田生长势和产质量的影响，多点研究结果表明，在N∶P$_2$O$_5$∶K$_2$O=1∶1∶2的条件下，施氮量在4~7kg范围内，随着施肥量的增加，烟叶长势增强，产量产值提高，但氮水平超过7kg以后，烟叶质量下降。3个试点的研究表明：在保康县试点土壤气候条件下，以亩施纯氮5~6kg水平较为适宜。竹山县试点土壤气候条件下，以亩施纯氮6kg，整体效益较佳，是比较理想的施肥方案。兴山县试点土壤气候条件下，以亩施纯氮6~7kg水平最为适宜。

三、基肥最佳施用时期分析

烟叶品质的形成受生态条件和栽培烘烤技术措施的综合影响。土壤肥力状况与施肥是烟草生产中对烟叶品质，特别是对香吃味影响最大的因素之一。当前我国烟叶存在香气量不足、香气浓度不够、烟碱和淀粉含量偏高、可用性差等问题，与施肥不当有很大的关系。在目前生产条件下，施肥已成为制约我国烤烟品质提高的技术瓶颈之一。近年来，在湖北烟区推广了"先施肥、先起垄、先覆膜"的"三先"技术，对提高烟叶生产整体水平起到了较大的促进作用。移栽前，提前适墒整地、起垄并施用基肥有利于避免移栽时整地、起垄、施用基肥和移栽同时集中用工，劳动力紧张的矛盾，也可以避免移栽时整地起垄的天气不利、土壤墒情不佳，农事操作不便的困难，提高整地、起垄、施用基肥的操作质量，保证在最佳移栽期移栽。但目前，在基肥施用时期和方法上尚未进行深入的试验研究。基肥提前施用的时间完全凭经验确定，随意性强，科学性不够，与烟草需肥规律没有很好地结合起来。基肥施用时期不同必然会影响肥料在土壤中的移动和迁移，从而影响肥料在土壤中的分布和烟株对肥料的吸收，最终影响烟叶的产质量。

（一）材料与方法

1. 试验处理和设计

试验设4个处理：①栽前30d施基肥；②栽前20d施基肥；③栽前10d施基肥；④移栽当天施基肥。

随机区组法设计，重复3次，共12个小区，4行区，每行20株，行株距120cm×55cm，四周设保护行。

2.试验地点及主要措施

2007年：试验地点为保康县赵家山村（海拔900m）和老湾村（海拔1 130m），品种为'K326'。试验地肥力中等，土壤养分基本理化性状见表4-42。

赵家山点施氮量6.5kg/亩，老湾村点施氮6.0kg/亩，N：P_2O_5：K_2O=1：1：2.5。

2008年：试验地点为保康县赵家山村，品种为'K326'；试验地肥力中等，土壤养分基本理化性状见表4-42。

表4-42　土壤基本理化性状

年份	试验地点	全氮（g/kg）	有效P/（mg/kg）	速效钾（mg/kg）	有机质（g/kg）	pH值
2007	保康县赵家山村	0.26	68.20	445.00	36.61	7.10
	保康县老湾村	0.14	17.30	250.00	31.03	6.50
2008	保康县赵家山村	0.68	34.50	432.07	52.62	7.31

施氮量6.5kg/亩，N：P_2O_5：K_2O=1：1：2.5。肥料种类均为：烟草专用肥（N：P_2O_5：K_2O=10：10：20）、腐熟饼肥、硫酸钾、过磷酸钙、硝铵磷、镁肥。

按试验处理要求的时间施基肥，方法为在起垄前条施，60%的氮肥、全部的饼肥和磷肥、50%的钾肥作基肥，其余的氮肥和钾肥于移栽后20d左右追肥。起垄高度为20cm，在揭膜培土后达到30cm。其他田间管理和调制措施均按当地生产技术规范操作。

3.取样与检测

根据国标42级分级后按B2F、C3F、X2F等级取样品各1.5kg进行内在化学成分分析和感官质量评吸。

（二）结果与分析

1.基肥施用时期对农艺性状的影响

2007年，保康县的两个试验点，均以移栽前20d施肥的烟株较高，其他性状差异不明显。

2008年，保康县老湾村试验点以移栽前10d施肥的农艺性状较优，移栽前20d施肥的农艺性状略次之；咸丰点和宣恩点均以移栽前20d施肥的农艺性状较优。

综合两年的试验结果，在湖北烟区以20d左右施基肥有利于烟株的生长发育（表4-43）。

表4-43 试验各处理农艺性状比较

年份	地点	处理	株高（cm）	茎围（cm）	叶片数（片）	叶长（cm）	叶宽（cm）
2007	保康县赵家山村	栽前30d施肥	102.27	9.63	20.67	74.31	26.85
		栽前20d施肥	106.73	9.78	21.07	76.47	27.09
		栽前10d施肥	102.00	9.87	20.67	76.30	27.88
		移栽时施肥	100.73	9.99	19.67	79.51	28.86
	保康县老湾村	栽前30d施肥	97.53	9.75	20.67	77.31	28.15
		栽前20d施肥	98.47	9.78	20.60	77.77	28.53
		栽前10d施肥	93.07	9.81	20.20	79.92	28.65
		移栽时施肥	92.07	10.01	19.40	80.69	28.69
2008	保康县老湾村	栽前30d施肥	79.56	10.43	17.40	71.38	27.39
		栽前20d施肥	92.07	10.62	19.70	72.21	27.81
		栽前10d施肥	95.43	10.99	18.73	72.87	29.48
		移栽时施肥	92.17	10.69	19.00	72.42	27.67

2.基肥施用时期对经济性状的影响

2007年：保康县赵家山村试验点（低海拔点），产量、产值以栽前20d施基肥处理最好，移栽时施基肥处理最差。保康县老湾村（高海拔点），产量以移栽时施基肥处理最高，以栽前10d施基肥处理最低；产值以栽前20d施基肥处理最高，以栽前10d施基肥处理最低，经分析，各处理间产量、产值间均达极显著差异水平。

2008年：保康县老湾村试验点，以栽前10d施肥处理的经济性状最优，依次为栽前10d施肥>栽前20d施肥>移栽时施肥>栽前30d施肥。

综合考虑两年的试验结果，在湖北烟区以提前20d左右施基肥有利于形成最佳产量和产值（表4-44）。

表4-44 试验各处理经济性状比较

年份	地点	处理	产量（kg/亩）	产值（元/亩）	均价（元/kg）	上等烟（%）	上中等烟（%）
2007	保康县赵家山村	栽前30d施肥	189.13	1 713.98	9.06	33.36	72.92
		栽前20d施肥	221.43	2 044.04	9.23	35.16	77.17
		栽前10d施肥	214.59	1 857.13	8.65	30.25	74.79
		移栽时施肥	210.11	1 818.46	8.65	33.48	71.27
	保康县老湾村	栽前30d施肥	154.76	1 267.98	8.19	26.60	73.35
		栽前20d施肥	156.05	1 527.59	9.79	34.93	83.13
		栽前10d施肥	146.98	1 341.58	9.13	31.75	76.46
		移栽时施肥	163.12	1 473.20	9.03	21.12	69.98
2008	保康县老湾村	栽前30d施肥	178.11	1 924.18	10.80	30.80	85.93
		栽前20d施肥	254.01	2 988.12	11.76	33.28	88.51
		栽前10d施肥	277.66	3 330.15	11.99	38.17	94.49
		移栽时施肥	208.41	2 178.10	10.45	32.13	89.36

3.基肥施用时期对烟叶化学成分的影响

（1）基肥施用时期对中部烟叶化学成分的影响

均表现出随基肥施用时间提前，中部烟叶烟碱含量有增加趋势，而糖含量和糖碱比有降低趋势，糖碱比最接近适宜程度，钾含量有增加趋势（表4-45）。

表4-45 试验各处理中部烟叶化学成分比较

年份	地点	处理	烟碱（%）	总氮（%）	还原糖（%）	总糖（%）	糖/碱	钾（%）	水溶性氯（%）
2007	保康县赵家山村	栽前30d施肥	3.23	2.56	23.33	29.58	9.16	1.96	0.52
		栽前20d施肥	1.72	2.49	13.38	17.51	10.18	3.60	0.37
		栽前10d施肥	1.74	3.13	18.63	23.56	13.54	3.34	0.50
		移栽时施肥	2.06	2.03	26.08	32.63	15.84	2.91	0.13
	保康县老湾村	栽前30d施肥	3.15	2.78	21.34	25.67	8.15	2.31	0.18
		栽前20d施肥	2.76	2.46	24.37	29.4	10.65	2.40	0.15
		栽前10d施肥	2.92	2.26	26.85	32.55	11.15	2.31	0.17
		移栽时施肥	2.75	2.29	25.34	34.14	12.41	2.14	0.14
2008	保康县老湾村	栽前30d施肥	2.69	1.70	21.42	30.48	11.33	1.72	0.69
		栽前20d施肥	2.77	1.76	20.12	31.81	11.48	2.12	0.58
		栽前10d施肥	2.50	1.52	21.24	34.61	13.84	1.62	0.64
		移栽时施肥	2.10	1.46	26.18	38.02	18.10	1.53	0.83

（2）基肥施用时期对上部烟叶化学成分的影响

随基肥施用时间提前上部烟叶烟碱含量表现出降低趋势；上部烟叶糖含量表现出降低趋势（表4-46）。

表4-46 试验各处理上部烟叶化学成分比较

年份	地点	处理	烟碱（%）	总氮（%）	还原糖（%）	总糖（%）	糖/碱	钾（%）	水溶性氯（%）
2007	保康县赵家山村	栽前30d施肥	4.14	3.55	15.15	18.71	4.52	1.96	0.54
		栽前20d施肥	3.85	3.00	18.16	22.49	5.84	1.96	0.47
		栽前10d施肥	4.06	2.32	17.10	20.75	5.11	1.96	0.59
		移栽时施肥	4.33	3.32	14.42	17.73	4.09	2.05	0.59
	保康县老湾村	栽前30d施肥	4.45	3.99	15.81	20.07	4.51	1.96	0.31
		栽前20d施肥	4.91	3.90	14.89	18.33	3.73	2.05	0.24
		栽前10d施肥	4.62	3.96	18.10	21.91	4.74	1.88	0.29
		移栽时施肥	3.15	2.71	23.01	30.37	9.64	2.05	0.20

（续表）

年份	地点	处理	烟碱（%）	总氮（%）	还原糖（%）	总糖（%）	糖/碱	钾（%）	水溶性氯（%）
2008	保康县老湾村	栽前30d施肥	2.68	1.72	23.55	33.74	12.58	1.44	0.55
		栽前20d施肥	2.58	1.67	24.77	36.32	14.08	1.17	0.56
		栽前10d施肥	3.05	1.80	21.09	33.00	10.81	1.26	0.65
		移栽时施肥	3.51	1.96	20.32	31.82	9.07	1.82	0.70

4. 基肥施用时期对烟叶感官质量的影响

对保康县老湾村试验点2008年的烟叶样品进行评吸，以栽前20d施肥的处理评吸结果优于其他处理，香气质有所改善，香气量有所增加，余味较好，总分较高（表4-47）。

表4-47　保康县老湾村2008年基肥施用时期对烟叶评吸结果的影响　（单位：分）

处理	部位	得分							
		香气质	香气量	杂气	刺激性	余味	燃烧性	灰色	合计
栽前30d施肥	上	14.75	13.25	13.50	17.00	17.85	4.00	4.00	84.35
栽前30d施肥	中	14.88	13.30	13.13	17.08	17.70	4.00	4.00	84.08
栽前20d施肥	上	14.90	13.50	14.10	17.40	18.10	4.00	4.00	86.00
栽前20d施肥	中	14.83	13.40	13.17	17.17	18.10	4.00	4.00	84.67
栽前10d施肥	上	14.55	13.25	13.25	16.65	17.50	4.00	4.00	83.20
栽前10d施肥	中	14.63	13.38	13.13	17.00	17.70	4.00	4.00	83.83
移栽时施肥	上	14.35	12.90	13.00	16.30	17.05	4.00	4.00	81.60
移栽时施肥	中	14.57	13.17	12.93	17.00	18.00	4.00	4.00	83.67

（三）小　结

第一，基肥施用时期对烤烟的经济性状影响较大，以移栽前20d左右施基肥有利于烟株的生长发育和形成最佳的产量和产值。

第二，基肥施用时期对烤烟的主要化学成分有较大的影响，大部分试点随基肥施用时间提前，中部烟叶烟碱含量有增加趋势，而糖含量和糖碱比有降低趋势，仅个别试点表现出相反趋势；上部烟叶烟碱含量表现出降低趋势，糖含量表现出降低趋势；相比而言，以移栽前20d施基肥的处理烟叶化学成分较为适宜。

第三，基肥施用时期对烤烟的感官质量影响较大，以栽前20d施肥的处理结果优于其他处理，香气质有所改善，香气量有所增加。

四、基肥最佳施用方式研究

植烟土壤营养状况与施肥是烟草生产中对烟叶品质，特别是对香吃味影响最大的因素之一。目前我国烟叶在香气质量和烟碱含量等方面存在的不足与施肥不当有很大的关系，施肥成为制约我国烤烟品质提高的技术瓶颈之一。近年来，在湖北烟区推广了"先施肥、先起垄、先覆膜"的"三先"技术，对提高烟叶生产整体水平起到了较大的促进作用，但对基肥的合适的施用方法未做深入研究。我国烟区分布范围较广，气候、土壤条件复杂多样，应根据当地的生态条件因地制宜选用施肥方法。为此，我们进行了烟草基肥施用方法的研究，以探索出烟草基肥的最佳施用方法。

（一）材料与方法

1. 试验地点

试验地点为保康县赵家山村（海拔900m，低海拔）和老湾村（海拔1 130m，高海拔），品种为'K326'。试验地肥力中等，土壤养分基本理化性状见表4-48。赵家山点施氮量97.5kg/hm²，老湾村点施氮量90.0kg/hm²，$N : P_2O_5 : K_2O = 1.0 : 1.0 : 2.5$。

表4-48 土壤基本理化性状

试验地点	全氮（g/kg）	有效磷（mg/kg）	速效钾（mg/kg）	有机质（g/kg）	pH值
保康县赵家山村	0.26	68.20	445.00	36.61	7.10
保康县老湾村	0.14	17.30	250.00	31.03	6.50

2. 试验设计

共设计3个处理：①单条施肥；②双条施肥；③条施+穴施。

3. 试验方法

（1）施肥方法

单条施肥方法：起垄前，在起垄线上施基肥，施肥带宽20cm。

双条施肥方法：起垄前，在起垄线上按两条施肥带施基肥，带宽5～10cm，宽间距5cm。环状施肥方法：土地翻耕平整后，在移栽的中心线位置用啤酒瓶定位，在距啤酒瓶8～10cm处环形施肥成一个圆圈后起垄。

条施+穴施方法：土地翻耕平整后，把全部基肥的80%（60%的氮肥、全部的饼肥和磷肥、50%的钾肥）施在移栽的中心线位置后起垄，20%在移栽时与土相拌穴施。按试验处理要求分别采取不同的方法在移栽前20d施基肥，除条施+穴施处理外，其他两个处理的60%的氮肥、全部的饼肥和磷肥、50%的钾肥作基肥，其余的氮肥和钾肥于移栽后20d左右追肥。其他田间管理和调制措施均按当地生产技术规范操作。

（2）取样与测定方法

根据国家标准42级分级后按B2F、C3F、X2F等级取样各5kg进行内在化学成分分析和感官质量评吸。

（二）结果与分析

1. 基肥施用方法对农艺性状的影响

由表4-49可知，保康县两个海拔高度试验点的双条施肥和条施+穴施的株高、茎围基本相当，均以条施+穴施施肥方式的叶片较大；综合分析两年的试验结果，以条施+穴施的施肥方法有利于烟株的生长发育。

表4-49　基肥施用方法试验各处理农艺性状比较

地点	海拔（m）	处理	株高（cm）	茎围（cm）	叶片数（片）	叶长（cm）	叶宽（cm）
保康县赵家山村	900	单条施肥	95.20	9.74	20.13	74.71	28.26
		双条施肥	109.60	10.31	21.60	72.93	28.15
		条施+穴施	107.53	10.29	21.80	77.55	27.97

（续表）

地点	海拔（m）	处理	株高（cm）	茎围（cm）	叶片数（片）	叶长（cm）	叶宽（cm）
保康县 老湾村	1 130	单条施肥	105.07	9.75	19.60	67.21	26.96
		双条施肥	109.60	10.29	20.13	65.43	26.85
		条施+穴施	107.53	10.33	19.80	70.05	26.67

2. 基肥施用方法对经济性状的影响

保康县两个海拔高度均以条施+穴施的经济性状最优。在低海拔区：条施+穴施与单条施肥处理产量差异达显著水平；条施+穴施与单条施肥和双条施肥处理产值差异达极显著水平。在高海拔区：条施+穴施与双条施肥处理产量差异达显著水平；条施+穴施与单条施肥和双条施肥处理产值差异达极显著水平。

综合分析两年的试验结果，在湖北烟区以条施+穴施的施肥方法有利于最佳产量和产值的形成（表4-50）。

表4-50 基肥施用方法试验各处理经济性状比较

地点	海拔（m）	处理	产量（kg/hm²）	产值（元/hm²）	均价（元/kg）	上等烟（%）	上中等烟（%）
保康县 赵家山村	900	单条施肥	2 454.90bB	1 501.80bB	9.18	28.48	77.42
		双条施肥	2 556.15abAB	1 568.86bB	9.21	28.45	80.60
		条施+穴施	2 693.10aA	1 787.33aA	9.96	38.56	84.43
保康县 老湾村	1 130	单条施肥	2 107.65bAB	1 286.27bB	9.15	24.98	81.91
		双条施肥	1 987.65bB	1 215.18bB	9.17	26.33	87.10
		条施+穴施	2 284.05aA	1 448.38aA	9.51	29.53	92.48

注：不同字母代表5%水平下差异显著

3. 基肥施用方法对烟叶化学成分的影响

（1）基肥施用方法对中部烟叶化学成分的影响

保康县两个海拔高度的试验各处理的烟碱含量均在适宜范围内，以条施+穴施的烟碱含量最接近适宜值，糖碱比均高于适宜范围，以条施+穴施处理最接近适宜范围，钾含量均较高，达2%以上（表4-51）。

表4-51　基肥施用方法试验各处理中部烟叶化学成分比较

地点	海拔（m）	处理	烟碱（%）	总氮（%）	还原糖（%）	总糖（%）	糖/碱	钾（%）	水溶性氯（%）
保康县赵家山村	900	单条施肥	1.83	1.50	26.10	29.93	16.36	2.98	0.16
		双条施肥	2.14	1.71	26.56	33.29	15.56	2.73	0.19
		条施+穴施	2.18	1.67	27.35	33.67	15.44	2.73	0.22
保康县老湾村	1 130	单条施肥	1.73	1.49	24.19	29.48	17.04	2.57	0.06
		双条施肥	1.98	1.35	23.79	29.47	14.88	2.57	0.03
		条施+穴施	2.38	1.79	23.58	28.82	12.11	3.15	0.04

（2）基肥施用方法对上部烟叶化学成分的影响

保康县低海拔区域试验各处理的烟碱含量均偏高，以条施+穴施的处理略低，各处理糖碱比协调性较差，钾含量基本相当接近2%；高海拔区域试验各处理的烟碱含量基本都在适宜范围，以双条施肥的较低，各处理糖碱比基本接近适宜范围，钾含量都在2%以上且基本相当（表4-52）。

表4-52　基肥施用方法试验各处理上部烟叶化学成分比较

地点	海拔（m）	处理	烟碱（%）	总氮（%）	还原糖（%）	总糖（%）	糖/碱	钾（%）	水溶性氯（%）
保康县赵家山村	900	单条施肥	4.11	2.62	19.81	23.06	5.61	1.98	0.47
		双条施肥	3.79	2.59	21.34	24.44	6.45	1.98	0.53
		条施+穴施	3.66	2.45	21.02	23.17	6.33	2.15	0.42
保康县老湾村	1 130	单条施肥	3.57	2.40	23.01	28.18	7.89	2.15	0.07
		双条施肥	3.09	2.50	20.88	26.13	8.46	2.32	0.07
		条施+穴施	3.66	2.46	20.16	25.04	6.84	2.15	0.06

4.基肥施用方法对烟叶感官质量的影响

对保康县2008年的烟叶样品进行评吸，环状施肥和条施+穴施处理均优于单条施肥，香气质有所改善，香气量有所增加，杂气减少，余味较好（表4-53）。

表4-53　基肥施用方法对烟叶评吸结果的影响　　　　（单位：分）

处理	部位	得分							
		香气质（20分）	香气量（15分）	杂气（15分）	刺激性（20分）	余味（20分）	燃烧性（5分）	灰色（5分）	合计（100分）
单条施肥	中	15.07	13.50	13.33	17.40	18.40	4.00	4.00	85.70
环状施肥	中	15.30	13.70	13.74	17.30	18.44	4.00	4.00	86.48
条施+穴施	中	15.23	13.50	13.50	17.73	18.67	4.00	4.00	86.63

（三）小　结

第一，湖北烟区基肥的施用方法以条施+穴施为最适宜，有利于烟株的生长发育和形成最佳的产量和产值。

第二，基肥的施用方法对烟叶的化学成分有一定的影响，但各处理之间未达到显著差异。

第三，基肥的施用方法对烟叶的感官质量有一定的影响，条施+穴施和环状施肥的评吸结果均好于单条施肥。

第四，建议在生产中推广条施+穴施的基肥施用方法。

五、液体肥料控制定量施用技术研究

通常施肥是将固体肥料开沟、挖穴施入土壤，肥料进入土壤后，其中的养分会发生一系列化学变化和物理变化，导致有些养分的固定、淋失和以气态散失，同时肥料进入土壤后，其养分供应释放是无法人为控制，会造成养分供应释放与烟株对养分吸收速率间的不匹配，这些会降低养分利用率，增加生产成本，污染环境，降低烟叶产量和品质。

本试验把固体肥料溶于水形成液态肥后，用一可定量释放液态肥的装置，按照烟株的养分吸收规律，通过控制液态肥的施入速率定量施入肥料，期望以此增加肥料养分供应释放与烟株对养分吸收速率间的匹配度，减少养分的固定、淋失和以气态散失，提高养分利用率和烟叶产量和品质。

（一）材料与方法

1. 试验地及试供品种

试验地点在保康县马良镇云旗山村，前茬作物为油菜，试验地肥力均匀适中，地势平坦，有灌溉条件。品种为'K326'。

2. 试验处理和设计

试验设4个处理，随机区组法设计，重复3次。各处理内容如下：施肥量以5.5kg/亩纯氮，氮磷钾按照1∶1.5∶3比例计算。

处理1（CK）：传统固体化肥和施肥方法，施肥量100%，其中的70%移栽前15d作基肥施入，30%在栽后20d作追肥施入。

处理2（100%液态）：把传统固体化肥溶于水形成液态肥后，液态控制施肥量100%，其中15%在移栽时施入，80%在旺长期施入，5%在成熟期施入。

处理3（80%液态+20%固态）：把传统固体化肥溶于水形成液态肥后，液态控制施肥量80%，其中15%在移栽时施入，80%在旺长期施入，5%在成熟期施入。

处理4（60%液态+40%固态）：把传统固体化肥溶于水形成液态肥后，液态控制施肥量60%，其中15%在移栽时施入，80%在旺长期施入，5%在成熟期施入。

小区为4行区，区植烟40株，随机区组排列。本试验可定量释放液态肥的装置是自行设计制作的一种简易装置，即在一塑料瓶底部打一小孔，利用瓶盖松紧控制滴灌速率70mL/d，约8d滴完。

3. 主要栽培措施

除施肥外其他生产措施均按保康县烤烟生产技术规范执行。

4.测定项目及方法

①起垄时施底肥前5点取样，取试验地土壤样品1kg，在湖北省烟草科研所化验。②收集试验地所属农户种烟时间、管理水平、劳力状况、以往种烟亩产值量、试验用工投入及其他投入，试验地GPS信息和海拔信息。③烟株生育期农艺性状、经济性状调查。④在烟叶烘烤结束后按照处理取B2F、C3F样品2kg，便于分析各处理烟叶的常规化学成分，并进行感官质量评价。

（二）结果与分析

1.主要农艺性状分析

从各时期农艺性状调查数据来看（表4-54和表4-55），100%液态肥处理、80%液态+20%固态肥处理、60%液态+40%固态肥处理烟叶的株高、叶数、叶长和叶宽均较常规施肥处理高，说明液态控制施肥量能促进烟株的生长，植株健壮，增加留叶数。

液态肥料处理在主要生育时期农艺性状指标均优于常规施肥，表明液态肥料更有利于烟草对营养的吸收利用，其中100%液态控制施用量与80%液态控制施用量长势相当。

表4-54 团棵期农艺性状调查

施肥处理	叶长（cm）	叶宽（cm）	株高（cm）	叶片数（片）
常规施肥	37.3	19.5	19.0	8.0
100%液态	39.5	21.5	21.0	8.1
80%液态+20%固态	40.5	21.7	21.3	8.5
60%液态+40%固态	37.0	21.3	20.0	7.8

表4-55 成熟期农艺性状调查

施肥处理	叶长（cm）	叶宽（cm）	株高（cm）	叶片数（片）	茎围（cm）
常规施肥	62.5	29.3	88.5	20.2	10.1
100%液态	70.2	30.8	98.0	21.3	10.6

（续表）

施肥处理	叶长（cm）	叶宽（cm）	株高（cm）	叶片数（片）	茎围（cm）
80%液态+20%固态	66.7	31.0	103.5	21.2	10.8
60%液态+40%固态	71.5	34.0	97.3	20.7	11.0

2. 不同处理经济效益分析

由表4-56可以看出，液态肥料控制施用产量、产值都高于常规施肥对照，其中液体肥料80%处理在亩产值上显著高于常规施肥处理。

表4-56　液体肥料经济性状调查

施肥处理	亩产量（kg）	亩产值（元）	均价（元/kg）
常规施肥	175.35a	2 761.24b	15.76
100%液态	182.40a	2 927.17b	16.03
80%液态+20%固态	210.86a	3 549.12b	16.83
60%液态+40%固态	176.63a	2 940.84b	16.62

注：不同字母代表5%水平下差异显著

3. 感官评价分析

4个处理之间烟叶感官质量差异不显著，处理间差异不明显，液态肥80%处理和液态肥100%处理相对较好（表4-57）。

（三）小　结

本试验把固体肥料溶于水形成液态肥后，用可定量释放液态肥的装置，按照烟株的养分吸收规律，通过控制液态肥的施入速率定量施入肥料，研究其对烟株生长和烟叶产、质的影响，结果表明：液态施肥控制施用烟叶的株高、叶数、叶长和叶宽与均较常规施肥高；液态施肥控制施用产量、产值都高于常规施肥，其中液态肥料80%处理在亩产值上显著高于常规施肥处理；说明通过控制液态肥的施入速率定量施入肥料，增加了肥料养分释放供应与烟株对养分吸收速率间的匹配度，提高了养分利用率，促进了烟株生长。

表4-57 不同处理样品感官质量评价结果

（单位：分）

等级	处理	质量特征								风格特征			烟气特征		口感特征	
		香气质（18分）	香气量（16分）	杂气（16分）	刺激性（20分）	余味（22分）	燃烧性（4分）	灰色（4分）	合计（100）	浓度	劲头	成团性	细腻程度	回味	干燥感
C3F	常规施肥	14.0	12.5	12.5	17.0	16.5	3.5	3.5	79.5	3.0	3.0	3.0	2.5	2.5	2.5
	100%液态	14.5	13.5	13.0	17.5	17.0	3.5	3.5	82.5	3.0	3.0	3.5	3.0	3.0	3.0
	80%液态+20%固态	14.5	13.0	13.0	17.0	17.0	3.5	3.5	81.5	3.0	3.0	3.0	2.5	2.5	2.5
	60%液态+40%固态	14.0	12.5	12.5	17.0	16.5	3.5	3.5	79.5	3.0	3.0	3.0	2.5	3.0	2.5
B2F	常规施肥	14.5	13.5	13.0	17.0	17.5	3.5	3.5	82.5	3.5	3.0	3.0	3.0	3.0	3.0
	100%液态	14.0	13.0	13.0	17.0	17.0	3.5	3.5	81.0	3.5	3.0	3.0	3.0	3.0	3.0
	80%液态+20%固态	14.5	13.5	13.0	17.0	17.5	3.5	3.5	82.5	3.5	3.0	3.0	3.0	3.0	3.0
	60%液态+40%固态	14.0	13.0	12.5	17.0	17.0	3.5	3.5	80.5	3.0	3.0	3.0	2.5	3.0	3.0

六、烤烟水氮耦合施用技术研究

烟叶生产在我国国民经济中占有重要的位置，我国的烟草种植面积和总产量均居世界首位。水分和肥料是影响烟草生长发育和烟草质量的两大因素，也是人们有效调控烟草产量和质量的主要手段。二者之间存在着密切的相互关联、相互制约的关系。肥水关系失调意味着植物生长过程的衰退甚至停止，因此确定合理的施肥量必须与水分状况紧密结合。利用水肥耦合作用原理，根据不同作物需水、需肥特性，将灌溉与施肥有机地协调起来，提高水肥利用效率对一些作物的研究已经取得了显著的效果。然而目前国内外有关烟草水肥交互作用及耦合模式的报道较少。20世纪80年代以来，我国土壤肥料、农学等相关领域科技工作者在氮素对烟草产量和品质形成过程的影响，烟草合理施用氮肥，提高烟田氮肥利用率和土壤植物系统氮循环及其调控等方面开展了较为系统深入的研究，明确了充分灌溉条件下烟草养分吸收和氮肥运筹规律。有研究发现，与施无机肥相比，单施有机肥对烟草产量影响不大，且会显著降低上等烟比例和总氮、烟碱含量，施用有机肥结合灌溉可以显著提高烤后烟草铁、锌含量和烟草产量以及上等烟比例。现有的研究多为单因子试验，即在控制一定灌溉条件（充分灌溉）下来探讨不同的施肥水平、施肥措施等对烟草矿质营养吸收和分配、产量及品质形成的影响；或者控制相同的施肥水平，研究节水灌溉对烟草生长发育和产量的影响。这些研究较难反映出水肥交互作用对烟草产量、品质的影响及相互关系，亦难厘清以肥调水、以水促肥的基本原理。本试验旨在研究在大田生长过程中，土壤水分和氮肥互作对烟草产量、品质的影响及相互关系，为指导烟叶大田生产灌溉和施肥提供理论依据。

（一）材料和方法

1. 试验地点

试验点在湖北省保康县马良镇和平村，海拔890m，供试品种为烤烟'K326'，供试土壤的基本情况为：耕层碱解氮含量为141.14mg/kg、速效磷含量为46.72mg/kg、速效钾含量为278.46mg/kg、有机质为5.46mg/kg、pH值为6.15、田间饱和持水量为27.5%。

2. 试验设计

试验采用2因素3水平裂区试验设计，主区为灌水，3个处理，A：垄沟覆膜保水加灌溉；B：隔垄沟覆膜保水加不灌水；C：不灌水。副区为氮肥，3个处理：1：N用量5kg/亩；2：N用量6kg/亩；3：N用量7kg/亩，N：P_2O_5：K_2O=1：1：2.5，共9个处理组合（表4-58）。每个副区植烟60株，4行区，副区之间垄沟下埋薄膜，防止养分相互渗透。随机排列，重复3次。灌水处理的灌水方法为膜上灌溉，具体灌水时间可在各时期干旱时进行，原则是尽可能达到各时期的适宜含水量。

表4–58　试验中处理对应编号

编号	内容
A1	隔垄沟覆膜保水，干旱时灌水，施肥水平5kg/亩
A2	隔垄沟覆膜保水，干旱时灌水，施肥水平6kg/亩
A3	隔垄沟覆膜保水，干旱时灌水，施肥水平7kg/亩
B1	隔垄沟覆膜保水，不灌水，施肥水平5kg/亩
B2	隔垄沟覆膜保水，不灌水，施肥水平6kg/亩
B3	隔垄沟覆膜保水，不灌水，施肥水平7kg/亩
C1	常规垄型，不灌水，施肥水平5kg/亩
C2	常规垄型，不灌水，施肥水平6kg/亩
C3	常规垄型，不灌水，施肥水平7kg/亩

3. 主要栽培管理措施

采用凹型结合垄，宽窄行移栽，灌溉行距为110cm，操作行距为120cm，株距50cm移栽。肥料和施肥方法：氮肥用硝酸铵或含硝态氮40%左右的烟草专用复合肥，磷肥用过磷酸钙，钾肥用硫酸钾或硝酸钾（追肥）。其中，60%的氮肥结合"三先"技术在移栽前15d施肥起垄并待墒盖膜，10%的氮肥结合移栽做穴肥施用，必须与土壤混合均匀，70%钾肥和100%的磷肥作基肥，剩余30%的氮肥和30%的钾肥作追肥，在移栽后15～20d追施完。

4.测定项目

①施肥前用5点取样法取试验地耕层（0～20cm）土壤测定基础肥力。②分别于移栽前、移栽后3周、5周、7周、9周、11周、13周、15周和采收结束测定烟田0～10cm、10～20cm、20～30cm、30～40cm土层土壤容重、孔隙度、含水量以及碱解氮、铵态氮、硝态氮、速效磷和速效钾含量。灌水前1d和灌水后3～5d各加测一次，移栽前测土壤最大田间持水量。同时每小区取有代表性烟株3株，冲根后拍照，称取其鲜重，并在105℃下杀青，60℃烘干，测定根、茎、叶（打顶后分上、中、下部位）干物质积累量，根、茎、叶样品单独烘干粉碎，过60目筛备测矿质养分含量。③烟苗移栽后每10d测定一次烟株的株高、茎围、单株叶面积、最大叶长×宽，每小区选6株，定点观测，分别记载。④统计各处理烟叶的单叶重、产量、产值、均价、上等烟比例等经济性状。⑤取各处理C3F和B2F烟叶各2kg，分析烤后烟叶的常规化学成分、矿质养分含量、氨基酸含量、有机酸含量和致香物质含量，并进行评吸鉴定。

（二）结果与分析

1.不同灌水处理的土壤平均含水量

为了了解不同主处理对烤烟大田生长期间土壤含水量的影响，在试验的过程中，对各主处理的0～40cm土壤平均含水量进行了测量（采用烘干法），并计算出了其相对含水量，其具体结果见表4-59。

表4-59　大田不同灌水处理平均土壤相对含水量　　（单位：%）

处理	伸根期	与对照相比	旺长期	与对照相比	成熟期	与对照相比
A	69.14	9.50	79.94	5.29	72.73	5.82
B	68.26	8.62	78.97	4.32	71.79	4.88
C	59.64	0.00	74.65	0.00	66.91	0.00

注：A代表沟覆膜保水加灌溉；B代表隔垄沟覆膜保水加不灌水；C代表不灌水

在各时期土壤的相对含水量上，处理A、B的差异不大，但处理A、B都明显地高于处理C，在伸根期提高了9%左右，在旺长和成熟期提高了5%左右。说明采用双行结合垄，用薄膜覆盖可有效地降低土壤水分的蒸发，具有良好的保水效果，这与之前研究的结果相符。处理A和处理B之间差异不明显，是因为试验年份在烤烟大田生长季节，没有出现明显的旱情，从而没有进行膜上灌溉的原因。故以下针对处理A、C的结果进行分析。

2. 不同处理对烤烟生长发育的影响

为了了解不同处理组合对烤烟生长发育的影响，在试验的过程中，对烤烟在大田生长打顶时的农艺性状进行了测定，其具体结果见表4-60。

表4-60 各处理打顶时的农艺性状

处理	叶片数（片）	叶长（cm）	叶宽（cm）	株高（cm）	茎围（cm）
隔垄沟覆膜保水，旱时灌水，施肥水平5kg/亩	18.4	54.5	24.7	86.8	8.5
隔垄沟覆膜保水，旱时灌水，施肥水平6kg/亩	20.5	61.6	25.8	91.2	9.1
隔垄沟覆膜保水，旱时灌水，施肥水平7kg/亩	20.5	63.9	27.1	97.5	9.4
常规垄型，不灌水，施肥水平5kg/亩	17.1	54.2	22.7	84.8	8.1
常规垄型，不灌水，施肥水平6kg/亩	17.0	57.5	24.3	81.7	8.2
常规垄型，不灌水，施肥水平7kg/亩	18.7	58.2	23.6	88.6	8.3

同一施肥水平下，隔垄沟覆膜保水加旱时灌水处理长势明显地优于常规垄型的不灌溉处理，这说明土壤含水量高的处理更有利于烤烟的正常生长发育。同一主区内，随着施氮量的增加，其农艺性状的各项指标有升高的趋势，说明，在本试验的条件下，随着施氮量的增加，也有利于烤烟的生长发育。综合来看，隔垄沟覆膜保水加旱时灌水、施氮水平在7kg/亩的处理效果最好。

3. 不同处理对烤烟产、质量的影响

（1）对烤烟产量产值的影响

在烤烟调制结束后，按照烤烟42级分级标准对各处理组合进行了分级计产计值，其结果见表4-61；并对其亩产量和亩产值作了相关分析，其结果见表4-62。

表4-61　各处理组合计产计值

处理	亩产量（kg/亩）	亩产值（元/亩）	均价（元/kg）	上中等烟比例（%）
A1	181.02	1 873.67	10.33	87.52
A2	187.53	1 964.13	10.47	88.71
A3	199.65	2 092.93	10.51	89.08
C1	161.64	1 622.13	10.03	85.04
C2	179.96	1 769.15	9.81	83.14
C3	185.97	1 860.36	9.96	84.38
A平均	189.40	1 976.91	10.44	88.44
C平均	175.86	1 750.55	9.93	84.19
1平均	171.33	1 747.90	10.18	86.28
2平均	183.75	1 866.64	10.14	85.93
3平均	192.81	1 976.65	10.24	86.73

表4-62　各处理组合产量、产值方差分析结果

亩产量（kg/亩）				亩产值（元/亩）			
处理	均值	5%显著水平	1%极显著水平	处理	均值	5%显著水平	1%极显著水平
A1	181.02	abc	AB	A1	1 873.67	ab	ABC
A2	187.53	ab	AB	A2	1 964.13	ab	AB
A3	199.65	a	A	A3	2 092.93	a	A
C1	161.63	c	B	C1	1 622.13	c	C
C2	179.95	bc	AB	C2	1 769.15	bc	BC
C3	185.96	ab	AB	C3	1 860.36	b	ABC

　　在主处理上，亩产量和亩产值均表现为隔垄沟覆膜保水加旱时灌水处理高于常规垄型不灌水处理；在副处理内，亩产量和亩产值随着施氮量的增加而增加。在调制后烟叶的上中等烟比例和均价上，各处理的变化趋势与产量和产值

的变化趋势相同。这表明：在试验的处理范围内，随着土壤含水量的升高，可有效地提高烤烟的产量和产值。在同一水分处理下，在设计的氮用量范围内，随着氮用量的增加，烤烟的产量和产值可以得到提高。

在各处理组合中，在烤烟的亩产量上，处理A3、A2、C3与C1之间存在极显著差异，其他处理差异不显著；在烤烟的亩产值上，处理A3、A2、A1与C1之间存在极显著差异，其他处理差异不显著。说明：在施氮量较高的情况下，配合较高的土壤含水量，才能使烤烟取得较高的产量、产值；在对烤烟产值的影响上，土壤水分为主效因素。

（2）对烤烟内在化学成分的影响

烟草内在质量和其燃烧后的烟气成分都与烟叶的内在化学成分密切相关，为了反映不同处理对烤烟内在质量的影响，在调制后，取各处理的上部烟样和中部烟样进行了常规化学成分测定（表4-63）。

在烟叶的烟碱含量和总氮含量上，上部烟叶和中部烟叶在各处理上所表现的趋势基本相同，均表现为：在主处理间，处理A<处理C，说明随着大田生长阶段土壤含水量的降低，其烟碱含量增加、总氮有升高趋势；在副处理内，处理1<处理2<处理3，说明随着施氮量的增加，烟叶烟碱、总氮含量增加；在主处理内，处理A内不同副处理间烟碱、总氮含量的差异明显的小于处理C内不同副处理间烟碱、总氮含量，说明：在土壤水分含量高的情况下，施氮量的增加对烟叶烟碱、总氮含量的影响较小，而在干旱条件下，施氮量的增加对烟叶烟碱、总氮含量的影响较大。

烟叶的糖碱比、氮碱比反映了烟叶内在化学成分的协调性。糖碱比一般6～10，接近10的烤烟质量好；氮碱比接近1为好。在烟叶的糖碱比、氮碱比上，从表4-63可以看出：在主处理上，处理A与处理C相比，处理A的糖碱比、氮碱比更趋于协调。在副处理内，烟叶的糖碱比表现为处理1<处理2<处理3，说明：土壤含水量高，可促进烤烟内在化学成分的协调，在相同的水分条件下，随施肥量的增加，烤烟内在化学成分的协调性有变劣的趋势，在土壤水分条件差的情况下表现更为明显。烤烟烟叶的糖碱比随着施氮量的增加而降低；烟叶的氮碱比表现趋势不明显。总的来看，处理A2、A3、C2的内在化学成分较为协调。

表4-63　不同处理烟叶内在化学成分

部位	处理	烟碱（%）	总氮（%）	还原糖（%）	钾（%）	氮碱比	糖碱比
上部	A1	3.57	2.63	26.97	1.62	0.74	7.55
	A2	3.51	2.72	24.67	1.71	0.77	7.03
	A3	3.65	2.61	24.69	2.05	0.72	6.76
	C1	2.44	2.1	29.78	1.79	0.86	12.20
	C2	3.99	2.46	24.73	1.45	0.62	6.20
	C3	4.23	3.01	21.94	1.36	0.71	5.19
中部	A1	2.25	1.93	31.34	2.14	0.86	13.93
	A2	2.51	2.00	29.36	2.4	0.80	11.70
	A3	2.54	2.16	25.08	1.96	0.85	9.87
	C1	2.27	2.13	30.37	2.22	0.94	13.38
	C2	2.99	2.16	29.74	1.96	0.72	9.95
	C3	3.23	2.59	25.45	2.14	0.80	7.88

（3）不同处理对烤烟感官评吸质量的影响

在对上部烟叶的评吸质量影响上，主处理中随着土壤相对含水量的升高，其香气质、香气量、杂气、余味均有变优的趋势，刺激性的变化趋势不明显；在副处理中，其香气质、香气量、杂气、刺激性、余味均随施氮量的增加有变劣的趋势，其中，土壤相对含水量较低的不灌溉处理中，较为明显。在对中部烟叶的评吸质量影响上，不同处理对中部烟叶香气质、香气量、杂气的影响上与对上部烟叶的影响趋势相同，而在刺激性、余味的影响上，有随着土壤相对含水量的增加而变劣的趋势，可能是由于当年降水量较大，阴雨寡照，而土壤相对含水量较高的处理烟株较大，造成中部烟叶光照不足造成的。从评吸综合得分来看，在主处理上，处理A的总体评吸质量要高于处理C，在副处理内表现为：随着施肥量的增加，其处理烟叶的内在评吸质量有降低的趋势。说明：

提高土壤含水量，有利于烤烟内在质量的形成，在相同的土壤水分含量情况下，增加施肥量会降低烤烟内在品质（表4-64和表4-65）。

表4-64 不同处理上部烟叶评吸质量结果 （单位：分）

处理	得分				
	香气质	香气量	杂气	刺激	余味
A1	15.6	13.9	13.5	16.9	18.4
A2	15.5	13.7	13.3	16.6	18.3
A3	15.5	13.7	13.4	16.8	18.3
C1	15.2	13.7	13.4	17.0	18.1
C2	15.2	13.7	13.4	16.7	18.1
C3	15.2	13.5	13.3	16.5	18.0
A平均	15.5	13.8	13.4	16.8	18.3
C平均	15.2	13.6	13.4	16.7	18.1
1平均	15.4	13.8	13.5	17.0	18.3
2平均	15.4	13.7	13.4	16.7	18.2
3平均	15.4	13.6	13.4	16.7	18.2

表4-65 不同处理中部烟叶评吸质量结果

处理	香气质	香气量	杂气	刺激	余味
A1	15.2	13.7	13.4	17.0	18.1
A2	15.2	13.7	13.4	16.7	16.5
A3	15.2	13.5	13.3	16.5	18.0
C1	15.6	13.9	13.5	16.9	18.4
C2	15.5	13.7	13.3	16.6	18.3
C3	15.5	13.7	13.4	16.8	18.3

（三）小 结

采用隔垄沟覆膜可以有效地保水，提高土壤水分含量，从而促进烤烟的正常生长。随着施肥量的增加，也可促进烤烟的生长发育。总的来看，保水灌溉加7kg/亩施氮量处理的效果最好，与低水平的水分处理相比，在有效叶上可提高2片左右，株高可增加10cm；在施氮量较高的情况下，配合较高的土壤含水量，才能使烤烟取得较高的产量、产值；在对烤烟产值的影响上，土壤水分为主效因素；对烤烟内在化学成分的影响上，在土壤水分含量高的情况下，施氮量的增加对烟叶烟碱、总氮含量的影响较小，而在干旱条件下，施氮量的增加对烟叶烟碱、总氮含量的影响较大，随着施氮量的增加，烟叶烟碱含量、总氮含量增加。土壤含水量高，可促进烤烟内在化学成分的协调，在相同的水分条件下，随施肥量的增加，烤烟内在化学成分的协调性有变劣的趋势，在土壤水分条件差的情况下表现更为明显；在对烟叶的评吸质量影响上，随着土壤相对含水量的升高，其香气质、香气量、杂气、余味均有变优的趋势，刺激性的变化趋势不明显；在副处理中，其香气质、香气量、杂气、刺激性、余味均随施氮量的增加有变劣的趋势，其中，土壤相对含水量较低的不灌溉处理中，较为明显；综合评吸质量得分方面，提高土壤含水量，有利于烤烟内在质量的形成，在相同的土壤水分含量情况下，增加施肥量会降低烤烟内在品质。

水肥协调有利于促进烤烟的正常生长发育，提高其产质量。在试验年份条件下，采取保水灌溉措施，亩施氮量以6~7kg为宜；采取常规栽培不灌溉的情况下，亩施氮量以5~6kg为宜。

第三节　气候资源有效利用技术

适时移栽是烟叶生产的一项重要技术。不同移栽时间意味着烟株生长处于不同的气候条件下，必然对烟株的生长发育、产量和质量等产生重要影响。因此，研究确定适宜的移栽期是具有重要意义的。

根据"金神农"林中烟区不同海拔气候特点开展移栽试验，确定"金神农"林中烟区适宜移栽期为较低海拔烟区以5月5—15日移栽较好，较高海拔烟区则以5月15—25日移栽较好，适宜种植的行株距（120cm×50cm）~

（120cm×55cm），覆膜移栽方式下烟叶生育期略长，有利于烟叶生长、干物质积累。

一、最佳移栽时期分析

为确定环"金神农"林中烟区适宜的移栽期，在代表性烟区房县、保康县、兴山县，选择不同海拔试验地点进行了3年不同移栽时间试验。

（一）材料和方法

1. 供试品种

房县种植品种为烤烟'云烟87'，保康县、兴山县种植品种为烤烟'K326'。

2. 试验地点基本情况

试验田安排在地势平坦，质地疏松，土层较为深厚，保肥性能较好，肥力中上等，排灌方便的田块进行。详细信息见表4-66。

表4-66　试验地点信息

试验地点	海拔高度（m）
房县桥上乡杜川村	900
房县桥上乡西坪村	1 100
保康县马良镇赵家山村	900
保康县马良镇云旗山村	1 100
兴山县榛子乡	1 100
兴山县黄粮镇石槽溪村	900

3. 试验设计与方法

按移栽时间设4个处理：4月20日移栽、5月5日移栽、5月20日移栽、6月5日移栽。各处理根据移栽时间和苗龄确定播种期，保证移栽时不同处理的烟苗大小强弱一致。随机区组设计，3次重复。行距1.20m，株距0.55m，4行区，每小区植烟80株，试验田四周设保护行，剔除边际效应。

4. 主要农事操作

育苗：全部采取漂浮育苗，苗期剪叶3次，成苗均匀一致，健壮无病。

施肥：施肥比例N：P：K=1：1.2：3，施纯氮5.5kg/亩，其中饼肥25kg/亩，2/3氮肥、2/3钾肥、全部磷肥和发酵饼肥用作底肥，各处理都在移栽前15d翻耕土壤、细碎平整后开沟施底肥、起垄、覆膜；追肥在移栽后15d追施。

移栽：采取带水、带肥、带药和深栽的"三带一深"技术移栽。

病虫害防治：大田期用菌克毒克800倍液防治花叶病等病毒性病害，用菌核净800倍液和10%宝丽安600倍液防赤星病。用25%氯氟氰800倍液防治蝼蛄、地老虎、烟蚜、烟青虫等害虫。

其他技术措施按烤烟生产技术规范执行。

5. 调查取样

试验点气候条件：自动气象观测仪观测记录气温、光照、降水量等。

试验地土壤理化性质：施用底肥前，多点取土样，取土深度0～20cm，土样混合后留1.5kg，风干保存并编号。

烟株生育期、农艺性状、田间自然病害发生情况等。

亩产量、亩产值、上、中等烟率、均价。

田间取样：试验小区中3个重复烘烤结束后每处理先按上、中、下3个部位取全部样品，即从下至上，上部第14～17片叶、中部第8～11片叶、下部第4～6片叶，从中再按X2F、C3F、B2F等级取样，每个等级取样3kg。

（二）结果与分析

1. 田间生长情况

（1）不同处理主要生育期比较

在同一海拔，随移栽时间的推迟，烟株大田生育期逐渐缩短，在同一移栽时间，较高海拔区域大田生育期比较低海拔区长。早移栽处理从移栽至现蕾开花的营养生长阶段时间较长（表4-67）。

表4-67 2007—2009年各试点不同处理大田生育期汇总 （单位：d）

年份	移栽时间	房县试点			保康县试点		
		海拔900m	海拔1 100m	差异天数	海拔900m	海拔1 100m	差异天数
2007	4月20日	113	117	4	111	113	2
	5月5日	110	112	2	111	112	1
	5月20日	100	102	2	113	112	1
	6月5日	104	107	3	107	112	5
2008	4月20日	132	134	2	144	132	12
	5月5日	117	120	3	151	158	7
	5月20日	110	107	3	149	147	2
	6月5日	105	108	3	150	142	8
2009	4月20日	159	162	3	160	163	3
	5月5日	155	159	4	158	164	6
	5月20日	146	151	5	153	167	14
	6月5日	135	121	14	137	152	15

（2）田间主要病害发生情况

调查数据显示：随移栽期的推迟，病害发病无明显规律，不同地点病害发生表现不一致，更多应该与当地移栽时的大田气候、病原基数、蚜虫迁飞等因素相关（表4-68和表4-69）。

表4-68 房县试点大田后期主要病害发病率调查汇总 （单位：%）

年份	海拔（m）	移栽时间	发病率		
			病毒病	气候斑	赤星病
2007	900	4月20日	1.98	2.81	18.7
		5月5日	2.6	2.50	15.9
		5月20日	1.67	1.98	10.4
		6月5日	1.15	0.63	7.5
	1 100	4月20日	1.07	3.10	15.4
		5月5日	1.18	3.00	11.3
		5月20日	1.18	2.14	9.7
		6月5日	0.85	0.42	7.9

（续表）

年份	海拔（m）	移栽时间	发病率		
			病毒病	气候斑	赤星病
2008	900	4月20日	4.32	49.40	2.62
		5月5日	5.56	43.10	2.42
		5月20日	3.09	41.90	1.71
		6月5日	2.31	26.53	1.55
	1 100	4月20日	3.30	43.10	2.07
		5月5日	2.60	33.65	1.73
		5月20日	2.20	32.14	1.35
		6月5日	1.95	20.42	0.96
2009	900	4月20日	13.57	13.79	14.19
		5月5日	9.26	11.76	12.00
		5月20日	10.35	12.29	13.36
		6月5日	13.54	13.15	12.70
	1 100	4月20日	10.44	12.27	13.25
		5月5日	10.35	12.29	13.36
		5月20日	9.26	11.76	12.00
		6月5日	13.54	13.15	12.70

表4-69　保康县试点大田后期主要病害发病率调查汇总　　（单位：%）

年份	海拔（m）	移栽时间	发病率		
			病毒病	气候斑	赤星病
2007	900	4月20日	6.39	13.69	9.65
		5月5日	6.23	11.39	9.07
		5月20日	5.05	8.88	11.19
		6月5日	4.69	26.55	4.64
	1 100	4月20日	30.50	—	71.59
		5月5日	26.08	—	51.55
		5月20日	29.89	—	24.74
		6月5日	24.85	—	3.26

（续表）

年份	海拔（m）	移栽时间	发病率		
			病毒病	气候斑	赤星病
2008	900	4月20日	14.47	13.69	—
		5月5日	5.53	11.39	—
		5月20日	0.00	8.88	—
		6月5日	0.00	6.55	—
	1 100	4月20日	0.42	—	—
		5月5日	0.00	—	—
		5月20日	0.84	—	—
		6月5日	2.12	—	—
2009	900	4月20日	5.83	0.00	—
		5月5日	11.67	0.00	—
		5月20日	13.67	0.00	—
		6月5日	3.33	0.00	—
	1 100	4月20日	7.92	4.58	—
		5月5日	10.00	3.25	—
		5月20日	13.75	1.33	—
		6月5日	5.00	0.00	—

2. 经济性状比较

（1）产量、产值

3年多地试验结果表明：在大多数试验点，随移栽期的推迟烟株产量、产值均表现出倒 "U" 形变化趋势，即在5月5—20日烟叶的产量、产值处于高位，曲线峰值基本表现为海拔900m在5月5日，海拔1 100m在5月20日，即海拔900m在5月5日移栽，海拔1 100m在5月20日移栽能获得最高经济收益（表4-70和表4-71）。

表4-70　2007—2009年不同移栽时间房县试验产量、产值量

年份	海拔（m）	移栽时间	产量（kg/亩）	产值（元/亩）
2007	900	4月20日	156.13	1 507.27
		5月5日	164.97	1 604.29
		5月20日	161.60	1 603.03
		6月5日	159.08	1 523.14
	1 100	4月20日	144.59	1 420.11
		5月5日	155.60	1 554.25
		5月20日	157.76	1 606.02
		6月5日	154.09	1 507.39
2008	900	4月20日	145.70	1 981.94
		5月5日	148.50	2 030.78
		5月20日	153.84	2 109.84
		6月5日	149.35	1 992.49
	1 100	4月20日	147.10	1 994.77
		5月5日	152.99	2 061.55
		5月20日	154.96	2 095.21
		6月5日	151.03	2 013.69
2009	900	4月20日	163.36	2 294.77
		5月5日	163.81	2 408.81
		5月20日	163.53	2 391.24
		6月5日	162.69	2 362.78
	1 100	4月20日	162.63	2 302.83
		5月5日	163.64	2 363.72
		5月20日	163.81	2 411.23
		6月5日	163.48	2 385.53

表4-71 2007—2009年保康县试验产量、产值量结果

年份	海拔（m）	处理	产量（kg/亩）	产值（元/亩）
2007	900	4月20日	144.00	1 036.80
		5月5日	118.50	1 099.00
		5月20日	134.00	1 283.00
		6月5日	114.50	1 085.00
	1 100	4月20日	180.50	977.50
		5月5日	205.00	1 517.00
		5月20日	164.00	1 353.60
		6月5日	176.50	1 251.38
2008	900	4月20日	148.33	1 245.44
		5月5日	143.82	1 068.52
		5月20日	144.58	579.57
		6月5日	172.16	1 083.46
2008	1 100	4月20日	104.02	1 018.49
		5月5日	131.94	1 262.42
		5月20日	119.38	1 142.31
		6月5日	101.70	1 112.77
2009	900	4月20日	137.53	1 397.83
		5月5日	151.06	1 782.47
		5月20日	151.08	1 667.91
		6月5日	145.56	1 660.14
	1 100	4月20日	111.79	1 317.01
		5月5日	124.56	1 465.41
		5月20日	133.11	1 521.17
		6月5日	122.18	1 444.01

（2）均价、上等烟比例及上中等烟比例比较结果

表4-72结果显示在均价、上等烟和上中等烟比例上，尽管存在地域、海拔、品种等因素的影响，但移栽期5月5日和5月20日处理均能获得较其他处理更为理想的结果。

表4-72　2007—2009年不同移栽时间处理对经济性状的影响

海拔（m）	移栽时间	保康县试点			房县试点		
		均价（元/kg）	上等烟比例（%）	上中等烟比例（%）	均价（元/kg）	上等烟比例（%）	上中等烟比例（%）
900	4月20日	7.20	29.90	72.90	9.65	24.66	81.27
	5月5日	9.27	32.50	82.40	9.72	25.00	81.76
	5月20日	9.57	39.30	87.20	9.92	24.87	84.38
	6月5日	9.48	44.20	80.60	9.57	22.09	82.28
1 100	4月20日	5.42	8.53	32.80	9.67	24.93	80.90
	5月5日	7.40	19.00	66.70	9.66	23.44	81.28
	5月20日	8.25	27.70	67.20	9.85	25.17	81.94
	6月5日	7.09	10.00	59.50	9.46	22.83	78.01
900	4月20日	8.40	—	51.39	13.60	46.05	88.63
	5月5日	7.43	—	41.37	13.68	46.12	90.17
	5月20日	4.01	—	13.70	13.71	46.35	88.50
	6月5日	6.29	—	33.28	13.34	45.68	86.84
1 100	4月20日	9.79	—	25.70	13.56	46.95	88.36
	5月5日	9.57	—	23.15	13.47	44.59	88.81
	5月20日	9.57	—	27.91	13.52	45.11	88.59
	6月5日	10.94	—	45.46	13.33	44.80	86.99

（续表）

海拔（m）	移栽时间	保康县试点			房县试点		
		均价（元/kg）	上等烟比例（%）	上中等烟比例（%）	均价（元/kg）	上等烟比例（%）	上中等烟比例（%）
900	4月20日	10.16	15.12	66.73	14.05	41.02	83.27
	5月5日	11.80	13.99	79.77	14.70	40.43	83.08
	5月20日	11.04	12.62	79.14	14.62	41.22	84.11
	6月5日	11.41	12.70	75.63	14.52	40.53	83.27
1 100	4月20日	11.80	19.67	71.22	14.53	40.68	83.26
	5月5日	11.77	20.83	76.06	14.07	41.12	83.33
	5月20日	11.43	17.59	71.35	14.72	40.80	83.08
	6月5日	11.81	23.37	68.77	14.59	41.06	83.69

（3）烟叶外观质量

从烤后烟叶外观质量来看，不同处理各部位烟叶成熟度较好，色度适中，低海拔各处理中综合性状最好的是5月5日移栽、5月20日移栽处理，高海拔各处理中综合性状最好的是5月20日移栽处理，说明适宜的移栽期利于烟叶外观质量的提高（表4-73）。

表4-73 2009年不同移栽时间处理对烟叶外观质量的影响

海拔（m）	移栽时间	成熟度	叶片结构	身份	油分	色度
900	4月20日	成熟	尚疏松	稍薄	稍有	弱
	5月5日	成熟	疏松	适中	多	中
	5月20日	成熟	疏松	适中	有	中
	6月5日	成熟	尚疏松	稍厚	稍有	弱

（续表）

海拔（m）	移栽时间	成熟度	叶片结构	身份	油分	色度
1 100	4月20日	成熟	尚疏松	稍薄	稍有	弱
	5月5日	成熟	尚疏松	适中	有	中
	5月20日	成熟	疏松	适中	多	中
	6月5日	成熟	尚疏松	适中	有	中

3. 化学成分分析

王瑞新等的研究提出优质烤烟化学成分为：总糖18%～22%，还原糖14%～18%，烟碱1.5%～3.5%，总氮1.4%～2.7%；氮碱比小于1，一般为0.8～0.9较好，≥2时香气不足，糖碱比6～10，接近10最好。

化验结果显示：不同试点，不同海拔，烟碱含量2.05%～3.49%，总氮含量1.89%～2.18%，还原糖含量20.14%～26.18%，总糖含量25.07%～33.47%，钾含量1.88%～2.49%，氮碱比0.66～1.11，糖碱比9.44～18.05，烟叶内在成分协调，表现为两糖，糖碱比较高的特点。

不同海拔比较发现，海拔升高，烟碱、总氮、钾含量降低，两糖含量、氮碱比、糖碱比升高（表4-74）。

表4-74　不同海拔高度烟叶化学成分分析

试验地点	海拔（m）	项目	烟碱（%）	总氮（%）	还原糖（%）	总糖（%）	钾（%）	氯（%）	氮碱比	糖碱比
保康县	900	均值	3.49	2.18	20.24	25.07	2.23	0.23	0.66	9.44
			(19.47)	(9.08)	(22.18)	(33.62)	(25.53)	(49.44)	(18.3)	(69.65)
	1 100	均值	2.55	1.89	26.18	33.15	1.88	0.71	0.75	12.31
			(20.18)	(10.06)	(11.34)	(7.43)	(12.47)	(28.85)	(22.52)	(48.32)

（续表）

试验地点	海拔（m）	项目	烟碱（%）	总氮（%）	还原糖（%）	总糖（%）	钾（%）	氯（%）	氮碱比	糖碱比
房县	900	均值	2.72	2.18	24.59	28.89	2.55	0.17	0.83	11.00
			(11.50)	(6.99)	(10.64)	(7.26)	(10.73)	(22.26)	(11.76)	(14.10)
	1 100	均值	2.05	2.15	25.90	33.47	2.49	0.15	1.11	18.05
			(16.72)	(6.64)	(12.86)	(7.25)	(8.31)	(28.65)	(10.83)	(22.76)

注：括号内为变异系数（%）

在不同移栽期下，表4-75结果表明：不同试点，烟碱含量2.18%～3.30%，总氮含量1.87%～2.22%，还原糖含量21.59%～26.76%，总糖含量25.27%～32.84%，钾含量1.80%～2.59%，氮碱比0.64～1.07，糖碱比8.16～16.99。

随着移栽期的推迟，表现出烟碱、总氮、钾含量总体下降，两糖含量、氮碱比、糖碱比逐步升高的变化趋势。

表4-75 不同移栽时间烟叶化学成分分析

试验地点	处理	烟碱（%）	总氮（%）	还原糖（%）	总糖（%）	钾（%）	氯（%）	氮碱比	糖碱比
保康县	4月20日	3.30	2.09	21.59	25.27	2.34	0.54	0.64	8.16
	5月5日	3.35	2.05	24.16	28.62	2.09	0.56	0.64	9.56
	5月20日	2.95	2.13	23.30	29.69	1.80	0.31	0.72	10.25
	6月5日	2.48	1.87	23.80	32.84	1.99	0.48	0.76	13.41
房县	4月20日	2.55	2.13	23.93	29.30	2.59	0.15	0.91	13.10
	5月5日	2.29	2.18	26.76	31.63	2.51	0.16	1.00	15.00
	5月20日	2.18	2.13	25.96	32.37	2.43	0.17	1.07	16.99
	6月5日	2.52	2.22	24.32	31.41	2.54	0.16	0.91	13.01

4.感官质量风格特征评价

感官质量随移栽期和海拔高度而变化，总体上，移栽期早的，质量相对优于偏晚的，主要表现在香气、杂气、刺激和余味等指标上。保康县试点随移栽期推迟，表现出香气质、香气量基本持平，浓度增加，劲头趋于适中，杂气、刺激、余味整体下降的变化趋势。房县试点则表现为随移栽期推迟，香气质略有下降，香气量持平，浓度增加，劲头增加，杂气、刺激余味整体下降的趋势。大多数试点在5月5—20日的感官质量均处于相对较优水平（图4-15至图4-18）。

海拔方面，保康县试点海拔1 100m整体感官质量高于海拔900m样品，除香气量上略少外，海拔1 100m样品其余6项指标均高于海拔900m；房县试点整体表现为海拔900m整体好于海拔1 100m样品，主要表现在香气质、香气量、浓度、杂气、刺激和余味上（表4-76至表4-78）。

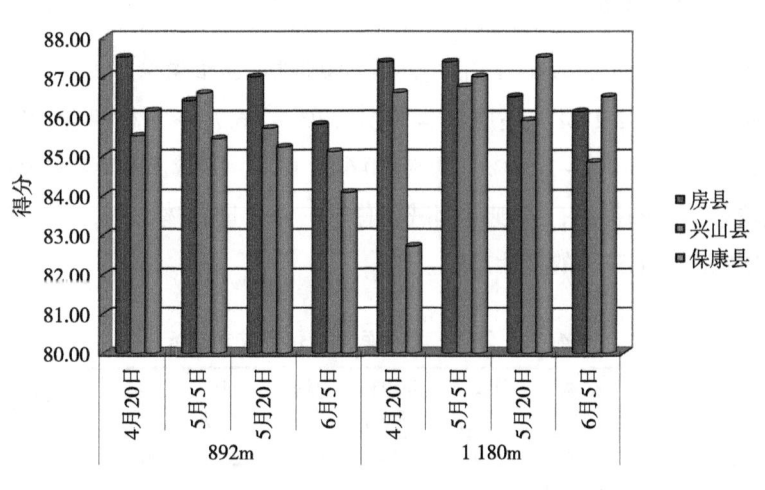

图4-15　2007年各点中部样品评吸结果汇总

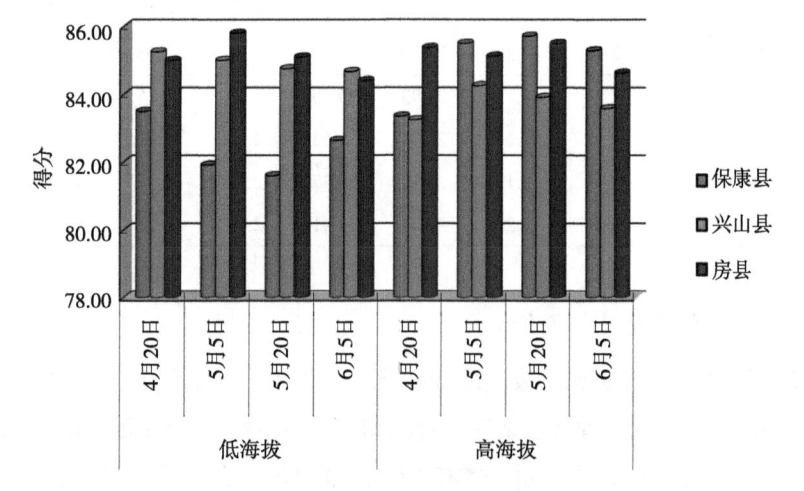

图4-16　2007年各点上部样品评吸结果汇总

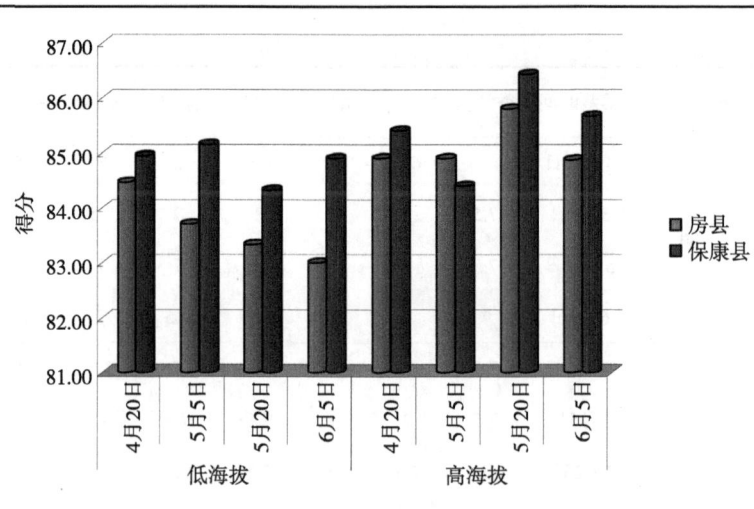

图4-17 2008年各点中部样品评吸结果汇总

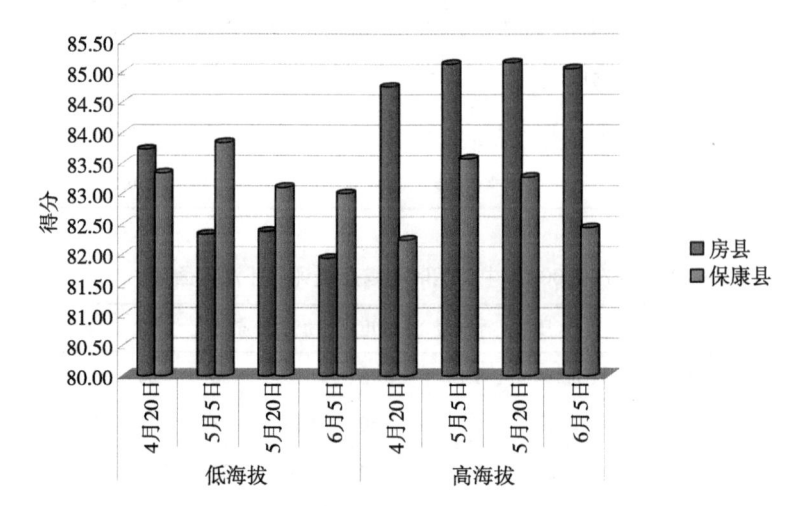

图4-18 2008年各点上部样品评吸结果汇总

表4-76 2009年感官质量评价结果汇总

试验地点	海拔（m）	移栽时间	香气质	香气量	浓度	劲头	杂气	刺激	余味	总分
保康县	900	4月20日	7	7	6.5	7+	7	7	7	48.5
		5月5日	7	7	6	7+	6.5	7	7	47.5
		5月20日	7	7.5	6	7.5+	7.5	7.5	7.5	50.5
		6月5日	6.5	7	6	7+	6.5	6.5	7	46.5

（续表）

试验地点	海拔（m）	移栽时间	香气质	香气量	浓度	劲头	杂气	刺激	余味	总分
保康县	1 100	4月20日	7	6.5	6.5	6.5-	8	8	7.5	50
		5月5日	7.5	7	5	8-	7	7.5	8	50
		5月20日	7.5	7	7	8+	7	7	7.5	51
		6月5日	7	7	7.5	7.5+	6.5	7	7	49.5
房县	900	4月20日	7.5	7	5.5	8-	7	7.5	7.5	50
		5月5日	7.5	7	6	7.5+	7.5	8	7.5	51
		5月20日	7	7.5	6	7.5+	7.5	7	7	49.5
		6月5日	7	7	6.5	7+	7	7	7	48.5
	1 100	4月20日	7	7	5.5	9	7	7.5	7	50
		5月5日	7	7	5.5	9	7	7	7	49.5
		5月20日	6.5	7	6	8+	6.5	6.5	6.5	47
		6月5日	6	6.5	6	8+	6.5	6.5	6.5	46

表4-77 2009年中部烟叶感官质量评价（海拔因素）

试验地点	海拔（m）	香气质	香气量	浓度	劲头	杂气	刺激	余味	总分
保康县	900	6.88	7.13	6.13	7.13	6.88	7.00	7.13	48.25
	1 100	7.25	6.88	6.50	7.50	7.13	7.38	7.50	50.13
房县	900	7.25	7.13	6.00	7.50	7.25	7.38	7.25	49.75
	1 100	6.63	6.88	5.75	8.50	6.75	6.88	6.75	48.13

　　风格特征上，表4-78表明：随着移栽期的推迟，烟叶风格特征有所变化，移栽推迟时间越长，风格特征更趋向于弱化，这点在最晚移栽处理6月5日移栽上表现最为明显，它较最早移栽处理4月20日移栽弱化了1～3个风格特征；随海拔的升高，对于移栽较早的2个处理，风格特征有所变化，海拔因素对其影响较小，但相对于移栽较晚的2个处理，很明显海拔1 100m比海拔900m风格特征弱化不少，不同试点弱化程度不一。

表4-78 2009年中部烟叶风格特征汇总

区域	4月20日		5月5日		5月20日		6月5日	
	香气特性	烟气口感	香气特性	烟气口感	香气特性	烟气口感	香气特性	烟气口感
保康县 900m	A-, B	a-, b-, c-	A-, B-	b-, c-	A-, B, C-	a-, b-, c-	B-	c-
保康县 1 100m	A-, B-	a-, b-, d-	A-, B-	a, b, d-	A-, B-	a, b, d	A-, B-	a, b
房县 900m	A-, B-	a-, b-, d-	A-, B, C-	a-, b, d	A-, B	a-, b-, d-	A-, B-	a-, d-
房县 1 100m	A-, C-	a-, d	A-, C-	a-, d-	B-	b-	B-	—

注：ABCD为香气特性特征代号，字母越多代表该样品香气韵味多，内涵丰富；abcd为烟气口感特征代号，字母越多代表该样品烟气口感特征愈加丰富；加减号代表某一特征在量上的多少

（三）小 结

第一，在生育期时间上，同一海拔，随移栽时间的推迟，大田生育期逐渐缩短；同一移栽时间，随海拔升高，大田生育期延长。

第二，海拔900m左右移栽时间以5月5日移栽经济效益、外观质量等综合经济性状最优、海拔1 100m左右以5月20日移栽最优。

第三，主要化学成分及协调性方面：总体来看，所有样品接近或达到优质烤烟化学成分标准，内在协调性表现较好，其中又以5月5日移栽和5月20日移栽处理表现相对较好。随着移栽期的推迟，化学成分表现出烟碱、总氮、钾含量总体下降，两糖含量、氮碱比、糖碱比逐步升高的变化趋势。海拔升高，烟碱、总氮、钾含量降低，两糖含量、氮碱比、糖碱比升高。

第四，感官质量评价方面：在感官质量上，总体上，移栽期早的，样品质量优于相对偏晚的样品，主要表现在香气、杂气、刺激和余味等指标上；在风格特征上，随着移栽期的推迟，烟叶风格特征有所变化，移栽推迟时间越长，风格特征更趋向于弱化，这点在6月5日移栽处理上表现最为明显。

综合考虑经济效益和质量，确定环"金神农"林中烟区适宜移栽期为较低海拔烟区以5月5—15日移栽较好，较高海拔烟区则以5月15—25日移栽较好。

二、种植密度优化研究

不同密度条件下，烟株个体发育、群体长势长相、田间生态小气候不同，因此，密度对烟草的产量和品质影响很大。合理种植密度是保证烟株正常生长发育，实现优质适产的一个基本措施。本研究旨在考察烤烟不同种植密度条件对烟叶产质量、内在化学成分、外观质量等的影响，确定适宜的种植密度，为环"金神农"林中烟区优质安全生态烤烟开发及综合配套技术提供理论依据。

（一）材料与方法

1. 供试品种

'云烟87'（房县）、'K326'（保康县）。

2. 试验地点

选择环神农架代表区域两个，试验地点一安排在房县桥上乡西坪村，海拔1 180m，地势平坦，前茬作物为玉米。试验点地力均衡，土壤质地疏松，通透性好，肥力状况良好。试验地点二设在保康县马良镇赵家山村，海拔900m，前茬作物为小麦。试验点地力水平较为均衡，土壤质地疏松，通透性好。

3. 土壤与气候

试验地肥力中上等，土壤质地为黄棕壤，供肥保肥性能较好，通透性适中，耕性较好，土层深厚。年平均温度14.14℃，年降水量1 156mm，2007年大田期（烟苗移栽—采收）降水量953mm，年日照时数1 808h，无霜期226d左右。

表4-79 试验地点土壤养分状况

试验地点	土壤类型	有机质（%）	碱解氮（mg/kg）	速效磷（mg/kg）	速效钾（mg/kg）	pH值
房县桥上乡西坪村	黄棕壤	3.36	155.72	12.91	109.5	6.57
保康县马良镇赵家山村	山地黄棕壤	4.78	149.75	30.44	325.69	7.43

4. 试验设计与方法

依据密度设置4个处理：926株/亩（120cm×60cm）、1 010株/亩（120cm×55cm）、1 111株/亩（120cm×50cm）、1 235株/亩（120cm×45cm）；单株留叶20～22片。随机排列，重复3次，共12个小区，4行区，每行20株，重复间间隔80cm，四周设置保护行。

5. 主要农事操作

整地移栽：栽前15d翻耕土壤、细碎平整后开沟施底肥、起垄，垄底宽60cm，垄面平、直、细，垄体饱满。3月13日播种，3月26日出苗，4月30日整地，5月15日移栽。

施肥：施氮量6.0kg/亩，N∶P∶K=1∶1.2∶2。施肥方法：2/3氮肥、2/3钾肥及全部磷肥，发酵饼肥作底肥，其余作追肥，栽后15d打孔穴施。肥料种类：烟叶专用肥（N∶P∶K=10∶10∶20）、菜籽饼肥、磷肥、硫酸钾、硝酸钾。其他技术措施按烤烟生产技术规范执行。

6. 取样

每处理按下部4～6片叶、中部8～11片叶、上部14～17片叶取样。

（二）结果与分析

1. 生育期

在相同的土壤环境下，采用同一栽培管理措施，4个密度的生育期基本一致（表4-80）。

表4-80　不同密度烤烟生育期记载

行株距	播种	出苗	移栽	团棵	现蕾	下二棚成熟期	始采	采收结束
120cm×60cm	3月13日	3月26日	5月15日	6月10日	7月3日	7月19日	7月12日	9月10日
120cm×55cm	3月13日	3月26日	5月15日	6月8日	7月3日	7月17日	7月12日	9月7日
120cm×50cm	3月13日	3月26日	5月15日	6月8日	7月3日	7月17日	7月12日	9月7日
120cm×45cm	3月13日	3月26日	5月15日	6月8日	7月3日	7月16日	7月12日	9月7日

2. 农艺性状

在相同的土壤环境下，采用同一栽培管理措施，不同的行、株距田间生长前期长势基本一致。大田后期以处理一（120cm×60cm）的生长最为旺盛，其次为处理二（120cm×55cm），处理三（120cm×50cm）居第三，处理四（120cm×45cm）生长最弱（表4-81）。

表4-81 不同密度烤烟成熟期农艺性状

行株距	株高（cm）	茎围（cm）	叶数（片）	叶片大小长（cm）×宽（cm）
120cm×60cm	159.63	8.93	21.32	71.38×35.24
120cm×55cm	148.32	8.64	21.05	69.93×34.90
120cm×50cm	156.36	8.84	21.25	69.82×35.02
120cm×45cm	157.80	8.73	21.33	67.52×34.17

3. 病虫害调查

由表4-82看出，普通花叶病发病程度很低，随着密度的增加，赤星病发病程度随之增加。

表4-82 不同密度烤烟大田期主要病害调查

病害名称	行株距	病情指数（%）	调查时间
普通花叶病毒病	120cm×60cm	0.56	6月20日
普通花叶病毒病	120cm×55cm	0	6月20日
普通花叶病毒病	120cm×50cm	0	6月20日
普通花叶病毒病	120cm×45cm	0	6月20日
赤星病	120cm×60cm	2.6	6月30日
赤星病	120cm×55cm	3.4	6月30日
赤星病	120cm×50cm	5.7	6月30日
赤星病	120cm×45cm	6.3	6月30日

4.烤后烟叶外观质量

比较而言,处理二(120cm×55cm)烤后烟叶外观质量稍好,叶片结构疏松,身份适中,油分好,色度稍强,多橘黄;处理三(120cm×50cm)与处理二基本相当;处理一(120cm×60cm)由于密度过小,身份稍厚;处理四(120cm×45cm)密度过大,身份稍薄,油分稍差,颜色多柠檬黄(表4-83)。

表4-83 不同密度烤烟外观质量比较

行株距	叶片结构	身份	油分	色度
120cm×60cm	疏松	稍厚	有	中,多橘黄
120cm×55cm	疏松	适中	有	中,多橘黄
120cm×50cm	疏松	适中	有	中,多橘黄
120cm×45cm	疏松	稍薄	稍有	弱,多柠檬黄

5.产量产值

统计结果表明,房县试点各经济指标以密度120cm×55cm最高,其次是密度120cm×50cm,密度120cm×60cm最差。密度120cm×45cm产量最高,但均价和上等烟率都比较低。

保康试点表现有些波动,2006年试验结果表现出随着密度增加产量、产值呈现曲线变化趋势,以密度120cm×55cm最高,方差分析结果显示产量上各密度处理间差异不显著,产值上密度120cm×45cm处理密度120cm×60cm、120cm×55cm之间差异达到显著水平;2007年试验结果表现出随密度增加产量、产值同时增加的趋势,产值量中以密度120cm×45cm表现最好,与密度120cm×60cm处理之间差异达到显著水平,与密度120cm×55cm、120cm×50cm之间差异不显著。

从两年两点统计数据看,密度处理120cm×60cm产值量表现较差,密度120cm×45cm处理产量、产值年度间变化比较大,经济效益不稳定,只有密度120cm×55cm、120cm×50cm这两个处理地点、年度间表现稳定且经济效益很好(表4-84)。

表4-84　不同密度烤烟经济性状统计

年份	试验地点	行株距	产量（kg/亩）	产值（元/亩）	均价（元/kg）	上等烟比例（%）	上中等烟比例（%）
2006	房县桥上乡西坪村	120cm×60cm	156.57	1 518.73	9.70	26.52	79.21
		120cm×55cm	163.31	1 636.37	10.02	29.90	84.12
		120cm×50cm	166.68	1 618.46	9.71	26.77	82.49
		120cm×45cm	168.92	1 582.78	9.37	24.92	79.40
2007	保康县马良镇赵家山村	120cm×60cm	146.58	1 411.36	9.63	—	81.64
		120cm×55cm	161.75	1 627.89	10.06	—	83.72
		120cm×50cm	180.08	1 791.09	9.45	—	84.94
		120cm×45cm	200.35	1 940.86	9.69	—	84.75
2006	保康县马良镇赵家山村	120cm×60cm	172.50	1 687.05	9.78	35.70	95.40
		120cm×55cm	175.40	1 696.12	9.67	32.60	95.20
		120cm×50cm	171.30	1 615.36	9.43	30.80	91.30
		120cm×45cm	168.30	1 533.21	9.11	31.20	89.60

6. 化学成分分析

化学成分分析结果表明：各处理不同部位烟叶烟碱含量均在适宜范围之内，以处理二（120cm×50cm）和处理三（120cm×55cm）稍低，处理四（120cm×60cm）上部烟叶烟碱含量最高为3.42%。各处理中部烟叶总糖含量依次为24.28%、33.54%、29.42%、32.72%，除处理一（120cm×45cm）在适宜范围，其他3个处理高于正常值4.42%～8.54%，分析为特殊土壤、气候条件下形成的高糖特色烟叶（表4-85）。

表4-85　不同密度烟叶化学成分分析 （单位：%）

行株距	取样部位	烟碱	总氮	还原糖	总糖	钾
120cm×60cm	下部	1.94	2.04	20.57	23.05	2.62
120cm×60cm	中部	2.53	2.05	22.51	24.28	1.91
120cm×60cm	上部	3.03	1.98	23.82	26.20	1.10

（续表）

行株距	取样部位	烟碱	总氮	还原糖	总糖	钾
120cm×55cm	下部	1.86	2.30	14.33	16.16	2.72
120cm×55cm	中部	2.28	1.74	30.80	33.54	1.91
120cm×55cm	上部	2.30	1.73	30.1	32.65	1.50
120cm×50cm	下部	1.82	1.98	22.67	24.74	2.52
120cm×50cm	中部	2.53	1.63	28.26	29.42	2.01
120cm×50cm	上部	2.65	1.93	29.96	32.61	1.20
120cm×45cm	下部	2.01	2.30	16.58	18.27	2.82
120cm×45cm	中部	2.37	1.84	30.39	32.72	1.50
120cm×45cm	上部	3.42	2.38	26.00	28.18	1.60

7. 烟叶感官质量分析

烟叶感官质量分析结果表明：中部叶片以密度120cm×60cm、密度120cm×55cm表现最好，其次为密度120cm×50cm，密度120cm×45cm较差；上部叶片以120cm×55cm表现最好，其次为密度120cm×60cm和120cm×50cm，密度120cm×45cm较差。综合比较以密度120cm×55cm表现最好，密度120cm×60cm居第二，120cm×50cm居第三，120cm×45cm最差。

表4-86 不同密度烟叶感官质量分析结果

行株距	部位	香气质	香气量	杂气	刺激性	余味	燃烧性	灰色	综合得分
120cm×60cm	下	14.3	13.1	12.9	16.6	17.6	4.0	4.0	82.4
	中	15.7	13.9	13.8	17.5	18.6	4.0	4.0	87.5
	上	15.2	13.9	13.5	17.1	18.3	4.0	4.0	86.0
120cm×55cm	下	14.3	13.0	12.9	16.5	17.5	4.0	4.0	82.2
	中	15.7	13.9	13.6	17.4	18.6	4.0	4.0	87.2
	上	15.3	13.7	13.6	17.0	18.2	4.0	4.0	85.7
120cm×50cm	下	14.0	12.8	13.0	16.3	17.5	4.0	4.0	81.6
	中	15.5	13.8	13.5	17.3	18.3	4.0	4.0	86.3
	上	15.2	13.4	13.2	16.8	18.0	4.0	4.0	84.5

（续表）

行株距	部位	香气质	香气量	杂气	刺激性	余味	燃烧性	灰色	综合得分
	下	14.0	12.8	12.7	16.3	17.4	4.0	4.0	81.1
120cm×45cm	中	15.3	13.8	13.3	17.0	18.3	4.0	4.0	85.8
	上	15.1	13.4	13.1	16.6	18.0	4.0	4.0	84.2

（三）小 结

第一，从大田生育期看，4个处理基本相近，处理一（120cm×60cm）密度过小，导致贪青晚熟，前期生长稍慢，后期长势基本相近。

第二，农艺性状表明：随着密度的逐渐加大，根系密集层吸收能力减弱，光照条件变差，细胞的伸长占优势，纵向生长大于横向生长，总体长势逐渐下降。

第三，病害调查表明，就抗病性而言，4个处理没明显的差异，随着密度的增加，烟叶互相遮阴，通风透光差，赤星病随之增加。

第四，产量、产值结果表明，处理四（120cm×45cm）产量最高，其次是处理三（120cm×50cm）、处理二（120cm×55cm），处理一最差（120cm×60cm）；在经济性状上，处理二（120cm×55cm）最高，其次是处理三（12cm0×50cm）、处理四（120cm×45cm），处理一（120cm×60cm）最差。

第五，从烟叶质量看，处理二（120cm×55cm）、处理三（120cm×50cm）烟叶总体质量优于处理一（120cm×60cm）、处理四（120cm×45cm）；在外观上，叶片结构疏松、厚度适中、尚油润、颜色呈橘黄、光泽鲜明；在化学成分上烟碱含量适宜，上部叶为2.65%，中部叶为2.28%，下部叶为1.82%，总糖含量较高，成分间比值协调；内在质量上，香气质好、香气量足、劲头适中、刺激性小、余味舒适、纯净、无杂气、烟气浓度适中、燃烧性强。

第六，以烟叶产质量为主要因素，综合考虑烟叶质量、抗病性等因素，对比4个不同种植密度的综合表现，认为种植密度在（120cm×50cm）~（120cm×55cm）范围内是环"金神农"林中烟区烟叶生产最适宜的种植密度。

三、液态地膜覆盖技术研究

烤烟地膜覆盖栽培具有增温调湿，抗旱防涝，改善烟株生长环境，提高肥料利用率，改善中、下部烟叶的光照条件，减轻杂草和病虫为害等作用，可缩短烟株的生育期，减轻烟株生长后期低温对烟叶品质的影响。近年来，随着农业生产中传统地膜缺点逐渐暴露，新型地膜（液态地膜）逐渐崭露头角，比较了烟草种植中常用的4种地膜覆盖方式（以不覆盖地膜为对照）对烤烟产质量的影响。处理方式为：常规塑料地膜2.5kg/亩、禾美特液态地膜10kg/亩、金旺液态地膜10kg/亩、河南农业大学液态地膜10kg/亩、不覆盖地膜（CK）。

（一）不同覆膜方式对烤烟生育进程的影响

通过对生育期进行调查，数据显示不覆盖地膜缩短了烟叶生育期（表4-87），烟叶在成熟期迅速成熟，造成了烟叶干物质积累减少，产量亦相应减少，而常规覆膜与液态地膜生育期略长，干物质积累多，产量高。

表4-87　主要农事操作时期调查

覆膜方式	播种	出苗	移栽	团棵期	现蕾	打顶	始采	终采	生育期
常规塑料地膜	2月25日	3月15日	5月22日	6月23日	7月5日	7月14日	7月16日	9月24日	124d
禾美特液态地膜	2月25日	3月15日	5月22日	6月25日	7月9日	7月15日	7月16日	9月25日	125d
金旺液态地膜	2月25日	3月15日	5月22日	6月26日	7月9日	7月14日	7月16日	9月24日	124d
河南农业大学液态地膜	2月25日	3月15日	5月22日	6月26日	7月7日	7月14日	7月16日	9月24日	124d
不覆盖地膜（CK）	2月25日	3月15日	5月22日	7月10日	7月15日	7月16日	7月18日	9月22日	122d

（二）覆膜方式对烤烟农艺性状的影响

对比不同覆膜方式在团棵期、旺长期、成熟期农艺性状表现，结果显示（表4-88）常规覆膜在不同时期均表现优异，以不覆盖地膜处理烟叶生产缓慢，株高与茎围显著低于其他处理。

表4-88　不同覆膜方式烤烟成熟期农艺形状调查

覆膜方式	调查日期	株高（cm）	茎围（cm）	节距（cm）	叶数（片）	叶片大小（长×宽）（cm×cm）					
						下部叶		中部叶		上部叶	
常规塑料地膜	8月2日	124.8	10.6	7.9	21.2	62.7	27.5	80.2	29.8	61.2	20.4
禾美特液态地膜	8月2日	123.1	9.6	8.3	20.0	62.0	26.7	75.9	28.5	62.7	20.2
金旺液态地膜	8月2日	121.7	9.8	8.1	20.0	61.0	26.6	79.1	28.1	65.0	21.2
河南农业大学液态地膜	8月2日	123.3	9.8	8.2	21.2	60.5	27.5	79.0	28.7	60.2	19.9
不覆盖地膜（CK）	8月2日	118.9	10.1	8.2	20.4	63.4	29.0	79.8	28.0	60.0	19.4

（三）覆膜方式对土壤保水能力和耕层温度的影响

不同覆膜方式下土壤保水量（表4-89）与耕层温度（表4-90）显示，不同处理间土壤含水量与同耕层温度之间没有相关关系，可能是由于田间环境受光照及雨水影响较大，耕层温度与含水量不能反映出不同覆膜方式对环境的影响。

表4-89　不同覆膜方式土壤保水能力调查　　　　　（单位：%）

覆膜方式	保水能力					
	6月21日	6月28日	7月8日	7月14日	7月21日	7月28日
常规塑料地膜	24.3	18.3	17.8	10.6	12.3	17.0
禾美特液态地膜	25.4	7.5	27.1	13.0	15.3	24.0
金旺液态地膜	31.6	16.1	21.6	10.5	14.7	21.5
河南农业大学液态地膜	28.0	12.4	18.9	14.5	11.5	20.4
不覆盖地膜（CK）	31.9	16.3	22.0	11.1	15.7	26.3

表4-90　不同覆膜方式耕层不同深度土壤温度　　　　　（单位：℃）

覆膜方式	土壤温度											
	6月21日			6月22日			6月23日			6月24日		
	5cm	10cm	15cm	5cm	10cm	15cm	5cm	10cm	15cm	5cm	10cm	15cm
常规塑料地膜	26.5	25.4	19.3	25.8	25.6	20.4	24.7	24.5	21.5	28.9	28.6	22.6
禾美特液态地膜	26.3	25.6	19.2	24.7	24.3	21.2	23.9	23.3	20.4	28.6	28.5	21.7

（续表）

覆膜方式	土壤温度											
	6月21日			6月22日			6月23日			6月24日		
	5cm	10cm	15cm	5cm	10cm	15cm	5cm	10cm	15cm	5cm	10cm	15cm
金旺液态地膜	25.3	24.0	18.7	24.9	24.7	19.6	24.1	24.2	20.8	29.0	28.7	21.8
河南农业大学液态地膜	27.2	25.9	18.5	24.9	24.5	18.7	23.9	23.5	20.4	28.3	28.2	22.3
不覆盖地膜（CK）	27.7	26.1	18.8	24.8	24.5	19.8	23.9	23.5	20.6	28.1	27.9	21.5

注：测定时间为测定日期正午

（四）不同覆膜方式的产出比情况

调查了不同覆膜方式下烤烟的产量产值和覆膜方式的成本（表4-91和表4-92），亩产值减去盖揭膜成本即为烟农每亩收入，3种液态地膜亩产值都高于不盖膜，低于常规地膜。3种液态地膜中，禾美特和金旺两种液态地膜亩产值较高一点，这两者亩产值基本相同。

表4-91 不同覆膜方式烤烟产量产值

覆膜方式	亩产值（元/亩）	亩产值（减地膜成本）（元/亩）	亩产量（kg/亩）	均价（元/kg）	上等烟率（%）	中等烟率（%）
常规塑料地膜	2 380.9	2 325.3	146.7	16.2	43.2	46.2
禾美特液态地膜	2 199.1	2 144.1	138.0	15.9	42.6	45.3
金旺液态地膜	2 198.2	2 143.2	137.7	16.0	42.3	45.3
河南农业大学液态地膜	2 164.7	2 109.7	137.0	15.8	42.0	46.1
不覆盖地膜（CK）	2 024.0	2 024.0	132.0	15.3	41.9	44.1

表4-92 不同覆膜方式地膜投入使用成本比较

覆膜方式	亩地膜用量（kg）	单价（元/kg）	亩地膜成本（元）	使用地膜人工成本（元）	亩成本（元）
常规塑料地膜	2.5	12.24	30.6	25	55.6
禾美特液态地膜	10	3	30	25	55
金旺液态地膜	10	3	30	25	55

（续表）

覆膜方式	亩地膜用量（kg）	单价（元/kg）	亩地膜成本（元）	使用地膜人工成本（元）	亩成本（元）
河南农业大学液态地膜	10	3	30	25	55
不覆盖地膜（CK）	0	0	0	0	0

综合考虑不同地膜覆盖方式对烤烟生产的影响，在"金神农"林中烟区宜采用传统的覆膜方式，既有利于提高烟叶的品质，同时还能增加烟农的收益。但是从环境友好型农业生产角度考虑，建议选用易降解型地膜。

第四节　病虫害绿色防控技术

自然资源的合理利用和生态环境保护是人类实现可持续发展的基础，生物多样性的研究和保护已成为世界各国普遍关注的重大问题。农作物病虫害是农业生产上重要的生物灾害，是制约农业可持续发展的主要因素之一，利用生物多样性持续控制作物病害能减轻作物病虫害发生和作物产量损失，减少农药过量使用给农业生态环境造成破坏。

"金神农"林中烟区生物物种资源十分丰富，19世纪以来，中外植物学家及科研机构先后多次对"金神农"林中烟区进行科学考察，发现其具有丰富的生物多样性及重大的科学研究价值。由于"金神农"林中烟区地形地貌复杂多样，生境类型多样，植物种类繁多，仅从目前调查的情况来看，"金神农"林中烟区几乎囊括了北自漠河、南至西双版纳，东自日本中部、西至喜马拉雅山的所有动植物物种。

"金神农"林中烟区包含各类植物3 700多种，其中高等维管束植物199科、872属、2 770种，列为国家一、二级保护的树种有39种，有脊椎动物401种，其中哺乳纲74种，鸟纲253种，爬行纲27种，两栖纲12种，鱼纲35种，昆虫560种。金丝猴、华南虎、金钱豹、白鹳、白蛇、大鸨等67种珍稀野生动物受国家重点保护。"金神农"林中烟区可入药的动、植物达2 013种，因此被美誉为"物种基因库""自然博物馆""绿色明珠"。由于其含有比其他温带森林生态系统更为丰富的生物多样性而具有全球意义，是生物物种的"天然基因库",并被全球环境基金确定为"亚洲生物多样性永久性示范地"。如此丰富的生物资源,为"金神农"林中烟区的病虫害绿色防控提供了诸多的可能性。

一、烤烟赤星病发生规律分析

(一)烤烟赤星病的发病规律

1. 不同海拔烤烟赤星病的发病规律

烟草赤星病为典型流行病,间歇暴发,潜育期短,短时期内即可形成大流行,造成巨大损失。据统计,全国烟草病虫害造成的经济损失中,赤星病位居第二,仅次于病毒病。赤星病具有单斑产孢量大,传播迅速的特点,因此监测其发生规律,预测病害发展趋势是经济有效防治病害的前提。在"金神农"林中烟区调查发现,随着烟田海拔的升高,赤星病呈减轻的趋势(表4-93),越到后期,差异越显著(表4-94)。

表4-93 不同海拔烟田赤星病损失情况

海拔(m)	调查面积(亩)	赤星病损失面积(亩)				加权平均损失程度(%)
		5%以下	6% ~ 10%	11% ~ 20%	21%以上	
<600	7 388	679	894	1 527	4 288	27.6
600 ~ 800	17 152	3 579.6	1 999	2 674.2	8 899.3	24.6
800 ~ 1 000	10 904	3 583.6	1 775	1 275.2	4 269.7	19.6
>1 000	5 390	987.8	820.8	956.7	2 624.7	23.9

表4-94 不同海拔烟田赤星病病株率和病叶率 (单位:%)

海拔(m)	7月10日		7月25日		8月10日		8月25日		9月10日	
	病株率	病叶率	病株率	病叶率	病株率	病叶率	病株率	病叶率	病株率	病叶率
<700	4.4	3.0	3.5	23.5	11.6	8.4	20.6	22.2	31.3	34.8
700 ~ 1 000	2.7	9.8	4.3	21.5	10.5	9.0	14.5	17.5	21.9	21.8
1 000 ~ 1 300	1.4	2.4	2.2	13.7	5.4	6.6	7.4	10.4	10.7	14.5

2. 山地与河边烟田赤星病发病规律

以往的研究表明，在烟草进入感病期的前提下，烟草赤星病的发生与降雨的关系密切，在适宜温度条件下潮湿、多雨的区域赤星病的发生尤为严重。连续降雨时，此病发生早且重。在"金神农"林中烟区，调查发现山地烤烟的赤星病病株率和病叶率要远小于河边烤烟的赤星病病株率和病叶率（表4-95），可能是由于河边烟田空气湿度较大的原因。

表4-95　不同地理位置烟田赤星病病株率和病叶率调查统计　　（单位：%）

地理位置	7月10日		7月25日		8月10日		8月25日		9月10日	
	病株率	病叶率	病株率	病叶率	病株率	病叶率	病株率	病叶率	病株率	病叶率
河边	1.82	2.99	3.33	4.40	10.31	8.71	16.52	20.49	24.48	24.38
山地	2.14	4.43	3.40	5.60	7.16	5.69	10.20	10.57	15.56	20.43
河边—山地	-0.32	-1.44	-0.07	-1.20	3.15	3.02	6.32	9.92	8.92	3.95

3. 不同地势的烟田赤星病发病规律

烟田地势对赤星病发病有很大影响。阳坡赤星病最轻，其次为平地，阴坡最重（表4-96）。越到后期，差异越明显（表4-97）。阳坡烟田的亩产量、亩产值和上中等烟率均高于平地烟田。

表4-96　不同地势烟田赤星病损失情况统计

烟田地势	调查面积（亩）	赤星病损失面积（亩）				加权平均损失程度（%）
		5%以下	6%～10%	11%～20%	21%以上	
阴坡	6 298	422.2	679.8	871.9	4 324.4	30.6
平地	16 123	1 954.7	2 115.0	2 614.0	9 438.9	27.3
阳坡	20 414	7 453.1	2 694.7	2 947.2	7 318.6	18.5

表4-97　不同地势烟田赤星病病株率和病叶率调查统计　　（单位：%）

地势	7月10日		7月25日		8月10日		8月25日		9月10日	
	病株率	病叶率	病株率	病叶率	病株率	病叶率	病株率	病叶率	病株率	病叶率
平地	4.60	9.40	7.00	11.80	18.72	16.80	29.20	35.73	42.65	45.15
阳坡	0.86	1.24	1.96	2.06	5.48	4.74	8.31	9.45	12.94	15.39

（续表）

地势	7月10日		7月25日		8月10日		8月25日		9月10日	
	病株率	病叶率	病株率	病叶率	病株率	病叶率	病株率	病叶率	病株率	病叶率
平地—阳坡	3.74	8.16	5.04	9.74	13.24	12.06	20.89	26.28	29.71	29.76

4. 不同土壤质地的烟田赤星病发病规律

植烟土壤的理化性质对烟草的生长影响显著，尤其在植物抗逆性方面更佳明显，例如钙、锰、硼、氮、钾、硅等元素含量直接或间接影响植物的抗病性，又如氮、磷、钾比例失调或烟草生长后期氮肥偏高会显著增加赤星病发病率。在"金神农"林中烟区，不同土质的烟田中赤星病发病情况差异较大（表4-98和表4-99），黏土烟田赤星病较重而壤土和沙土烟田赤星病较轻。沙土和壤土烟田的亩产值和上中等烟比率均高于黏土烟田。

表4-98 不同土质烟田赤星病损失情况统计

土质	调查面积（亩）	赤星病损失面积（亩）				加权平均损失程度（%）
		5%以下	6%~10%	11%~20%	21%以上	
壤土	23 895	5 255.0	3 016.5	3 515.5	12 107.7	24.1
沙土	17 930	3 575.0	2 463.0	2 917.7	8 974.1	24.1

表4-99 不同土质烟田赤星病发病率和病叶率调查统计 （单位：%）

土质	7月10日		7月25日		8月10日		8月25日		9月10日	
	病株率	病叶率	病株率	病叶率	病株率	病叶率	病株率	病叶率	病株率	病叶率
沙土	1.05	0.70	1.01	1.30	2.72	2.89	3.67	4.08	5.69	6.68
轻壤	0.00	0.00	0.88	0.15	3.01	1.60	5.10	5.40	8.35	9.31
黏土	3.50	7.25	5.13	9.25	12.95	12.75	19.75	24.83	22.96	31.35
沙土—黏土	-2.45	-6.55	-4.12	-7.95	-10.23	-9.86	-16.08	-20.75	-17.27	-24.67
轻壤—黏土	-3.50	-7.25	-4.25	-9.10	-9.94	-11.15	-14.65	-19.43	-14.61	-22.04

5. 不同耕作制度下赤星病发病规律

连作烟田赤星病发病严重，轮作种植制度下，轮作间隔年限越长，烤烟赤星病发病越轻，损失程度越小（表4-100）；烟田前茬作物不同，赤星病发病率也不同（表4-101），前茬作物为玉米、小麦和水稻的烟田赤星病发病率轻，经济效益好，前茬作物为蔬菜的烟田赤星病发病率重，经济效益差。

表4-100　不同连作年限、不同前茬作物烟田赤星病损失情况统计

连作年限/前茬作物	调查面积（亩）	赤星病损失面积（亩）				加权平均损失程度（%）
		5%以下	6%~10%	11%~20%	21%以上	
连作	31 104	6 404.8	3 036.5	4 007.6	17 654.8	26.0
隔一年	6 651	999.2	1 309.0	1 187.4	3 155.7	23.7
隔两年	1 992	626.0	534.0	541.0	291.3	13.0
隔三年	1 830	800.0	600.0	400.0	30.0	7.8
玉米	11 347	1 249.4	1 556.2	1 990.0	6 551.2	27.2
小麦	5 800	900.0	800.0	900.0	3 200.0	26.0
蔬菜	5 100	400.0	300.0	1 000.0	3 400.0	30.4
其他	19 291	6 280.6	2 833.3	2 246.0	7 930.6	20.2

表4-101　不同前茬作物烟田赤星病病株率和病叶率调查统计　　　（单位：%）

前茬作物	7月10日		7月25日		8月10日		8月25日		9月10日	
	病株率	病叶率	病株率	病叶率	病株率	病叶率	病株率	病叶率	病株率	病叶率
玉米	0.54	0.48	1.65	1.06	5.13	3.72	8.03	8.64	12.93	14.65
水稻	5.00	10.33	6.00	12.67	10.00	14.00	10.67	14.67	14.33	20.33
烟草	4.33	9.00	7.67	12.00	24.53	20.00	42.00	51.56	61.09	63.26

6. 不同施肥量的烟田赤星病发病情况

氮肥用量及氮磷钾配比对赤星病发病有重大影响。亩施纯氮量越高，烤烟赤星病越重，损失也越大。亩施纯氮8kg的烟田赤星病害损失是亩施纯氮5kg烟田的7倍，在一定施氮量范围内，亩施纯氮量越高，经济效益也越差。增施钾肥能显著减轻赤星病害。氮磷钾配比为1：2：2的烟田，其赤星病导致的损失是其配比为1：2：3的2~3倍。

表4-102　不同氮磷钾比例、亩施纯氮量烟田赤星病损失情况统计

处理	调查面积（亩）	赤星病损失面积（亩）				加权平均损失程度（%）
		5%以下	6%~10%	11%~20%	21%以上	
氮磷钾比例1：2：2	18 130	1 744.2	291.7	2 826.1	11 332.2	31.1
氮磷钾比例1：2：3	16 894	6 924.0	2 227.0	2 242.0	5 115.8	16.6
施氮量5.0kg/亩	467	370.0	80.0	17.0	0.0	3.9
施氮量6.0kg/亩	4 729	1 688.5	724.8	744.7	1 570.9	17.8
施氮量7.0kg/亩	22 276	5 273.2	2 784.7	3 299.1	10 919.3	23.5
施氮量8.0kg/亩	13 946	1 498.3	1 483.3	2 372.3	8 591.6	28.4

表4-103　不同施肥量、施肥比例赤星病病株率和病叶率调查统计　　　　（单位：%）

处理		7月10日		7月25日		8月10日		8月25日		9月10日	
		病株率	病叶率	病株率	病叶率	病株率	病叶率	病株率	病叶率	病株率	病叶率
氮磷钾比例	（A）（1：1）~（1.2：2）	4.60	9.40	7.00	11.80	18.72	16.80	29.20	35.73	42.65	45.15
	（B）（1：1.2）~（1.5：3）	0.86	1.24	1.96	2.06	5.48	4.74	8.31	9.45	12.94	15.39
亩施纯氮量（kg）	（C）6.0~7.0	1.25	2.35	6.85	5.32	12.20	15.61	20.69	26.46	32.69	33.65
	（D）7.3~8.0	3.26	5.84	9.25	12.6	16.75	20.10	30.28	38.54	46.75	36.13

7. 不同育苗方式对赤星病发病率的影响

漂浮育苗比托盘育苗更有利于减轻烤烟赤星病为害。采用漂浮育苗烟苗的烟田，其亩产量、亩产值和上中等烟率均比托盘育苗的烟田高。

8. 不同烤烟品种的发病率

烤烟不同品种，对赤星病的抗性有较大差异。连续3年对18个烤烟品种的调研发现：2007年的6个品种中中烟98赤星病发病率最低（表4-104）；2008

年的5个品种中中烟100的发病率最低（表4-105）；2009年的结果（表4-106）显示，在9个品种中H892、翠碧1号、K3263个品种的发病率较低，其中H893最低，为2.96%。

表4-104 2007年不同烤烟品种赤星病发病情况

品种	调查叶数（片）	发病叶数（片）	发病率（%）	病情指数
K326	3 600	132	3.67	5.06
云烟85	3 600	145	4.03	6.21
云烟87	3 600	162	4.50	7.50
中烟98	3 600	42	1.17	2.35
CF205	3 600	153	4.25	8.17
红花大金元	3 600	251	6.97	10.98

表4-105 2008年不同烤烟品种赤星病发病情况

品种	调查面积（亩）	赤星病不同程度病株面积统计				加权平均损失程度（%）
		≤5%	6%~10%	11%~20%	≥21%	
K326	160	75.0	8.8	10.0	6.2	6.6
云烟87	160	28.1	31.3	30.6	10.0	12.0
中烟100	100	90.0	5.0	5.0	0.0	3.4
CF205	100	0.0	10.0	10.0	80.0	34.4
红花大金元	100	0.0	20.0	0.0	80.0	33.6

表4-106 2009年不同品种赤星病发病情况

处理	调查叶片数（片）	发病叶片数（片）	发病率（%）	病情指数
KRK26	3 600	345	9.61	2.42
KRK28	3 600	351	9.75	2.71
南江3号	3 600	156	4.33	2.85
F1-35	3 600	150	4.18	2.39
中烟103	3 600	151	4.20	2.35

（续表）

处理	调查叶片数（片）	发病叶片数（片）	发病率（%）	病情指数
H892	3 600	322	2.96	1.98
翠碧1号	3 600	117	3.27	2.21
云烟87	3 600	166	4.61	2.62
K326	3 600	148	3.42	2.27

9. 不同栽培密度的烟田发病率

两年的研究（表4-107和表4-108）发现，烤烟种植密度小的赤星病发病程度较重，其烟田亩产值和上中等烟率均低于密度适度的烟田。赤星病的发病需要高温高湿的环境，当烟草种植过密，烟株之间的空隙小，湿度增加，因此导致赤星病发病率升高。

表4-107　2007年不同株行距烟田赤星病损失情况统计

株行距（m×m）	调查面积（亩）	赤星病损失面积（亩）				加权平均损失程度（%）
		5%以下	6%~10%	11%~20%	21%以上	
0.5×1.2及以内	16 367	1 550.5	1 720.3	2 668.2	10 428	29.1
(0.53~0.6)×(1.2~1.3)	16 887	1 709.5	2 544.2	3 023.8	9 609.1	27.0

表4-108　2008年不同株行距烟田赤星病病株率和病叶率调查统计　（单位：%）

株行距（m×m）	7月10日		7月25日		8月10日		8月25日		9月10日	
	病株率	病叶率	病株率	病叶率	病株率	病叶率	病株率	病叶率	病株率	病叶率
0.5×1.2及以内	5.00	10.33	6.00	12.67	10.00	14.00	10.67	14.67	17.32	20.33
(0.53~0.6)×1.2	0.91	1.51	2.02	2.26	6.38	4.93	10.47	12.14	15.97	17.29

（二）烤烟赤星病防治新技术研究与应用

施药时期不同、施药浓度不同，烤烟赤星病的防治效果也不同。研究发现多菌灵、菌核净以及其他防治赤星病的药剂都以中等浓度施药效果最好

（表4-109）；施药时期以打顶前10d施药效果由于打顶时施药（表4-110），打顶前3d施药效果优于打顶后3d的施药效果（表4-110）。从经济效益来看，打顶前施药的烤烟优于打顶后施药的烤烟，轮换施药的烤烟要优于单独施一种药的烤烟（表4-111）。

表4-109　不同施药浓度、施药时期处理的烟田赤星病损失情况统计

施药浓度、施药时期	调查面积（亩）	赤星病损失面积（亩）				加权平均损失程度（%）
		5%以下	6%~10%	11%~20%	21%以上	
多菌灵（低）	3 600	300	200	700	2 400	30.3
多菌灵（中）	1 500	300	300	300	600	21.2
多菌灵（高）	3 100	200	200	600	2 100	30.8
菌核净（低）	16 959	1 400	200	3 100	10 297	31.0
菌核净（中）	1 500	400	300	200	600	20.3
菌核净（高）	1 642	126	234	341	941	27.5
其他（低）	1 700	200	200	300	1 000	27.5
其他（中）	2 347	434	359	256	1 299	25.5
其他（高）	1 100	200	100	200	600	25.8
打顶前10d	9 535	3 010	59	1 219	3 976	22.5
打顶时	15 768	3 105	148	1 670	9 260	28.6

表4-110　不同施药方法对赤星病的影响调查　　　　　（单位：%）

防治方法	7月10日		7月25日		8月10日		8月25日		9月10日	
	病株率	病叶率	病株率	病叶率	病株率	病叶率	病株率	病叶率	病株率	病叶率
打顶前3d施药	2.1	2.7	10.6	11.5	15.9	13.6	22.9	20.6	29.8	30.5
打顶后3d施药	5.0	2.6	12.5	10.5	17.6	15.7	25.2	24.2	33.7	34.3
轮换施药	5.3	2.8	9.4	12.6	18.4	16.1	20.3	21.7	26.5	28.6
单一施药	3.8	2.9	9.6	13.7	20.8	21.1	24.6	24.8	34.2	36.7

表4-111　不同施药方法的烟田烤烟经济性状调查　　（单位：%）

防治方法	调查户数	调查面积（亩）	亩产量（kg）	亩产值（元）	上中等烟比率（%）
打顶前3d施药	10	186	136.6	1 796.2	82.7
打顶后3d施药	18	327	134.2	1 613.5	81.5
轮换施药	20	318	134.7	1 925.7	86.1
单一施药	11	196	136.5	1 756.2	82.4

二、烤烟其他病虫害发生情况分析

（一）虫害发生情况监测

"金神农"林中烟区地下害虫种类主要为地老虎、蛴螬、蝼蛄和金针虫，为害时间在5月上旬。移栽前5d调查的虫口密度见表4-112。

表4-112　各县调查烟田地下害虫密度　　（单位：头/亩）

区域	地老虎	蛴螬	金针虫	蝼蛄	调查点数（个）
郧西县	1 120.0	693.4	3 466.8	746.7	8
竹山县	640.0	533.4	320.0	—	5
竹溪县	533.4	1 066.7	—	—	8
郧阳区	844.5	177.8	266.7	88.9	2
丹江县	1 066.7	—	—	266.7	2

注：表中"—"指本次抽样调查没有发现

越冬代蚜虫发生数量及时间动态：调查表明5月底至6月底为蚜虫成虫发生高峰期，平均每10d每黄板诱蚜最低为400头，最高为1 600头。

地表节肢动物共采集标本约1 200份，主要为鞘翅目昆虫，还有蜘蛛等。

现蕾期烟株昆虫普查根据生态环境等因素全市共调查6个县、3种烟叶类型、19块代表性田块、每个田块设置8个点，在定点观测田诱集方法采集标本约400份。主要害虫分布在鳞翅目、鞘翅目、直翅目、半翅目、同翅目，种类主要为烟蚜、烟青虫、土蝗、短额负蝗、叶甲、螽斯等。苗期烟株害虫主要是蚜虫，烟青虫第一代开始发生，但虫口数量不高。

（二）病害发生情况监测

1.烟草病毒病

在房县野人谷、竹溪县向坝乡、桃源县设立3个病害观测圃，对烟草病毒病进行了系统观测。调查结果如图4-19至图4-21所示。调查结果表明，烟草病毒病发生与气候条件有密切关系，冬暖、烟叶移栽期干旱发病重；在菜地、烟叶仓库、烤房群附近、大棚和反季节蔬菜地周围易发病；与前茬作物种类关系密切，连作地易发病，且发病较重；烟草不同生育阶段抗病性差异明显，从苗期至团棵期的40~50d为易感病阶段，现蕾后为耐病阶段。进入7月后，烟田烟草病毒病开始暴发，因此"金神农"林中烟区应在6月末做好病毒病防治工作。

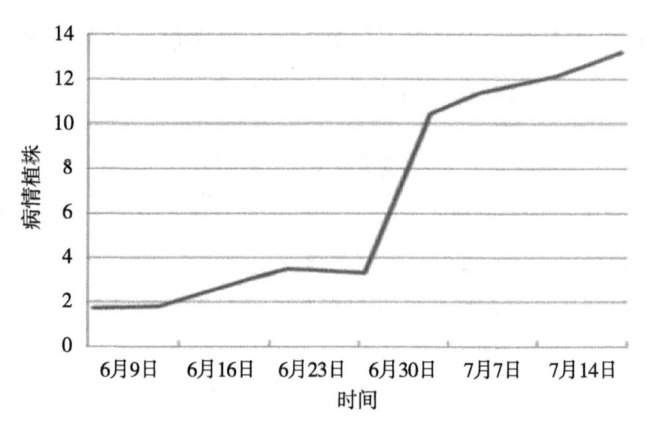

图4-19 房县野人谷烟草病毒病病情指数动态变化

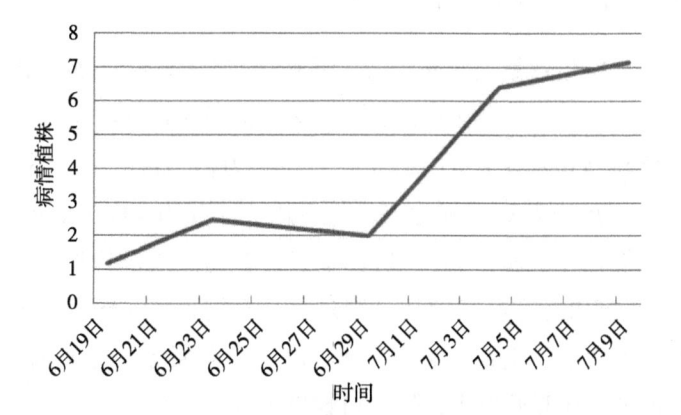

图4-20 竹溪县向坝乡烟草病毒病情指数动态变化

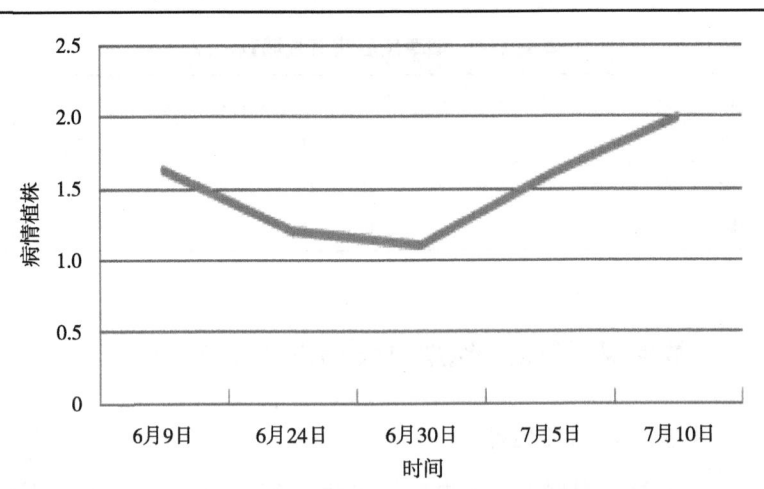

图4-21　桃源县烟草病毒病病情指数

　　对"连作与病毒发生的关系"进行了大区对比试验：在同一个地块，一半连作、一半与玉米轮作，处理后再种烟，代试品种、育苗、施肥、移栽、施药等其他因素完全一致，现蕾时调查田间自然发病情况。试验表明，连作比轮作发病早、发病更严重，见表4-113。

表4-113　连作对烟草病毒发病率的影响

调查时间	调查地点	前茬作物	发病率（%）	病情指数
2010年7月26日	房县野人谷镇西坪村溪中	烟叶	68.0	7.7
		玉米	2.0	0.8
2011年7月30日	竹溪县桃源乡桃源村百丈杌	烟叶	80.0	7.0
		玉米	2.3	1.0

2. 黑胫病

　　在"金神农"林中烟区调查了黑胫病的发病情况，结果（表4-114）显示黑胫病在香料烟重茬的地块局部发生属中等偏轻，总发病面积占香料烟种植面积4%；在烤烟上个别田块中等发生，总发病面积小于0.1%。

表4-114　烟草黑胫病普查调查记载

田块类型	生育时期	实查株数	各病级株数（株）						病株率（%）	病情指数	发生面积（亩）	海拔（m）
			0	1	3	5	7	9				
香料烟	初采	2 728	1 356	1 000	256	65	41	10	50.3	10.1	156	250
烤烟	初烤	256	140	13	24	31	39	9	45.3	25.8	1	600～1 000

三、"金神农"生态安全烟叶病虫害控制技术

（一）频振式杀虫灯诱捕

频振式杀虫灯是根据害虫成虫的趋向性，近距离用光，远距离用波，黄色光源，性信息等原理设计的，它的主要元件是频振灯管和高压电网，频振灯管能产生特定频率的光波，引诱害虫靠近，高压电网缠绕在灯管周围能将飞来的害虫杀死或击昏，以达到防治害虫的目的。

频振式杀虫灯杀虫种类广，可诱杀多种害虫，如斜纹夜蛾，甜菜夜蛾、银纹夜蛾、烟青虫、黄条跳甲、蝼蛄等。在神农植烟区利用频振式杀虫灯对昆虫实施诱捕，单日诱捕烟草害虫的绝对数量占有较高比率（28.67%～51.97%），而天敌昆虫所占比例较小（图4-22）。

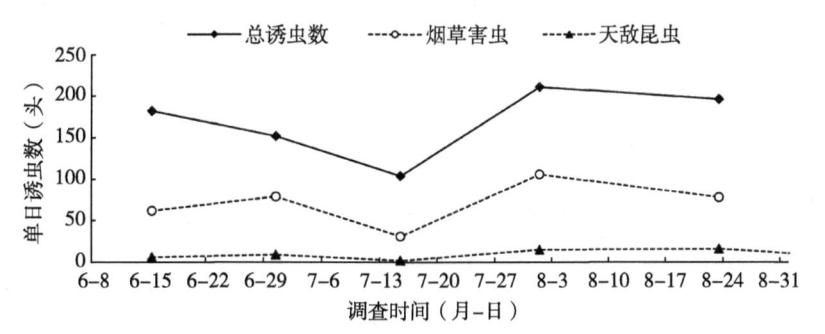

图4-22　神农架生态烟叶产区频振杀虫灯诱捕昆虫数量

（二）宝丽安防治

宝丽安，通用名称为多氧霉素，国内亦称为多抗霉素，是由日本理化学研究所铃木三郎博士等人于1963年从熊本县阿苏郡坊中的土壤中分离出的一种放

线菌，由日本科研制药株式会社独家生产的农用抗生素。多氧霉素生产菌由14种异构体组成，宝丽安10%可湿性粉剂在紫外线和室温下性能稳定且对人畜基本不呈现毒性。烟叶成熟期开始施用，连续3次，防治效果（表4-115）与化学农药相当，可达63.83%。

表4-115　宝丽安防治赤星病药效试验结果统计

处理	病情指数		防治效果（%）
	施药前	施药后	
3%多抗霉素水剂	0	0.83	55.85
10%宝丽安可湿性粉剂	0	0.63	66.49
40%菌核净可湿性粉剂	0	0.70	62.77
清水对照（CK）	0	1.88	—

（三）苦参碱对烟青虫和蚜虫的防治

苦参碱是由豆科植物苦参的干燥根、植株、果实经乙醇等有机溶剂提取制成的，是生物碱。近几年在农业上广泛应用，且有良好的防治效果，是一种低毒、低残留、环保型农药，具有杀虫活性、杀菌活性、调节植物生长功能等多种功能。

在"金神农"林中烟区，苦参碱对烟青虫和烟蚜的防治效果显著：施用0.3%苦参碱1d后，烟青虫减退率达53.33%～66.67%，5d后平均防效与对照药剂相当，达80%以上；施药1d后烟蚜减退率达到75%以上，5d后达到92%以上，略优于对照药剂吡虫啉（表4-116和表4-117）。

表4-116　苦参碱防治烟青虫效果　　　　　　　　　（单位：%）

地点	药剂名称	用药后1d	用药后5d
		减退率	减退率
襄阳市	苦参碱（烟青虫专用型）	61.10	83.33
	40%乙酰甲胺磷	86.67	86.67
十堰市	苦参碱（烟青虫专用型）	100.00	—
	20%速灭杀丁	100.00	—

（续表）

地点	药剂名称	用药后1d	用药后5d
		减退率	减退率
宜昌市	苦参碱（烟青虫专用型）	53.33	86.67
	40%乙酰甲胺磷	63.33	89.44

表4-117　苦参碱防治烟蚜试验示范结果　　（单位：%）

地点	药剂名称	用药后1d	用药后5d
		减退率	减退率
襄阳市	苦参碱（烟蚜专用型）	79.50	96.13
	5%吡虫啉	76.33	93.40
十堰市	苦参碱（烟蚜专用型）	96.10	100.00
	5%吡虫啉	97.30	100.00
宜昌市	苦参碱（烟蚜专用型）	75.00	92.50
	5%吡虫啉	70.00	88.6

（四）菌克毒克对病毒病防治

菌克毒克是一种胞嘧啶核苷肽型广谱抗生素类生物农药，是我国首例能防治病毒病的抗生素，并兼有防治多种真菌和细菌病害的作用，对烟草花叶病有较好防治效果。在"金神农"林中烟区，对比了菌克毒克和其他10种病毒病防治农药对病毒病防治效果，结果（表4-118）表明菌克毒克对病毒病的防治效果达60%以上，是目前理想的防治病毒病生物制剂。

表4-118　病毒病防治农药对病毒的防治效果　　（单位：%）

药剂名称	发病中期	发病盛期	总防效
3.0%愈创木酚可溶性液剂	18.71	18.71	8.30
迎晨（20%吗啉呱·乙铜可湿性粉剂）	33.10	34.36	37.17
毒纹净（20%盐酸吗啉呱·乙酸铜可湿性粉剂）	39.46	5.76	25.63
爱诺倍达（3%三氮唑核苷水剂）	91.60	100.00	94.95

（续表）

药剂名称	发病中期	发病盛期	总防效
扫病毒（10%混合胺脂酸可溶性液剂）	41.52	74.78	57.35
好普（2.0%氨基寡糖素水剂）	78.95	100.00	86.55
菌克毒克（2%宁南霉素水剂）	43.71	70.80	66.60
施特灵（0.5%氨基寡糖素）	20.67	100.00	52.5
嘧肽毒威（5.1%嘧肽毒威水剂）	41.52	100.00	69.95
花叶清（20%盐酸吗啉呱可湿性粉剂）	18.71	100.00	55.88
18%克Y特灵可湿性粉剂	-0.08	62.35	30.78

（五）棉烟灵对烟青虫防治

棉烟灵对烟青虫有较好防效，对斜纹蛾无效，棉烟灵加辛硫磷的混剂对烟蚜有兼治作用。棉烟灵在田间的持效达36d左右，药效呈线性递减，每天递减率为3.14%，防效与烟青虫密度无关。依靠青虫的移动来实现病毒的扩散范围有限，幼虫感染病毒后的第5天达到死亡高峰。

第五节　节能环保烘烤技术

通过对关键温度点时不同湿度处理试验、定色阶段升温速度试验、关键温度点顿火试验及预变黄时间试验共4个试验的烤后烟叶的外观质量、主要化学成分、评吸质量及香气物质含量等指标的比较分析，摸索出了一套适宜于"金神农"林中烟的节能环保烘烤工艺。

烘烤工艺优化认为，中、下部烟叶预变黄时间以24h为宜，上部烟叶以16h为宜；在变黄阶段应保持低温中湿慢速变黄，使烟叶在干球温度42℃时充分变黄塌架；定色阶段应根据烟叶变化适当调整湿球温度。中部和上部烟叶示范工艺成本分别比对照降低2.73%～4.42%和16.27%～16.88%；示范工艺能减少中部和上部烟叶的下低等烟比例，增加中、上部叶上中等烟比例，橘黄烟比例增加19～25个百分点；化学成分更加协调，烟叶的杂气和刺激性降低，显著改善烟叶的香气质和余味。叠层装烟可提高装烟容量幅度15%左右，煤耗降低约3%，电耗降低11.38%，烤后烟叶化学成分的协调性有所改善，烟叶的评吸质量提高。采用移动装烟车装烟，与挂杆相比装烟容量增加51.49%，减少用工、提高装下烟效率196.87%，电耗、煤耗成本降低0.55元，烤后烟叶的橘色烟率提高，杂色和青筋明显减少，均价提高；抽屉式移动装烟架是一种保留烟叶装3层的装烟方式，装卸烟操作简单，省时省力，适合在密集烤房群推广应用。

一、密集烤房烘烤工艺优化

（一）预变黄时间分析

烟叶烤房外预变黄处理能减少烟叶水分，减小烘烤过程中排湿量，促进烟叶变黄，增加烤后橘黄烟比例，提高烟叶均价。干烟煤耗电耗总体表现为：随着预变黄凋萎时间的延长，能耗降低。3种预变黄时间（T1=24h；T2=20h；T3=16h）处理的神农植烟区初烤烟烟叶化学成分协调性（表4-119）和感官评吸结果（表4-120）表明，神农植烟区初烤烟的中、下部烟叶预变黄时间以24h为宜，上部烟叶预变黄时间以16h为宜。

表4-119　常规化学成分

试验处理		烟碱（%）	还原糖（%）	总糖（%）	总氮（%）	钾（%）	氯（%）	氮碱比	糖碱比	钾氯比
下部叶	T1	2.56	18.59	27.30	2.21	2.11	0.23	0.86	10.66	9.17
	T2	2.09	16.41	25.77	2.12	2.51	0.22	1.01	12.33	11.41
	T3	2.37	18.00	26.47	2.06	2.05	0.28	0.87	11.17	7.32
中部叶	T1	2.32	16.54	29.34	2.10	1.96	0.28	0.91	12.65	7.00
	T2	2.27	17.19	30.91	1.82	1.63	0.21	0.80	13.62	7.76
	T3	2.69	18.29	30.17	2.01	2.16	0.29	0.75	11.22	7.45
上部叶	T1	3.14	13.84	22.32	2.88	2.01	0.31	0.92	7.11	6.48
	T2	3.62	19.94	31.05	2.62	1.77	0.19	0.72	8.58	9.32
	T3	3.73	18.82	25.48	2.92	1.41	0.26	0.78	6.83	5.42

注：T1为预变黄时间24h，T2为预变黄时间20h，T3为预变黄时间16h，表4-120同

表4-120 感官评吸结果　　　　　　　　　（单位：分）

叶位	处理	得分							
		香气质	香气量	杂气	刺激性	余味	燃烧性	灰色	总分
中部烟叶	T1	14.42	13.08	12.83	16.75	17.42	4.00	4.00	82.50
	T2	14.65	13.28	13.33	16.83	17.50	4.00	4.00	83.59
	T3	14.98	13.50	13.42	17.25	17.92	4.00	4.00	85.07
上部烟叶	T1	14.30	13.00	12.62	15.88	16.67	4.00	4.00	80.47
	T2	14.73	13.25	13.17	16.80	17.58	4.00	4.00	83.53
	T3	14.58	13.17	12.92	16.75	17.33	4.00	4.00	82.75

（二）关键温度点湿度控制

关键温度点不同湿度处理的初烤烟叶的化学成分（表4-121）和评吸质量（图4-23）显示中部叶和上部叶评吸质量均以T2分数最高，且中部叶T2处理香韵较好，香气充足，丰满，浓度较高，杂气较轻，而其他处理均香韵较差，烟气混浊，口鼻刺激明显，杂气略重等缺点。因此综合比较T2评吸质量最好，这也与外观质量评价和主要化学成分比较结果相一致。

表4-121 关键温度点湿度处理间化学成分差异

样品名称		还原糖（%）	总糖（%）	蛋白质（%）	总氮（%）	烟碱（%）	钾含量（%）	氯含量（%）	糖碱比	碱氮比
中部叶	T1	20.1	32.7	8.98	1.82	2.23	1.96	0.26	14.68	1.22
	T2	27.5	33.3	8.75	1.73	1.93	2.09	0.25	17.26	1.11
	T3	24.4	34.3	7.62	1.42	1.17	2.19	0.33	29.36	0.82
	T4	17.4	31.9	8.23	1.58	1.52	1.89	0.26	20.93	0.96
	T5	16.3	32.5	8.65	1.70	1.83	2.09	0.24	17.78	1.08
上部叶	T1	16.4	30.5	10.16	2.15	3.04	1.62	0.28	10.05	1.41
	T2	20.5	31.6	10.18	2.14	2.96	2.15	0.30	10.69	1.38
	T3	19.5	33.2	8.60	1.93	3.19	1.53	0.37	10.41	1.65
	T4	20.2	33.3	7.70	1.57	1.95	1.59	0.27	17.07	1.24
	T5	16.8	33.4	8.40	1.71	2.09	1.94	0.25	16.00	1.22

注：T1：干球42℃、湿球37℃、干球54℃、湿球38℃；T2：干球42℃、湿球37℃，干球54℃、湿球39℃；T3：干球42℃、湿球38℃，干球54℃、湿球38℃；T4：干球42℃、湿球38℃，干球54℃、湿球39℃；T5：以当地常规烘烤工艺作为对照

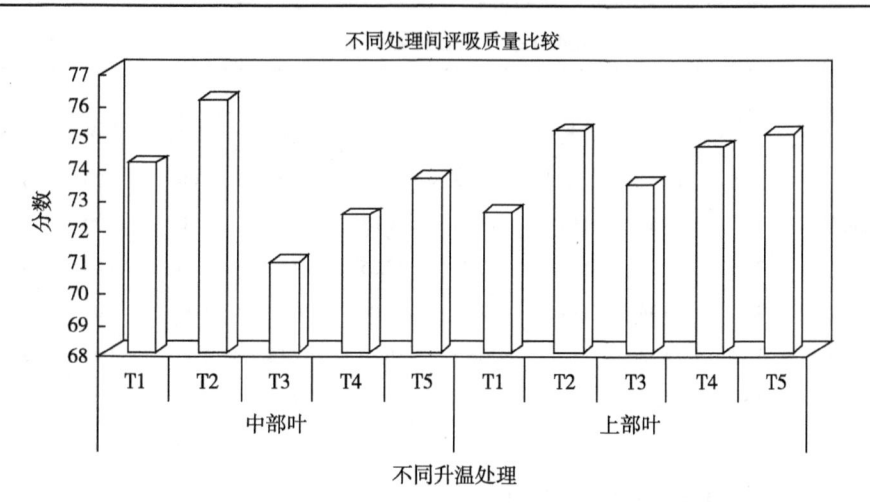

图4-23　关键温度点湿度处理烤后烟叶评吸质量

注：T1：干球42℃、湿球37℃，干球54℃、湿球38℃；T2：干球42℃、湿球37℃、干球54℃、湿球39℃；T3：干球42℃、湿球38℃，干球54℃、湿球38℃；T4：干球42℃、湿球38℃，干球54℃、湿球39℃；T5：以当地常规烘烤工艺作为对照

因此，烟叶在变黄阶段应保持低温中湿慢速变黄，使得烟叶在干球温度42℃时，充分变黄塌架。具体是干球温度42℃以前，湿球温度不超过37℃，风机转速维持在960r/min左右，并在42℃时拉长变黄时间在16h左右，防止烟叶出现硬变黄，减少光滑叶。但同时也要防止变黄过度，使得烟叶颜色变暗，分量减少。

（三）定色期升温速度控制

定色期不同的升温速度处理（T1：1℃，1h；T2：1℃，1.5h；T3：1℃，2h；T4：当地常规烘烤工艺）的烤烟内在质量（表4-122）和评吸质量（图4-24）显示，T1、T2、T3处理的中部叶评吸质量差异不大，但均较对照有明显提高，中部叶处理以T2分数稍高。对T1、T2、T3处理的品质描述为清甜韵好，清晰明亮，细腻柔和，微有蛋白气，舒适性较好，余味较干净舒适香韵较好；而对照处理则有香气量稍欠充足，有枯焦杂气等缺点。说明定色阶段升温速度在1℃，1~2h时均较当地常规烘烤工艺能提高烟叶的评吸质量。

表4-122 定色阶段不同升温处理初烤烟主要化学成分

样品名称		还原糖（%）	总糖（%）	氯含量（%）	总氮（%）	烟碱（%）	钾含量（%）	蛋白质（%）	糖碱比	碱氮比	施木克值
中部叶	T1	22.0	30.3	0.37	1.44	1.73	1.07	7.13	17.56	1.20	4.25
	T2	31.8	38.3	0.37	1.53	1.43	0.86	8.04	26.76	0.93	4.77
	T3	26.8	34.3	0.37	1.58	2.15	1.05	7.53	15.99	1.36	4.56
	T4	27.2	35.6	0.42	1.68	1.70	1.08	8.67	20.98	1.01	4.11
上部叶	T1	23.2	34.7	0.44	1.80	2.33	1.38	8.71	14.90	1.30	3.98
	T2	23.8	30.4	0.29	2.38	2.52	0.91	12.14	12.07	1.06	2.50
	T3	25.3	34.4	0.33	1.95	2.21	0.99	9.80	15.56	1.13	3.51
	T4	24.0	31.6	0.51	2.30	2.55	0.98	11.62	12.37	1.11	2.72

注：T1为1℃，1h；T2为1℃，1.5h；T3为1℃，2h；T4为以当地常规烘烤工艺作为对照，图4-24同

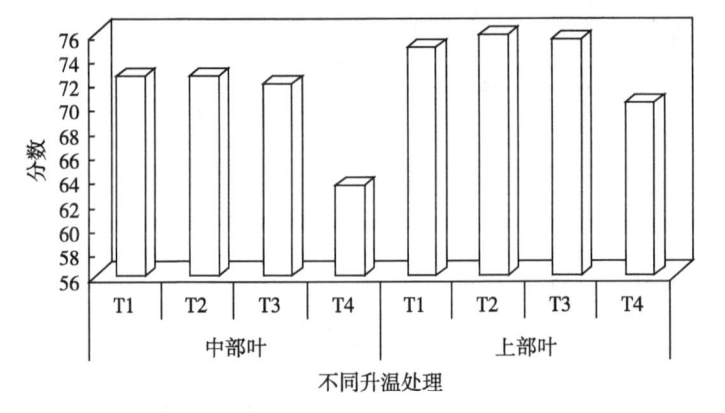

图4-24 定色阶段不同升温处理的初烤烟评吸质量

上部叶评吸质量结果同中部叶较为类似，也即上部叶T1、T2、T3处理评吸质量差异不大，但均较对照有明显提高，各处理以T2分数稍高。品质描述也较对照减少木质杂气，提高香气量。说明定色阶段升温速度在1℃，1~2h时无论中部叶还是上部叶均能较当地常规烘烤工艺能提高烟叶的评吸质量。

因此，在定色阶段应根据烟叶变化适当调整湿球温度，正常烟叶54℃以前湿球温度一般不要超过39℃，并在54℃时保持湿球温度为39℃，定色阶段干球温度应以1℃，1.5~2h的升温速度缓慢升温，在54℃时要求顿火时间在8h左右。此时风机转速应保持1 450r/min，以加快烟叶水分散失，促进干燥。

二、密集烘烤优化工艺验证及示范

（一）烘烤成本

按照示范工艺烤烟可以减少烘烤能耗，降低烘烤成本，每千克干烟总成本中部叶和上部叶示范工艺分别比对照工艺低2.73%～4.42%和16.27%～16.88%（表4-123）。

表4-123　能耗统计

试验处理		装烟量（kg）	干烟量（kg）	干烟煤耗（块/kg）	干烟电耗（kW·h/kg）	干烟能耗总成本（元/kg）
中部叶	示范	3 441.2a	469.0a	3.30a	0.31a	1.74a
	对照	3 110.8b	418.6b	3.43b	0.29b	1.83b
上部叶	示范	3 129.9a	484.8a	2.27a	0.37a	1.39a
	对照	2 783.6b	433.5b	2.93b	0.35b	1.66b

注：示范工艺试验及其对照处理煤耗以煤球计算，每块0.45元；电价0.99元/kW·h。每列中字母相同者表示差异未达显著水平（$P>0.05$），字母不同者表示差异达显著水平（$P<0.05$），下同

（二）烟叶经济性状

在烤后烟叶经济性状上，中部叶均价示范工艺较对照高5.81%～8.72%，上部叶均价示范工艺比对照高6.31%～9.52%。示范工艺能减少中部叶和上部叶的下低等烟比例，增加中、上部叶上中等烟比例（表4-124）。示范工艺能明显增加中、上部叶橘黄烟比例，橘黄烟比例可增加19%～25%（表4-125）。

表4-124　烤后烟叶等级结构

试验处理		上等烟比例（%）	中等烟比例（%）	下低等烟比例（%）	均价（元/kg）
中部叶	示范	46.54a	45.18a	8.28a	16.83a
	对照	25.31b	59.30b	15.39b	15.48a
上部叶	示范	41.35a	49.31a	9.34a	16.57a
	对照	24.55b	60.91b	14.54b	15.13a

表4-125　烤后烟叶颜色分布　　　　　　　　　（单位：%）

试验处理		橘黄烟比例	柠黄烟比例	杂色烟比例	含青烟比
中部叶	示范	69.20a	23.83a	6.51a	0.46a
	对照	43.17b	46.39b	7.98b	2.46b
上部叶	示范	62.31a	28.24a	8.22a	1.23a
	对照	43.28b	40.91b	13.11b	2.70b

（三）烟叶内在质量和感官评吸质量

采用示范烘烤工艺，可降低烟碱、总氮含量，提高还原糖、总糖含量，氮碱比和糖碱比更加协调（表4-126），显著提高烤后烟叶感官评吸质量，有效改善了烟叶的香气质和余味，降低了烟叶的杂气和刺激性（表4-127）。

表4-126　化学成分

试验处理		烟碱（%）	还原糖（%）	总糖（%）	总氮（%）	钾（%）	氯（%）	氮碱比	糖碱比
中部	示范	2.45	23.61	31.42	1.88	1.93	0.31	0.77	12.83
	对照	2.53	21.26	30.43	1.62	1.85	0.29	0.64	12.05
上部	示范	3.03	17.32	29.75	2.29	1.96	0.25	0.76	9.82
	对照	3.25	15.24	26.18	2.56	1.98	0.23	0.79	8.06

表4-127　感官评吸质量　　　　　　　　　（单位：分）

试验处理		得分							
		香气质	香气量	杂气	刺激性	余味	燃烧性	灰色	总分
中部	示范	16.1	15.0	13.9	15.0	15.1	4.0	3.9	83.0
	对照	15.8	14.6	14.4	14.9	14.6	4.0	3.8	82.1
上部	示范	14.6	14.7	13.9	14.0	14.5	3.9	3.5	79.1
	对照	14.8	14.3	13.5	14.0	14.4	3.8	3.6	78.4

三、密集烤房装烟设备及装烟方式研究

（一）叠层装烟技术

1. 烤能

通过实施叠层装烟技术，与常规方式相比，增加了烤房装烟量，可提高装烟容量幅度15%左右（表4-128）。

表4-128　不同处理烤房装烟容量

试验地点	处理装烟数量	对照装烟数量	处理比对照增加数量	处理比对照增加幅度（%）
利川市	3 147.26kg	2 728.39kg	418.87kg	15.35
房县	550杆	485杆	65杆	13.4

2. 烤房内温度、湿度均匀性

相对于分层装烟，由于其较大的装烟密度，叠层装烟方式在定色期时烤房内温差较大，对烤房内温度的均匀性产生了一定影响。在定色期，叠层装烟方式烤房内平均温差达到了3.03℃，较分层装烟的1.55℃提高了1.48℃，达到了95.48%。而在变黄期和干筋期，叠层装烟方式与分层装烟方式间的温差仅为0.19℃和0.53℃，显示出叠层装烟在变黄期和干筋期的烤房温度分布较为均匀。这可能是因为在定色期烤房内湿度较大，与分层装烟方式相比，叠层装烟方式没有足够的空气流动空间，导致在定色期时烤房中间烟叶密集处温度较低，传热不均。而在变黄期，由于加热初期，温差不大，均匀性差异不明显，而在干筋期，叶片逐渐干燥，空气流动空间增大，大大减少了这种不均匀性（表4-129）。

表4-129　烤房内各时期平均温度的绝对差值

时期	装烟方式	1	2	3	4	5	6	7	8	9	10	11	12	平均
变黄期	叠层	2.37	0.47	1.33	0.97	1.43	1.23	1.17	1.73	0.77	—	—	—	1.27
	分层	3.66	1.54	0.26	1.44	2.66	0.36	0.74	1.94	1.46	1.54	0.54	0.64	1.08
定色期	叠层	4.89	4.79	2.11	0.69	0.09	1.71	2.59	0.59	9.81	—	—	—	3.03
	分层	3.81	2.41	0.59	0.81	2.89	3.31	0.11	3.99	2.71	0.71	4.09	2.29	1.55

（续表）

时期	装烟方式	1	2	3	4	5	6	7	8	9	10	11	12	平均
干筋期	叠层	2.47	3.07	2.43	1.53	0.57	2.53	0.77	0.97	1.33	—	—	—	1.74
	分层	2.75	2.65	0.15	1.15	0.95	2.95	0.25	3.45	0.25	0.95	3.45	2.75	1.19

注："—"为数据缺失

3.烤后烟叶质量

叠层装烟对烤后烟叶的外观质量没有明显的影响；但在烟叶的内在化学成分的协调性上有所改善（表4-130），提高了烟叶的评吸质量（表4-131）。

表4-130 不同装烟方式中部烟叶烤后化学成分

处理	烟碱（%）	总氮（%）	氮碱比	总糖（%）	还原糖（%）	钾（%）
对照	1.75	1.36	0.78	35.50	26.50	2.32
叠层	1.61	1.38	0.86	36.50	29.70	2.10

表4-131 不同装烟方式中部烟叶烤后评吸质量 （单位：分）

处理	得分							
	香气质（18分）	香气值（16分）	杂气（16分）	刺激性（20分）	余味（22分）	燃烧性（4分）	灰色（4分）	合计（100分）
对照	15.3	13.3	13.1	16.9	18.1	4.0	3.3	84.0
叠层	15.7	13.5	13.2	17.2	18.2	4.0	3.8	85.6

4.能耗

叠层装烟方式比传统的分层装烟，煤耗降低了约3%，同时也降低了烤房的电耗，每千克干烟的电耗从0.29kW·h降低至0.257kW·h，降低了11.38%。

（二）移动装烟车

采用移动装烟车装烟，与挂杆相比在装烟容量上增幅较大，可达51.49%；增加装烟量后，烟叶的烘烤能耗有所降低，与挂杆烘烤相比，每千克干烟电耗降低0.13kW·h、煤耗降低0.42kg，成本降低0.55元，有效提高了烤房利用率及热能利用率（表4-132）；烤后烟叶经济性状来看，增加了密集烤房密度后，烤后烟叶的橘色烟率提高，杂色和青筋明显减少，均价提高（表4-133）。并且可明显提高装烟和下烟的效率，减少装卸烟用工，装烟效率提高196.87%。

表4-132 移动装烟车烘烤能耗

处理	装烟容量（kg）	总耗电量（kW·h）	总耗煤量（kg）	干烟耗电量（kW·h/kg）	干烟耗煤量（kg/kg）	干烟烘烤能耗成本（元/kg）
烟杆	2 851	185	625	0.49	1.64	2.08
移动烟车	4 319	205	700	0.36	1.22	1.53

表4-133 移动装烟车烤后烟叶经济性状

处理	橘黄烟比例（%）	柠黄烟比例（%）	含青烟及杂色烟比例（%）	均价（元/kg）
烟杆	29.36	26.56	44.08	13.60
移动烟车	53.88	27.15	18.97	18.24

（三）不同装烟设备应用效果对比

抽屉式移动装烟架、快速笼式烟夹、散叶堆积装烟4种装烟方式装烟量较挂杆烘烤均有所提高，用工成本、能耗成本均明显降低，烤后烟叶质量均符合烟叶生产的需求，有利于烟农减工降本增加收益，但各种装烟方式其装卸烟的便捷程度及生产应用成本各有优劣（表4-134）。

表4-134 不同装烟设备的装烟容量

设备类型	单房装烟量（kg）	装烟增加量（kg）	提高百分比（%）
烟杆	2 851	0	0.00
抽屉式移动烟架	4 659	1 808	63.41
快速笼式烟夹	3 743	892	31.29
散叶堆积	3 525	674	23.64

快速笼式烟夹由"L"形支架、活动板和梳式烟叉等部分组成。由于其操作简便、改变了传统复杂的编烟方式，与烟杆绑烟相比装烟量有所提高，并且节省了绑烟的时间，烘烤效果与烟杆绑烟相类似，但是上烟过程比较费工，这种装烟方式仍然分3层上烟，因每个烟夹较重，顶层和中层上烟比较吃力而不能达到省工的目的，并且烟夹材料也需进一步改进，研制出更为实用的烟夹，

减轻烟叶装炕环节的劳动强度（表4-135和表4-136）。

表4-135 不同装烟设备烤后烟叶经济性状

处理	橘黄烟比例（%）	柠黄烟比例（%）	含青烟及杂色烟比例（%）	均价（元/kg）
烟杆	29.36	36.56	24.08	15.60
抽屉式移动烟架	53.88	27.15	16.97	18.24
快速笼式烟夹	51.32	20.50	20.18	17.18
散叶堆积	47.63	29.85	22.52	16.78

表4-136 不同装烟设备烘烤能耗

处理	总耗电量（kW·h）	总耗煤量（kg）	干烟耗电量（kW·h/kg）	干烟耗煤量（kg/kg）	干烟烘烤能耗成本（元/kg）
烟杆	187.9	625.4	0.49	1.64	2.08
抽屉式移动装烟架	265.1	751.7	0.36	1.22	1.53
快速笼式烟夹	198.4	641.7	0.38	1.20	1.53
散叶堆积	235.8	675.2	0.37	1.44	1.81

散叶堆积装烟装烟室内设有堆烟栅，装烟过程中将烟叶叶柄朝下叶尖朝上烟叶成一定角度竖放在烟栅上，因整个装烟过程需在烤房中操作，环境温度较高影响工人装烟效率；顶层装烟时劳动强度较大，一个工人需站在高处装烟，下面的工人为其递烟也比较困难（表4-137）。

表4-137 不同装烟设备亩烘烤成本 （单位：元）

处理	每年所需烤房及设备成本	能耗成本	用工成本	烘烤总成本
烟杆	215.26	312.0	171.0	698.26
移动烟车	188.38	229.5	61.2	479.08
快速笼式烟夹	225.58	229.5	85.2	540.28
散叶堆积	216.90	271.5	76.8	565.20

注：电价为0.55元/（kW·h），煤价为1 100元/T，工价为50元/个计算

抽屉式移动装烟架是一种保留烟叶装3层的装烟方式,满足现在密集烤房大容量装烟的需求。其装卸烟操作简单,省时省力,具有烟夹装烟的优点,又避免了劳动强度的提高。装烟时在装烟操作平台上进行,装完烟后用液压装置将其竖起推到烤房中即可适合在密集烤房群推广应用。

第六节　GAP烟叶生产操作规范与标准体系构建

良好农业规范(Good Agricultural Practices,GAP)是发达国家普遍采用的农业管理模式。烟草GAP可定义为:在以经济效益为目的生产优质烟叶的同时,致力于土壤、水源、空气和动植物生命环境方面的保护和维持,是一种关心烟农经济利益,为烟农提供安全工作环境,负责任的烟叶生产规范和管理体系。在吸收研究成果和引进先进生产技术的基础上,集成配套形成了"金神农"林中烟区新的生产技术规范和新的烤烟生产综合标准体系。

(一)轮作规划

通过深化现代烟草农业的建设,以专业合作社加大土地流转力度,"金神农"林中烟区基本实现了以烟叶与水稻轮作和烟叶与玉米轮作为主的全面覆盖,减少了病虫害的发生。

(二)保护性耕作

以保护环境、突出特色为目标,禁止在坡度大于25°的坡地种植烟叶,坡度大于25°的烟田应改为梯田后才可种植。推广应用斜坡或等高线起垄、地膜覆盖、作物秸秆覆盖等多种技术措施减少土壤侵蚀,保护土壤。

(三)土壤改良

根据烟区土壤存在的问题,和有关土壤改良的研究成果,大力推广了施用农家肥、商品有机肥、种植绿肥等多种土壤改良措施。2009—2013年农家肥和饼肥的应用面积达100%;美旺、龙安、酵素菌等商品有机肥推广面积30%以上。轮作期间种植绿肥,坚持施用有机肥,提倡使用饼肥、农家肥等有机肥,注重耕地用养结合,改善了烟区土壤团粒结构。

（四）测土配方施肥

全面推广测土配方施肥，注重烟地培育养护，促进烟叶落黄成熟和提高烟叶品质。每年11—12月在烟叶主产区取土样并化验分析，根据分析结果和施肥经验作出施肥方案。域内测土配方施肥（三要素）面积达80%以上。针对郧西等区（县）部分土壤存在缺镁、缺锌的症状，增施不同梯度和组合的镁肥、锌肥处理，显著改变了烟叶烤后正反面色差（即双色烟），大大提高了烟叶质量。

（五）育苗技术

1. 低成本基质技术

根据专家组对《烤烟漂浮育苗降低基质成本新途径研究》的鉴定意见，结合生产实际，在"金神农"植烟区重点示范推广"50%砂质+50%普通基质（半填装）"技术，当前已累计推广近3万亩。

2. 高茎壮苗技术

高茎壮苗标准：苗龄60～65d以上，真叶6～7片（每片剪掉2/3），叶片黄绿，茎高9～12cm，茎粗2.2～2.5cm，绕指不断，韧性好，根系发达，整齐无病。

关键技术要点：一是适时早播，海拔800m以下，2月13—20日完成播种，海拔800m以上，2月20—28日完成。二是控制池水深度，播种至十字期育苗池加水，控制水深1cm，十字期至断水炼苗阶段，控制水深2～3cm。三是6叶1心开始剪叶，共剪3～4次。四是移栽前断水炼苗不少于10d。五是提高大棚前期温度，推广大棚套小棚的双棚双膜育苗技术。六是实行烟苗成苗验收制度，育苗工厂烟苗未经技术员验收达到壮苗标准，一律不得对外供苗。七是加强消毒管理，确保浮盘消毒彻底，苗床喷施杀虫剂、除草剂，杜绝无关人员进育苗大棚。

（六）不适用烟叶处理技术

为认真贯彻落实国家烟草专卖局、湖北省烟草专卖局关于优化烟叶结构、推进订单生产工作要求，结合全市烤烟生产实际，烤烟田间不适用烟叶处理，清除下部2片、弃烤上部2片共4片不适用烟叶，"金神农"林中烟区30万亩烤烟，田间消化不适用烟叶鲜叶约168.50万担（1担=5kg，全书同）左右，折合干烟叶20.80万担左右。实行不适用烟叶田间处理后，下低等烟叶收购比例控制在5%以内，上等烟叶达到55%以上，上中等达烟叶95%以上。

在竹山堵河源基地单元开展的订单生产试点，对应浙江中烟"利群"品牌，生产收购量3万担，生产、收购、调拨等级结构均符合浙江中烟要求。订单生产试点田间不适用烟叶处理技术为：清除下部3片、上部3片共6片不适用烟叶，下部3片叶不烘烤直接处理，上部3片叶采烤结束后再集中处理。实行订单生产，下低等烟叶收购比例控制在1%以内，上等烟叶达到60%以上，上中等达到烟叶99%以上。

（七）上部叶一次性采烤技术

按照有关技术要求，结合试验示范情况，在"金神农"林中烟区主推上部叶一次性（分片）采烤技术。该技术在海拔1 200m以下的烤烟区100%推广。

（八）节能烘烤

烟叶的正确调制和烤房管理，对优化烟叶产量、质量和提高烟叶产值都非常关键。推广节能烘烤，应用新型换热设备、新型变频自控系统、新型风机等密集式烤房，平均每千克干烟节约标煤0.5kg（折合0.4元/kg干烟），平均节约烘烤用工1.2～2个/亩，烟农亩收益增加48～80元，为烟农节约烘烤劳务支出175.36万元/年。

（九）转基因控制

烟草种植严把品种关，严禁种植国家品种库之外的品种。区域内两个主栽品种（'云烟87'和'K326'）经中国烟草进出口烟叶检测站进行转基因检测，检测结果为非转基因烟草。

（十）病虫害综合防治（IPM）

1. 建立病虫害预测预报系统

每年分别于幼苗期、团颗期和成熟期，在所有植烟乡镇开展病虫害普查，并在典型植烟乡镇设立烟草病虫害测报点，其中，国家级测报点3个、省级测报点2个、市级测报点3个，主要工作任务为：定期发布烟草病虫害测报信息、病虫害统防统治技术培训、本地主要病虫害系统调查、生产期间采集疑难病症和典型病症样品。

2. 绿色防控

运用预防为主，农业、物理、化学和生物防治相结合的绿色防控方法，对烟草病虫害进行综合管理。全面开展烟叶—水稻或烟叶—玉米轮作规划，防治地下害虫，且在烟田内安装黄板（每亩10张）、烟青虫等害虫性诱剂诱捕器、频振式太阳能杀虫灯，尽可能少地使用农药。另外，使用宝丽安等生物农药、低毒低危害农药（严格按中国烟叶公司的有关要求执行），并依据病虫害测报信息开展专业化植保防治。

3. 赤星病综合防治技术

（1）选择种植区域

将烟区安排在海拔700~1 300m的区域的缓坡、阳坡地。尽量避免阴坡、陡坡和河边低洼地。

（2）搞好品种布局

一是选择抗（耐）病或比较抗（耐）病的品种，如'K326''云烟87'"K346"等品种。二是防止品种单一，导致病害大范围流行，一般一个县主栽品种2个为宜。三是搞好品种轮换，一个区域，比如一个乡一个品种种植1~2年后，改种别的品种。

（3）实行连片轮作

在每种烟种植1~2年后，进行轮作换茬。换茬以小麦、玉米等禾本科作物为宜，禁止与马铃薯、番茄、茄子、辣椒等茄科作物轮作（更不能间作、套种）。零星轮作换茬效果不佳，宜连片进行，以收到更好的效果。

（4）培育无病壮苗

100%推广漂浮育苗。

（5）做到平衡施肥

按照控N、稳P、增K的原则，全市亩施纯氮5~7kg，少数个别地块可达7.5kg；N:P:K为1:（1.2~1.5）:（2.5~3），提倡在此配比范围内多施钾肥；追肥用硫酸钾或硝酸钾。生长正常偏旺的用硫酸钾，生长偏弱的用硝酸钾（用硝酸钾时应考虑氮肥总量控制）。大面积推广喷施磷酸二氢钾，普遍喷施2次（旺长期和平顶期）。常年易发赤星病的区域宜在团棵期也喷1次。严禁施用尿素。

（6）坚持及时采收

一是坚持成熟采收标准，成熟后及时采收。二是合理确定户种烟面积，从当年考虑，要能保证与劳力配套；从长远考虑，要有土地进行轮作。一般户种8～10亩为宜。三是烤房与面积要配套。一般每座普通标准烤房配套面积8亩左右，最多不超过10亩，每座密集烤房不超过20亩，超过此面积就要增加烤房。

（7）保持田间卫生

及时打掉底脚叶、烟杈、病株并带出田外集中销毁，或放入石灰池灭菌。及时锄杂草。烟叶采收完毕后及时拔除烟杆，运出田外集中烧毁或作燃料使用，不得堆放在田间地头，以减少病菌残留。烟地在秋冬要深翻晒垡冻土杀菌。

（8）加强药剂防治

全市用药普防两次，第三次施药根据田间病情掌握，若雨水较多应掌握在雨前2～3d和雨后各施一次，重发区域或地块可再增加施药次数；选择40%菌核净可湿性粉剂、赤斑特、多宁（替代波尔多液）、多抗霉素、灰核宁等；下部叶成熟时喷施第一次药，隔7～10d再喷施一次；严格按照说明书配制，先将药桶放少量清水，然后放入农药，再加够清水搅匀即可，每亩用药液量50kg左右；喷药时要由下至上，正反叶面喷到；防治同一种病一般不要同时使用2种或多种农药，有一种即可，用药可与喷叶面肥相结合，以节省用工。

（十一）重金属控制

通过正规渠道统一采购过磷酸钙、生物有机肥、饼肥、复混肥等，对这些肥料中砷、镉、铅、铬、汞含量进行了检测，各指标均符合国家相关标准（表4-138）。

表4-138　肥料重金属检测报告

（单位：%）

肥料种类	砷	镉	铅	铬	汞
过磷酸钙	0.000 5	0	0.004	0.001 2	0.000 3
生物有机肥	0.000 4	0	0	0	0
生物有机肥	0.000 4	0	0.000 5	0	0
饼肥	0.000 5	0	0.000 3	0	0
饼肥	0.000 2	0	0.000 5	0	0

（续表）

肥料种类	砷	镉	铅	铬	汞
复混肥10∶10∶20	0.000 3	0	0.002 2	0.001 1	0
国家标准	0.005	0.001	0.02	0.05	0.000 5

注：数据来源于上海化工研究院国家肥料检测中心

（十二）农残控制

害虫发生没达到防治标准不准用药；烟叶采收前15d不准用药；总用药次数控制在5次以内。通过采取以上措施，农药盲目使用状况得到了改善，用药次数逐年减少，由项目实施前的6~7次减少到3~4次，化学农药的使用量与项目实施前相比减少了30%~40%，病虫为害明显降低，烟叶农残得到了有效控制。经农业农村部烟草产品质量监督检验测试中心检测，烟叶农残均低于CORESTA烟叶安全性限量。

（十三）非烟物质控制

要求从田间种植开始根除非烟物质源，在烟叶烘烤、分级处理、储存保管及烟叶供应和运营过程中除去一切非烟物质。通过控制非烟物质宣传，烟叶种植采收调制规范管理，建立非烟物质污染烟叶的拒收参数，规范烟叶存放场地等一系列措施，提高烟农对非烟物质问题的认识，提高烟叶的纯净度。

（十四）质量追溯

烟叶质量可追踪性，是指单个烟农或特定的一群烟农的烟叶，可以从农户一直追踪到加工完成的成品烟叶，同时也可以从加工完成的成品烟叶反追回到它的源头——烟农。湖北省烟草公司十堰分公司与厦门中软海晟信息技术有限公司和武汉中软科技服务有限公司联合，建立了一个针对十堰烟区的信息化管理平台—烟叶软件系统，以烟叶工作流程为主线，将计划与收购、生产管理、集并调运、仓储管理、质量追踪进行信息化管理。通过实践探索，基本建成了烟叶生产收购质量追溯体系。并结合烟叶农残控制、非烟物质控制、重金属控制等进行了抽检和考核。可以实现对烟叶等级合格率低、非烟物质含量高、有农药残留、有重金属残留的烟包的追溯，对应烟农进行帮扶、整改，情节严重的取消其下年种烟合同（图4-25）。

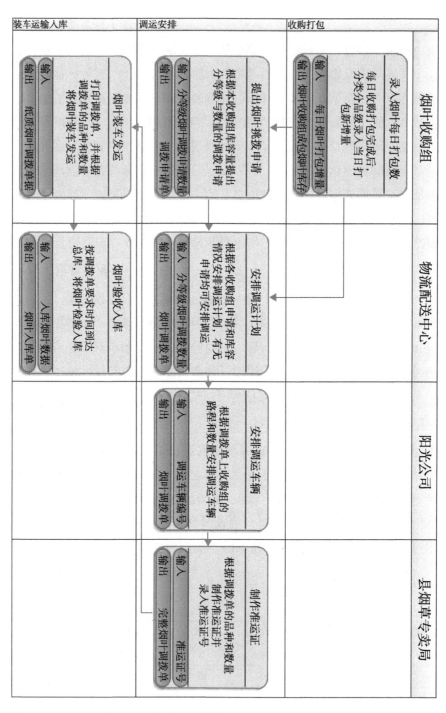

图4-25 烟叶调拨流程

第五章 "金神农"林中烟高效生态农业生产模式

传统烟草农业生产模式以生态资源为代价，长期广种薄收、水土资源和肥料的利用率较低，同时造成了生态环境的巨大破坏，而理想的生态环境是优质、特色烟叶的开发和生产的基础。为此，发展高效生态烟草农业，以区域农业可持续发展为出发点，以生态学有关原理和现代烟草农业的特点为理论基础，依托山区生态资源，运用现代科学技术，同时结合传统农业精华，以节约资源和环境保护的综合种养技术为重心，以先进组织管理制度为主导的生态、现代烟草农业和现代科技技术为主线，解决环境与农业发展所带来的矛盾，实现烟草农业的可持续发展，最大限度地利用农业资源，获得最佳生产力和经济效益，促进农业增产、农民增收。从而真正走出一条资源节约、环境友好、产品安全、经济高效、技术密集、人力资源得到充分发挥的现代烟草农业发展道路。

第一节 高效生态烟草农业概述

高效生态烟草农业，是以生态学理论和生态经济学原理为指导，在生态农业保护、改善农业生态环境的前提下，运用系统高效生态农业工程方法和现代科学技术，集约化经营的农业发展模式。高效生态农业是一个农业生态经济复合系统，将农业生态系统同农业经济系统综合统一起来，以取得最大的生态经济整体效益。它也是农、林、牧、副、渔各业综合起来的大农业，又是农业生产、加工、销售综合起来，适应市场经济发展的现代农业。

一、高效生态农业发展现状

生态农业于1924年从欧洲兴起，并在20世纪30—40年代的瑞士、英国和日本等国得到发展；进入60年代后，欧洲的许多农场开始转向生态耕作；但直到70年代末东南亚国家才开始研究生态农业。经过近一个世纪的发展，人们对生态农业的理解已发生了翻天覆地的改变。既要发展生产，又要保护环境，维持农业生态系统的良性循环。目前，对高效生态农业的概念、模式、关键技术，国内外已进行了大量分析和研究，并在高效生态农业的理论和实践方面均取得积极进展。相关研究结果表明，一个国家或地区选择哪种类型的高效农业模式，与其本地的资源、地貌、气候以及国力、财力与科学技术等综合因素是密不可分的。以农业机械化程度较高的美国、加拿大、澳大利亚等国为例，由于人均耕地面积较多，主要以提高单位劳动生产率为目标的高效生态农业模式；德国、日本、荷兰等国，由于生态农业在整个农业中所占的比例还很低，重点研究能量密集型高效生态农业模式与技术；法国、罗马尼亚等国，重点研究机械集约化的高效生态农业模式，同时兼顾土地生产率的高效生态农业模式的研究。

我国的生态农业是20世纪80年代初由农业经济学家叶谦吉提出的，为中国农业和经济社会的全面、协调和可持续发展做出了重要贡献。而高效生态农业是在生态农业、可持续农业基础之上发展起来的新型农业生产模式。这一模式的出发点是经济效益、生态效益与社会效益的同步提高。近年来，随着科学技术的发展，诸多学者先后研究了中国及各地（如黄河三角洲、三峡库区及各个省份经济生态区）高效生态农业的发展模式、技术途径及战略对策等。然而，高效生态烟草农业的内涵、特征及其增产增效原理研究或已有涉及，但仍不够简洁、不够明确、不够深入、不够系统和全面。因此，对高效生态烟草农业的内涵、特征、原理、模式、技术体系等作一全面、深入、系统地分析和研究，以期为21世纪新阶段中国高效生态农业的发展提供依据和参考。

二、林中烟高效生态农业的内涵和特征

（一）内　涵

林中烟高效生态农业是以绿色消费需求为导向，集约化经营和生态资源可持续发展的现代烟草农业。林中烟高效生态农业的内涵主要体现在高效、生态和结合。所谓高效，就是要求农业具有较高的土地生产率、资源利用率、社会效益和生态环境效益。所谓生态，就是以生态学规律和生态经济学规律为理论基础，依据经济学原理与传统科学技术和现代科学技术有机结合，为社会提供绿色安全优质农产品，又能实现农业资源永续利用，使农业走上可持续发展的道路。同时兼顾集约化经营和生态资源可持续发展的有机结合，特别强调以下3个结合：一是农、工、商和研相结合，实现烟草产业最大效益化和资源利用率；二是传统生态农业技术与现代烟草农业高新技术相结合，例如将传统的烟草轮作种植技术、用地与养地结合技术等，与现代生物技术、信息技术、新材料技术、新能源技术等有机结合起来；三是将自然资源利用与人力资源开发相结合。通过以上述林中烟高效生态农业内涵的分析，进一步扩展了高效生态农业的领域、全方位提升了高效生态农业的效益。因此，可以说内涵丰富、领域宽广、技术先进、效益显著的高效生态农业，是未来农业发展的方向。

（二）特　征

1. 完整性和复杂性

林中烟高效生态农业必须强调系统内生物链的完整性和生物种类的复杂性，满足物质和能量流动的转化效率最大化。高效生态农业模式要求比一般的生态农业模式组成的生物链和生物种类和数量更加丰富，达到生态系统的稳定性和物质能量的高转化效率。相关研究结果表明，高效生态农业的生物种类和数量往往是一般生态农业的2~3倍，甚至是3~5倍或更高。

2. 多元化和集约化

高效生态农业的生物资源、经济资源及社会资源的有机结合，在最大化配置原则下，高效生态农业技术的多元化手段是高产出，低消耗的高效生态农业的先决条件。高效生态农业强调集约经营，这种经营方式是劳动密集，能量密

集、商品密集相交叉的集约密集，避免片面的集约化。充分考虑系统内各要素之间在功能上和数量上的相互依存和相互制约关系。通过集约经营，使农业系统内各要素互利共生、协调发展，提高系统的自组织能力，增殖自然资源，维持系统生产的高效益，形成持续稳定高产的多元化和集约化的高效生态农业。

3. 高效化和产业化

高效生态农业主要体现的核心特征是高效，在时间上烤烟与其他农作物进行"重叠""镶嵌"，做到"超额用季、用时"，如采用间作、混作、套作和复种等；在空间上通过间、混、套作立体种植，多层次利用空间，包括地上部空间和地下部空间的光、热、气、肥等各种资源，实现立体用光、立体利用资源的目的；高效生态农业的另一个显著特征是商品化和产业化，是农业走向市场的必然前提，传统农业结构的功能效率很低，农产品商品率很低，而高效生态农业考虑系统内外环境的生态条件和经济条件，提高农业生产率，开放市场，疏通流通渠道，使农业生产向商品生产专业化、产业化、社会化方向发展，使农业发展进入资源高效化，商品高效化、系统高效化。高效生态农业注重保护农业环境质量，反对污染，尽管高效生态农业不排除一定化学能量的投入，但必须通过新的技术手段将污染控制在最低水平，使土地生产力持续稳定，并形成"无废物""无污染"的高效生态农业结构。因此，高效生态农业是一种综合效益好、可持续发展的新型现代农业发展模式。

第二节　林中烟高效生态农业生产模式构建与示范

高效生态农业模式是一项系统工程，是实现生态农业系统功能的技术手段；它是生态学和经济学原理在开展生态农业建设过程中的具体运用。黄国勤（2011）等对高效生态农业模式的内涵和基本特征做了详细的剖析，表明在生态农业建设中，必须兼顾考虑农业的社会效益、经济效益和生态效益，并在实践中表现稳定且具有较强的可操作性的系统或单元。高效生态农业模式是在生态农业模式基础上发展起来，因此高效生态农业模式的构建需要对生态农业模式进行分析。关于生态农业的模式，国内外已有多方面的研究。国外高效生态农业生产模式主要是同资源合理利用和生态环境保护紧密联系在一起，体现了可持续发展的思想，代表了未来农业的一个发展方向。农业部在2002年对全国征集的370种生态农业模式，进行反复研讨的基础上，经过严格的遴选和提炼后，推出生态农业十大生产模式，即北方"4位1体"生态模式、南方"猪—沼—果"生态模式、平原农林牧复合生态模式、草地生态恢复与持续利用模式、生态种植模式、生态畜牧业生产模式、生态渔业模式、丘陵山区小流域综合治理利用型生态农业模式、设施生态农业模式、观光生态农业模式。

高效生态烟草农业应该吸取我国传统农业的精华和国外农业发展的经验教训，在遵照生态学原理和应用现代科学技术方法的基础上，大力提高烟叶生产可持续发展的能力和林中烟烟叶的竞争力。首先，高效生态烟草农业生产模式，加强科学技术的支撑引领作用，合理地安排烟叶生产结构和品种布局，促进各种物质在系统内部的循环和多次利用，尽可能减少燃料、肥料和其他原材料的输入。在不会明显改变原生态环境的情形下，形成一个投入、产出合理的烟草农业生产系统，提高烟叶种植的劳动生产率、土地产出率和资源利用率，从而大大提高经济效益。其次，高效利用自然生产力，由于不合理的开发、利用土地和其他各种自然资源，造成土壤生产能力和烟叶质量下降。发展生态烟草农业，可持续农业生产技术与传统耕作技术相结合，避免对自然资源掠夺式经营和滥用，使自然资源得到持续地利用，促进生态良性循环，减少对生态环境的污染，从而为特色、优质烟叶开发创造良好环境。

一、林中烟高效生态农业生产模式的构建

高效生态农业模式的表述较多，是各组成要素在整个系统网络中的地位和相互循环关系的具体表达；它可以看成物质、能量、信息等要素在空间、时间和数量方面的最佳组合和选择，也可以看成某宏观区域内实现农业可持续发展的农业生态经济动态模型，该生产模式可作为样板进行借鉴或推广；它是用于发展农业生产的各种要素，包括自然、社会经济技术因素等的最佳组合方式，是具有一定结构、功能、效益的实体，是资源永续利用的具体方式；生态农业模式就是一项系统工程，是实现生态农业系统功能的技术手段；它是生态学和经济学原理在开展生态农业建设过程中的具体运用。借鉴前人看法，高效生态

烟草农业模式是指特定时空条件下，在生态农业实践中形成的、具有优化结构与稳定功能的若干生产要素的合理组合形式，生态农业模式在相似条件下具有推广价值和借鉴意义。

（一）高效生态农业生产模式的现状分析

中国生态农业类型多种多样，从不同视角可以形成不同的分类结果。从生态农业发展的整体出发，依据模式所应用的生态学原理、核心技术内涵和模式的普遍性等，同时参照前人研究成果，将我国生态农业模式归纳为以下几种主要模式。

1. 立体资源高效模式

该模式利用生态系统中不同海拔地带、不同空间环境组分的差异和不同生物种群适应性的特点，在空间立体结构上进行合理布局，发挥生态系统整合效应。立体种植、立体养殖或立体种养是在半人工或人工环境下模拟自然生态系统原理进行生产的方式。通过高技术与劳动密集相结合的途径，使农业结构处于最优化状态，最终实现生态效益与经济效益的结合，发挥系统的整体性与功能整合性。该模式组成农业生态系统的时空结构，建立立体种植格局，组成各种生物间共生互利的关系，合理利用空间资源，并采用物质和能量多层次转化手段，促使物质循环再生和能量的充分利用，同时进行生物综合防治，少用农药，避免重金属污染物或有害物质进入生态系统。

2. 生态资源高效利用与综合治理模式

我国不少地区，生态环境的制约因素已经成为农业可持续发展的制约因素，如黄土高原和华南的水土流失问题，黄淮海平原及西北灌溉农区的盐碱化问题，西北的干旱与沙漠化问题等。在这些地区，发展高效生态农业必须从高效水土资源利用和生态环境综合治理开始。在生态环境建设实践当中，逐渐形成了适合不同区域的生态环境建设模式，如水资源高效利用模式、土壤可秩序高效利用模式、生态恢复与治理模式等。在这种模式下，利用梯田、沿沟筑坝蓄水、等高种植、集雨窖、作物覆盖等技术，高效利用水土资源，较好地控制了水土流失，对天然降水进行了很好的利用，不少地区还取得了生产、生态和经济社会全面发展的"双赢"结果。湖北省保康县水资源有效利用技术，采用隔垄沟覆膜保水，取得了良好的农业生态系统保育的效果。

3. 物质与能量循环模式

该模式是按照农业生态系统能量流动和物质循环规律而设计的一种良性循环的农业生态系统。该模式中食物链结构型模式通过模拟生态系统中的食物链结构，在农业生态系统中实行物质和能量的良性循环与多级利用，使系统中一个生产环中的产出（或废弃物）与另一个生产环的投入相联系，使得系统中的废弃物多次循环利用，从而提高能量的转换率和资源中国生态农业类型多种多样，从不同视角可以形成不同的分类结果。物质与能量循环模式可以合理组织生产，最大限度地发掘资源潜力，节省资源且减少环境污染。通过链环的衔接，使系统内的能流、物流、价值流和信息流畅通，从而提高经济、生态和社会三大效益。

4. 规模化多元复合型生态农业模式

该模式依据生态学和农业经济学的规模效益原理，将生态系统内的资源充分整合，实现提高自然生产力和产业链条的延伸，实现工、农、商一体化，实行规模化、集约化生产，有利于生态产品的进一步增值，达到系统内各成分相互协调，使系统处于良性循环的稳定状态。生产基地、企业和市场紧密相连、集约化运作是该模式的显著特点。该模式实质上是生态农业产业化和多元化模式，即在生态环境建设与保护的同时，以市场需求为导向，以经济效益为中心，依托本地生态资源，实行区域化布局、专业化生产、规模化建设、系列化加工、一体化经营、社会化服务、企业化管理，使农业经济走上自我发展、自我积累、自我约束、自我调节的良性循环轨道。它是在农业产业化基础上，通过生态农业产业化，把"农民（基地）—企业—大市场"三者紧密、有机地结合起来，形成一个利益共享、风险共担、共同发展的实体，建立生态良性循环的生态经济系统。

（二）高效生态烟草农业生产模式的理论探讨

高效生态农业需要在生产环节导入现代科技，而且要建立健全科技开发与推广体系、农业信息网体系和农业产业化服务体系。在吸收中国传统农业思想精华，结合现代农业科学技术的基础上，着眼于着力发展优势特色烟叶基地建设，发挥资源优势，从而形成具有特色的烟草农业可持续高效的发展模式。

1. 因地制宜原则

根据不同的生态区域，遵循生态经济原则，围绕优质烟叶开发，以市场为导向，以优势生态资源合理开发为支点，使生态资源得到高效利用。因地制宜原则就是最大限度地开发当地光、温、水、土和植物资源，使之高效和永续利用，结合各典型生态区域内部条件的差异性特点，设计出生态烟草农业发展模式，以适应不同地区烟叶生产需要。充分发挥资源和环境优势，逐步形成特色优质烟叶的基地核心竞争力。

2. 循环再生原则

循环再生原则的本质核心是实现人工调控与自然调控的有机结合，达到充分利用和保护自然资源。依靠高新科学技术与传统经验相结合控制烟叶生产环境和生态环境污染继续恶化趋势，建设良性循烟草农业生产模式。首先，防治病、虫、草、害的技术。其次，轮作制是烟田人工演替的一种常见途径。通过多熟、间作、套种耕作制，以户为单位合理调整耕地种植结构，建立以烟为主，综合利用的多类型耕地合理利用模式。合理优化资源配置，显著提高土地等资源利用率和生产效率。最后，利用食物链。通过对再生资源的利用及各种促进土壤肥力提高的生物学措施，提高系统的自我维持能力。例如，秸秆还田是保持土壤有机质的有效措施。在一定条件下，如果利用糖化过程先把秸秆变成饲料，而后用牲畜的排泄物及秸秆残渣来培养食用菌，生产食用菌的残余料又用于繁殖蚯蚓，最后才把剩下的残物返回烟田，经济效益和社会效益也会得到稳步提升。虽然最后还田的秸秆有机质的肥效有所降低，但增加了生产沼气、食用菌、蚯蚓等的直接经济效益。因此，循环烟草农业值得在高效生态烟草农业模式中探索和实施。

3. 经济、生态与社会效益相结合的原则

我国在当下资源环境问题突现的背景下，更注重生态环境的可持续性，在维护好生态环境的前提下，以提高生产力及效益为基本目标，核心是注重资源的充分利用与环境的保护，强调经济、社会、生态3种效益协调发展，特别强调经济效益的取得建立在维护生态效益的基础之上，追求生态与经济效益的

统一。高效生态农业不但能充分合理的利用、保护和增殖自然资源，加速物质循环和能量转化，有显著的生态效益，而且应大大提高土地利用率和资源利用率，为社会创造数量多、质量好和多样化的农产品，满足人们对农产品不断增长的需要。

二、林中烟高效生态农业生产典型模式

林中烟高效生态农业生产典型模式包括：一是以生态资源高效利用、生态资源农业病虫害综合防治等技术为依托，以高效栽培制度为主体，间种套作、立体种植、合理安排的农业种植生态农业模式；二是以林中烟品牌为生产对象，以现代管理体系建设和产业化技术为保障，构建区域以农户为基础的现代生态农业模式。以"金神农"林中烟区生产模式为例（图5-1），采用"生态切入、定点跟踪、品牌对接、技术配套"的模式，即结合烟区生态特点和烟叶质量历史数据，筛选典型采样点，通过最优栽培法生产代表性烟叶，对烟叶样品外观质量、物理特性、化学成分、感官评吸质量和烟叶安全性进行跟踪评价，揭示烟叶质量风格特征和特色；在典型采样点开展品种、施肥、农艺措施研究，进一步挖掘产区烟叶质量风格特征；结合卷烟品牌要求，进行烟叶质量风格特征对接和定位，并配套关键生产技术，进行"金神农"林中烟区特色优质烟叶原料区域开发，形成生产技术体系和标准，最终建设质量风格特征突出、符合高效生态农业生产典型模式。

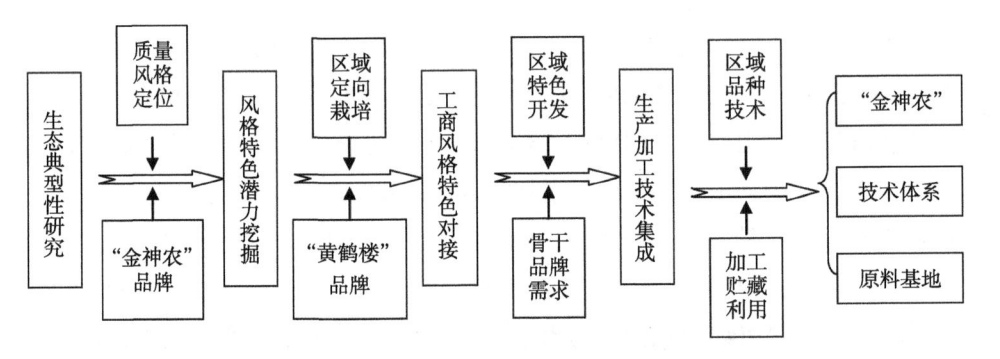

图5-1 林中烟高效生态农业生产典型模式

第三节 林中烟高效生态农业生产模式的评价与应用

一、效益评价

（一）经济效益

1. 开发推广效益

在"金神农"烟区的十堰市、宜昌（兴山）、襄阳（保康、南漳）和神农架林区的开发推广面积，超额完成了项目的计划指标。其中，十堰烟区累积开发推广面积37.62万亩，在宜昌烟区开发推广面积16.50万亩，在襄阳烟区开发推广28.85万亩，神农架林区示范推广面积1.38万亩，实施期间累计示范推广面积为84.63万亩（表5-1）。

表5-1 "金神农"烟区特色优质烟叶开发推广面积统计 （单位：万亩）

推广烟区	2009年	2010年	2011年	2012年	2013年	合计
十堰市	6.88	7.14	7.28	7.82	8.50	37.62
宜昌市兴山县	3.60	4.00	3.20	2.90	2.80	16.50
襄阳市保康县、南漳县	5.10	6.20	5.64	5.86	6.05	28.85
神农架林区	0.20	0.10	0.28	0.30	0.50	1.38
合计	15.78	17.44	16.4	16.88	17.85	84.35

根据对4个产烟地市各示范点烟叶产量、产值及上等烟统计（表5-2），与项目实施前3年（2006—2008年）的均值相比，十堰平均亩产量增加6.71kg，亩增产值191.90元，上等烟率达到44.56%，比传统烟叶生产模式实施前提高了72.99%；宜昌兴山平均亩产量增加2.54kg，亩增产值332.67元，上等烟率达到44.39%，比传统烟叶生产模式实施前提高了33.63%；襄阳平均亩产量增加14.41kg，亩增产值335.00元，上等烟率达到38.38%，提高了13.15%；神农架林区平均亩产量增加4.26kg，亩增产值312.45元，上等烟率达到36.64%，提高了37.23%。

表5-2 开发推广后烟叶产量、产值增加值比较

推广烟区	产量增加 （kg/亩）	产值增加 （元/亩）	上等烟率提高 （%）
十堰市	6.71	320.04	72.99
宜昌市兴山县	2.54	332.67	33.63
襄阳市保康县、南漳县	14.41	335.00	13.15
神农架林区	4.26	312.45	33.23
均值	6.98	325.04	39.25

2. 烟农新增产值测算

2009年"金神农"林中烟区的烟农收益新增产值约5 073.28万元，2010年烟农新增产值约5 533.86万元，2011年烟农新增产值约5 609.51万元，2012年烟农新增产值约5 524.19万元，2013年烟农新增产值约5 834.7万元，通过湖北省"金神农"林中烟区特色优质烟叶开发的实施和技术成果推广，实施期间累计烟农新增产值27 575.54万元（表5-3）。

表5-3 "金神农"烟区特色优质烟叶开发项目烟农新增产值测算 （单位：万元）

推广烟区	2009年	2010年	2011年	2012年	2013年	合计
十堰市	2 202.52	2 285.12	2 329.17	2 502.713	2 720.34	12 039.86
宜昌市兴山县	1 099.87	1 140.61	1 303.56	964.76	931.50	5 440.30
襄阳市保康县、南漳县	1 708.40	2 076.88	1 889.29	1 962.98	2 026.63	9 664.18
神农架林区	62.49	31.25	87.49	93.74	156.23	431.20
合计	5 073.28	5 533.86	5 609.51	5 524.19	5 834.7	27 575.54

3. 企业利润增加测算

2009年在"金神农"林中烟区，4个地市级烟草公司企业利润增加2 030.36万元，2010年烟草企业利润增加2 214.07万元，2011年烟草企业利润增加2 245.27万元，2012年烟草企业利润增加2 305.64万元，2013年烟草企业利润增加2 428.56万元，通过湖北省"金神农"林中烟区特色优质烟叶开发的实施和技术成果推广，实施期间4个地市烟草公司企业利润累计增加11 223.90万元（表5-4）。

表5-4　"金神农"烟区特色优质烟叶开发项目企业新增利润测算　　（单位：万元）

推广烟区	2009年	2010年	2011年	2012年	2013年	合计
十堰市	881.01	914.05	931.67	1 008.78	1 096.5	4 832.01
宜昌市兴山县	439.95	456.24	521.42	472.56	456.26	2 346.43
襄阳市保康县、南漳县	683.36	830.76	755.72	785.24	810.70	3 865.78
神农架林区	26.04	13.02	36.46	39.06	65.10	179.68
合计	2 030.36	2 214.07	2 245.27	2 305.64	2 428.56	11 223.90

4. 政府新增税收测算

在"金神农"林中烟区，2009年4个产烟地（市）政府新增税收1 116.47万元，2010年政府新增税收1 217.63万元，2011年政府新增税收1 270.58万元，2012年政府新增税收1 310.93万元，2013年政府新增税收1 379.74万元，通过湖北"金神农"林中烟区特色优质烟叶开发项目的实施和技术成果推广，项目实施期间4个地市政府新增税收累计为6 295.34万元（表5-5）。

表5-5　金神农烟区特色优质烟叶开发项目政府新增税收测算　　（单位：万元）

推广烟区	2009年	2010年	2011年	2012年	2013年	合计
十堰市	484.55	502.73	512.42	555.22	603.50	2 658.42
宜昌市兴山县	241.97	250.94	286.78	259.90	250.94	1 290.52
襄阳市保康县、南漳县	375.85	456.91	451.64	474.66	490.05	2 249.11
神农架林区	14.10	7.05	19.74	21.15	35.25	97.29
合计	1 116.47	1 217.63	1 270.58	1 310.93	1 379.74	6 295.34

注：政府新增利税包括烟叶税和增值税

5. 节支收入测算

在"金神农"林中烟区，由于一系列技术的推广应用减少生产物资投入，以及由此导致的减工降本产生了巨大收益。其中2009年4个产烟地（市）在植烟过程节支收入为1 652.00万元，2010年4个产烟地（市）在植烟过程节支收入为1 825.25万元，2011年4个产烟地（市）在植烟过程节支收入为1 713.12万元，2012年4个产烟地（市）在植烟过程节支收入为1 765.70万元，2013年植烟过程节支收入1 860.52万元，实施期间累计节支收入为8 816.58万元（表5-6）。

表5-6 "金神农"烟区特色优质烟叶开发项目节支收入测算 （单位：万元）

推广烟区	2009年	2010年	2011年	2012年	2013年	合计
十堰市	368.10	409.00	327.20	296.53	286.30	1 687.13
宜昌市兴山县	772.28	801.47	817.18	877.80	954.13	4 222.85
襄阳市保康县、南漳县	501.59	609.77	554.69	576.33	595.02	2 837.40
神农架林区	10.03	5.02	14.04	15.05	25.08	69.21
合计	1 652.00	1 825.25	1 713.12	1 765.70	1 860.52	8 816.58

注：节支收入为由于减少生产物资投入及由此导致的减工降本收益

（二）生态效益

"金神农"烟区特色优质烟叶开发生产模式的实施过程中，通过推广节能烘烤、植树造林、新型烤房及煤球节能烘烤等技术，推广率100%，植树造林累计超过5 000亩，通过联合政府部门大力实施水土保持及环境保护措施，烟区的生物多样性进一步增强，有效保护"金神农"烟区生态环境；通过土地整治、轮作规划、保护性耕作、绿肥种植改良了植烟土壤；通过建立非烟物质处理池、残膜清理、包装袋、瓶回收，提高了烟区环境卫生条件，在烟区全面推广应用GAP管理，增强了"金神农"烟区烟区可持续发展能力，获得了显著的生态效益。

（三）社会效益

"金神农"烟区特色优质烟叶开发生产模式的研究成果在烟草行业内产生巨大影响，并将对新烟区开发具有重要指导意义。同时产生了较大的社会效益，减少能源的消耗、提高土地及水肥利用率。有利于"金神农"烟区环境和生态的保护，有利于"金神农"烟区的可持续发展和美丽乡村建设的要求。在"金神农"烟区带动就业、促进烟农脱贫致富；促进地方经济发展、促进社会进步，改善农村基本设施条件、提高人民生活水平等方面具有巨大的社会效益。

二、应用分析

（一）养分资源高效利用技术

"金神农"烟区特色优质烟叶开发生产模式经过5年（2009—2013年）的推广与应用养分高效利用技术，探索实施化肥的减量增效技术及合理耕作模式来维持土壤养分；推广应用斜坡或等高线起垄、地膜覆盖、作物秸秆覆盖等多种技术措施减少土壤侵蚀，坡改梯1 649亩，有效保护了土壤肥力，促进了土壤的可持续利用。此外，全面开展测土配方施肥技术，提倡使用饼肥、农家肥等有机肥，并加大有机肥的投入量，已累计使用有机肥超过3 000t，改善了烟区土壤团粒结构。提倡轮作和种植绿肥，全烟区累计购进绿肥种子500t。到2011年，示范区基本实现以烟叶与水稻轮作和烟叶与玉米轮作为主的全面覆盖。

（二）病虫害绿色防空技术

"金神农"烟区特色优质烟叶开发生产模式经过5年（2009—2013年）的推广与应用病虫害绿色防控技术，提高了烟农对生态环境保护、烟叶质量及农药残留危害性的认识，目前，全烟区烟叶产区无违禁农药使用。示范区与非示范区相比，农药使用次数明显减少，2009年平均减少2.4次，2010年平均减少3次，2011—2013年平均减少3次。结合到每亩烟田减少农药30%，减少亩用工及用药成本70元，5年累计推广面积84.35万亩，节制收入5 904.5万元。

（三）节能环保烘烤技术

"金神农"烟区特色优质烟叶开发生产模式实施5年来（2009—2013年），因推广节能烘烤，应用新型换热设备、新型变频自控系统、新型风机等密集式烤房6 560座，承担烘烤面积超过27.4万亩，每亩平均产量130kg，每千克干烟平均节约标煤0.5kg（折合0.4元/kg干烟），合计节约烤烟用煤17 810t/年，由此产生的直接经济效益共1 424.8万元/年；平均节约烘烤用工约1.2～2个/亩，烟农亩收益增加48～80元，为烟农节约烘烤劳务支出1 753.6万元/年。

（四）提高上部烟叶可用性技术

通过提高上部烟叶可用性技术的示范和推广，"金神农"烟区上部烟叶一次性采烤提高了上部叶整体成熟度。烟叶叶片结构疏松；橘色烟比率明显增加，烟叶色度饱满；香气量足，香气纯正，地方杂气和青杂气减少；僵硬、光滑和青烟明显减少。在产量产值方面，虽然示范推广区的烟叶亩平单产虽较非示范区有所降低，但上等烟率和橘黄烟率明显高于非示范区，其中上等烟率平均提高5%～10%，橘黄烟率提高10%左右，显著改善了烟叶的等级结构，工业可用性进一步提升。

第六章 "金神农"林中烟
工业应用研究与评价

针对调拨"金神农"烟叶的质量特征和各功能模块的质量目标，湖北中烟工业有限责任公司（以下简称"湖北中烟"）对"金神农"林中烟区烟叶进行了模块配方研究与应用，建立了提香气、调口感等多个功能型配方模块，保证了各功能模块质量稳定、风格特色突出。并通过对配方模块的风格固化和规模扩大，有力支撑了"金神农"烟叶和"黄鹤楼"品牌的协调共赢发展。其中"金神农"烟叶在湖北中烟"黄鹤楼"和"红金龙"中高档卷烟配方中，主料烟占到"黄鹤楼"配方比例的12%，已成为"黄鹤楼"品牌不可替代的核心原料，有力地保障了"黄鹤楼"品牌发展。"金神农"作为川渝中烟工业公司（以下简称"川渝中烟"）第一品牌——"娇子"品牌的优质原料，使用比例在10%左右，在"娇子"品牌主配方中起重要的调香调味作用。"金神农"烟叶在重点骨干品牌中的应用，不断提升和扩大了品牌的市影响力和美誉度。

第一节 品牌导向型林中烟质量特征剖析

一、"黄鹤楼"卷烟品牌对"金神农"烟叶质量特征剖析

金神农烟叶是湖北中烟原料保障体系的重要组成部分，主要调拨区域包含十堰市房县、襄阳市保康县和宜昌市兴山县3个产地，该区域生产的"金神农"特色优质烟叶具有典型的"清香淡雅"质量风格，对塑造和彰显湖北中烟"黄鹤楼"品牌"淡雅香"品类卷烟风格特色发挥了突出作用。

目前，湖北中烟已在"金神农"林中烟区建立了房县、保康和兴山3个品牌

导向型烟叶基地单元，随着该地区烟叶生产和质量水平稳步提升，"黄鹤楼"配方使用比例从5%增加到12%，"金神农"烟叶已发展成"黄鹤楼"品牌核心特色原料。

针对湖北中烟2009年、2010年、2011年调拨的"金神农"烟叶，分别进行了外观质量、化学成分和感官质量评价分析。

（一）外观质量评价

从近3年的外观质量数据可以看出，"金神农"烟叶外观质量基本保持稳定，各等级烟叶表现为颜色多橘黄，成熟度较好，叶片结构较疏松，身份中等，油分有至多，色度中至强。

表6-1 2009—2011年不同等级烟叶外观质量

等级	年份	得分						
		颜色（20分）	成熟度（20分）	结构（15分）	身份（10分）	油分（20分）	色度（15分）	合计（100分）
B2F	2009	18	18	11	7	13	12	79
	2010	18	18	10	6	12	12	76
	2011	18	18	10	6	13	12	77
C2F	2009	18	18	13	9	15	11	84
	2010	18	18	13	9	15	11	84
	2011	18	17	13	9	15	11	83
C3F	2009	17	18	14	9	15	10	83
	2010	17	18	13	8	15	9	80
	2011	17	17	13	8	15	11	81
X2F	2009	16	17	13	6	9	8	69
	2010	15	16	12	6	9	8	66
	2011	16	16	12	6	9	8	67

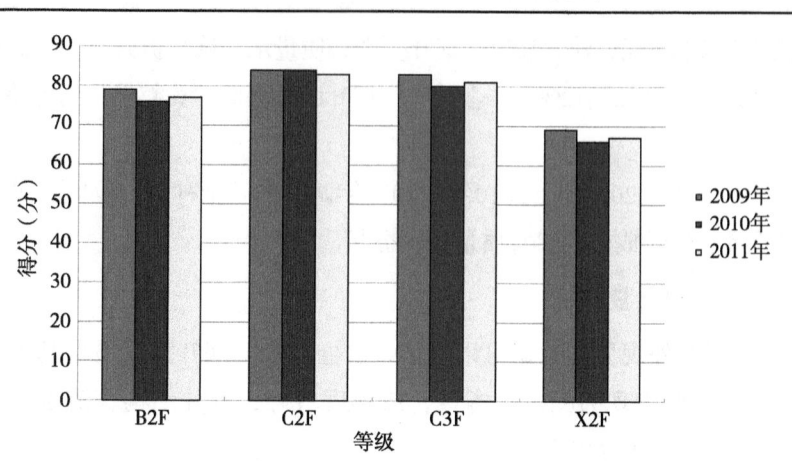

图6-1　2009—2011年不同等级烟叶外观质量总分比较

（二）化学成分分析

根据近3年化学成分检测，各等级烟叶烟碱含量适宜，上部叶烟碱含量3.30%左右，糖碱比值较高；烟叶钾和氯含量适宜，钾氯比值较好；总体而言，"金神农"烟叶化学成分协调性较好，符合"黄鹤楼"品牌原料需求（图6-2、表6-2和图6-3）。

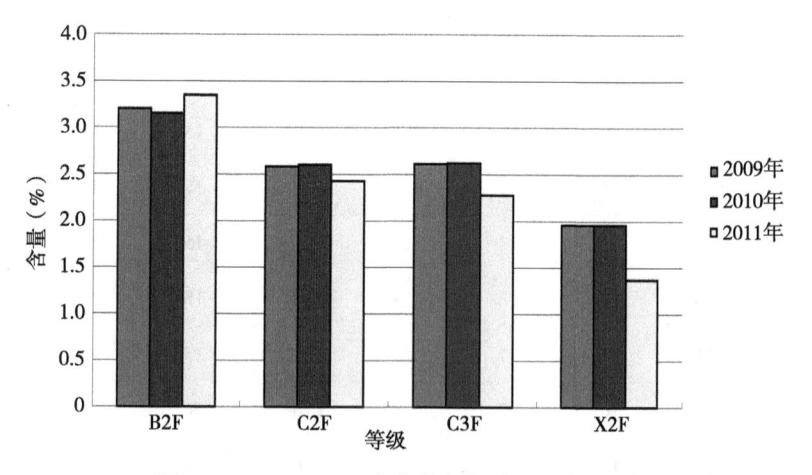

图6-2　2009—2011年各等级烟叶烟碱含量比较

表6-2 2009—2011年不同等级烟叶化学成分

等级	年份	烟碱（%）	总氮（%）	还原糖（%）	总糖（%）	钾（%）	氯（%）	糖碱比	钾氯比
B2F	2009	3.20	2.11	31.12	34.80	1.98	0.07	9.73	28.29
	2010	3.15	2.08	29.12	32.80	1.92	0.09	9.24	21.33
	2011	3.35	2.41	22.45	27.69	1.92	0.21	6.70	9.10
C2F	2009	2.58	1.98	27.54	32.48	2.56	0.08	10.67	32.00
	2010	2.60	1.99	27.80	32.24	2.37	0.07	10.69	33.86
	2011	2.43	1.63	26.54	30.15	2.09	0.14	10.92	14.90
C3F	2009	2.61	2.04	27.60	32.84	2.60	0.08	10.57	32.5
	2010	2.62	2.10	27.42	32.75	2.46	0.07	10.47	35.14
	2011	2.28	1.52	24.38	29.63	1.98	0.17	10.69	11.60
X2F	2009	1.96	1.06	26.87	32.49	2.33	0.09	13.71	25.89
	2010	1.96	1.12	25.87	28.49	2.26	0.08	13.20	28.25
	2011	1.37	1.09	22.92	28.03	1.78	0.13	16.73	13.70

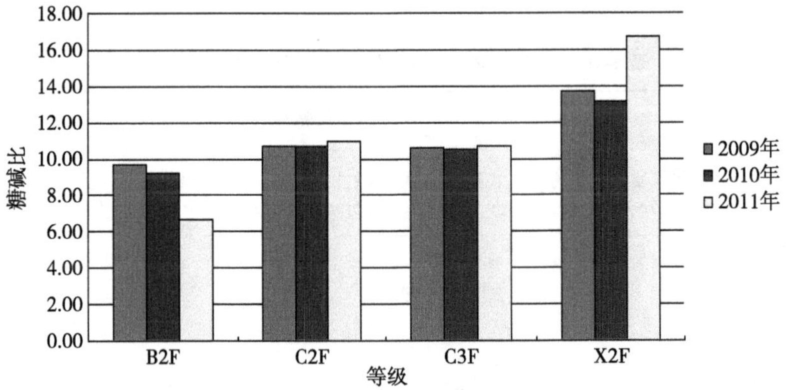

图6-3 2009—2011年各等级烟叶糖碱比

（三）感官质量评价

根据感官评价结果，近3年烟叶香气质感保持稳定，尤其"黄鹤楼"品牌重点原料来源中部上等烟得到高水平保持。"金神农"烟叶近3年烟叶感官评价以2011年最好，2009年次之。2011年烟叶感官质量特点主要表现在烟叶香气质感淡雅飘逸，香气量尚足至足，杂气较轻，烟气平衡感好，柔和、顺畅，浓度劲头适中，刺激性较小，余味较舒适，满足了"黄鹤楼"品牌对原料的特殊需求（图6-4、图6-5和表6-3）。

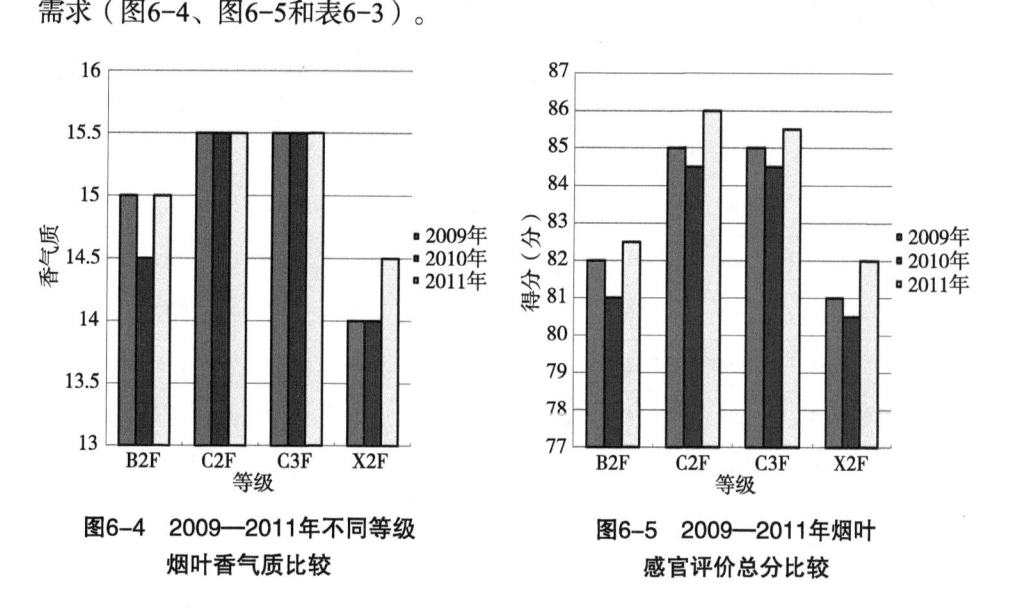

图6-4　2009—2011年不同等级烟叶香气质比较

图6-5　2009—2011年烟叶感官评价总分比较

表6-3　2009—2011年不同等级烟叶感官质量评价

等级	年份	质量特征							
		香气质 （18分）	香气量 （16分）	杂气 （16分）	刺激性 （20分）	余味 （22分）	燃烧性 （4分）	灰色 （4分）	合计 （100分）
B2F	2009	15	13	12.5	16	17.5	4	4	82
	2010	14.5	12.5	12	17	17	4	4	81
	2011	15	13	12.5	16.5	17.5	4	4	82.5
C2F	2009	15.5	13	13	17.5	18	4	4	85
	2010	15.5	13	13	17	18	4	4	84.5
	2011	15.5	13.5	13.5	17.5	18	4	4	86

（续表）

等级	年份	质量特征							
		香气质（18分）	香气量（16分）	杂气（16分）	刺激性（20分）	余味（22分）	燃烧性（4分）	灰色（4分）	合计（100分）
C3F	2009	15.5	12.5	13.5	17.5	18	4	4	85
	2010	15.5	13.5	13.5	17.5	18	3.5	3	84.5
	2011	15.5	13	13.5	17.5	18	4	4	85.5
X2F	2009	14	12.5	12	17	17.5	4	4	81
	2010	14	12	12.5	17	17	4	4	80.5
	2011	14.5	12.5	12.5	17	17.5	4	4	82

（四）"黄鹤楼"品牌淡雅香品类对烟叶原料质量需求

淡雅香品类"淡雅醇和、低害舒喉"风格——以特色优质原料为基础，与天然本草有效成分相协调，既突出芬芳馥郁、清甜柔和的烤烟自然香味特征，修饰其辛辣刺激和令人不愉快的气味，又使天然本草植物香味与烟草本香互为补充，协调统一，增强烟香的丰富感和层次感，还赋予淡雅香品类湿润、圆润、甜润的口感，满足消费者的口味需求。

烟叶原料质量需求为：以风格突出，特色明显，成熟度好、油分足，质量稳定的优质特色烟叶为需求方向；要求烟叶香气好，具有质感清晰明亮、透发、充实饱满、浓郁、醇厚、飘逸、清秀、清甜、圆润、圆熟等特征；口感舒适，喉部舒适、余味干净、回甜；烟气平衡性好，柔和、细腻、成团、绵长、厚实等特征。

（五）"金神农"烟叶原料质量特征分析

"金神农"烟叶风格特征表现为：以正甜香、木香、辛香为主体香韵，辅以清甜香、焦甜香、清香、焦香香韵；正甜香香韵较明显，清香淡雅中间香型特征显著；香气悬浮烟气浓度及劲头适中。

感官质量表现为：香气清甜飘逸，透发性好，烟气醇和细腻、绵长，饱满成团，劲头适中，余味纯净舒适，有一定的留香和回甜感，各项指标均衡，工业可用性好。

外观质量表现为：烟叶发育较好，颜色以浅橘色为主，成熟度较好，身份适中，且均匀度好，色泽鲜亮，油分较多，烟叶纯净，富有弹性。

化学成分协调性较好，烟碱含量适中，两糖含量较高，糖碱比值较协调。

（六）"金神农"特色烟叶较好彰显淡雅香品类卷烟风格

"金神农"烟叶清香淡雅的质量风格特色与淡雅香品类原料质量特色需求高度统一，进一步彰显了"淡雅醇和、低害舒喉"特征，是"黄鹤楼"品牌的核心特色原料（表6-4）。

表6-4　"金神农"烟叶特征与淡雅香产品风格比较

特征指标	"金神农"特色优质烟叶	淡雅香产品
香气特征	清甜飘逸、透发性好	杏气飘逸、透发性好、优雅纯正
烟气特征	醇和细腻、饱满成团	淡雅醇和、细腻流畅
口感特征	纯净舒适、回甜感好	余味舒适、甜润生津
低害特征	原生态、无污染	焦油低、危害指数低

二、"利群"卷烟品牌对"金神农"烟叶质量特征剖析

（一）外观质量

颜色整体呈橘黄，部分等级颜色稍偏柠；烟叶开片较充分，成熟度较好，结构较疏松，身份尚适中，油分尚足，色度表现较均匀、较鲜亮，各等级未有支脉含青和杂色等现象，且把内等级纯度较为一致。总体基本接近原等级烟叶外观质量水平。

（二）化学成分

烟叶总糖含量普遍达到30%以上；上部叶烟叶烟碱含量略偏高，中、下部

烟叶烟碱含量较适宜；钾含量数值较适宜，氯含量数值偏低，烟叶钾氯比数值较高；烟叶两糖比数值0.80左右，反映出烟叶成熟度稍欠；氮碱比在尚适宜的范围内。

（三）感官评吸质量

中间香型，以正甜香韵为主，香气风格显著；香气满足感、透发性表现较好，烟气细腻柔和度较好，稍显干燥，余味舒适感尚可接受，杂气以生青杂气为主，上部烟稍显枯焦气息。

第二节 工业原料配方模块研究

一、"金神农"烟叶功能配方模块的建立

根据"黄鹤楼"品牌原料5种功能模块配方打叶体系，即提香气类、调口感类、调浓度类、调劲头类和配伍类，由"金神农"烟区5个不同产烟县不同部位等级的烟叶，组成了提香气类CAAF功能配方模块，并通过配方试验，确定了该配方模块的比例组成（表6-5）。

表6-5 "金神农"烟叶"提香气类"功能配方模块

烟叶产地	等级类别	所占比例（%）
产地1	C3F	30
产地2	C2F	10
产地3	C3F	20
产地4	C3F	20
产地5	B2F	20
CAAF模块规模		>3万担

（一）功能配方模块质量评价

1. 配方模块化学成分分析

从"金神农"配方模块烟叶的化学成分的分析结果来看（表6-6），配方模块的各指标较均衡，配方烟叶化学成分的协调性较好，这有利于确定优质卷烟产品配方，提高卷烟产品的内在质量。

表6-6　配方模块替代试验样品化学成分　　　　（单位：%）

样品	总糖	还原糖	总碱	总氮	氯	钾
CAAF	25.96	23.45	2.26	2.09	0.18	2.06

2. 模块感官质量评价

通过对"金神农"配方模块进行感官质量评价（表6-7），发现该模块的烟叶香气质较好，香气量较足，香气较丰满，透发性好，杂气轻，烟气柔和细腻程度较好，刺激性轻，余味较干净。模块的感官质量总分为91分，能很好满足产品质量需求。

表6-7　模块感官质量评价　　　　（单位：分）

指标	香气特性					烟气特性				口感特性				总分
	香气质	香气量	丰满程度	浓度	劲头	成团性	细腻程度	杂气	刺激性	干燥感	干净程度	甜度	回味	
CAAF	7.5	7.0	6.5	6.5	7.0	7.0	7.5	7.0	7.5	7.0	7.0	7.0	6.5	91.0

3. 配方模块风格特征和品质特征分析

从"金神农"配方模块风格特征和品质特征可以看出（图6-6），该配方以正甜香、木香、辛香为主体香韵，辅以清甜香、焦甜香、青香、焦香香韵；正甜香香韵较明显，清香淡雅中间香型特征显著；香气悬浮烟气浓度及劲头适中。

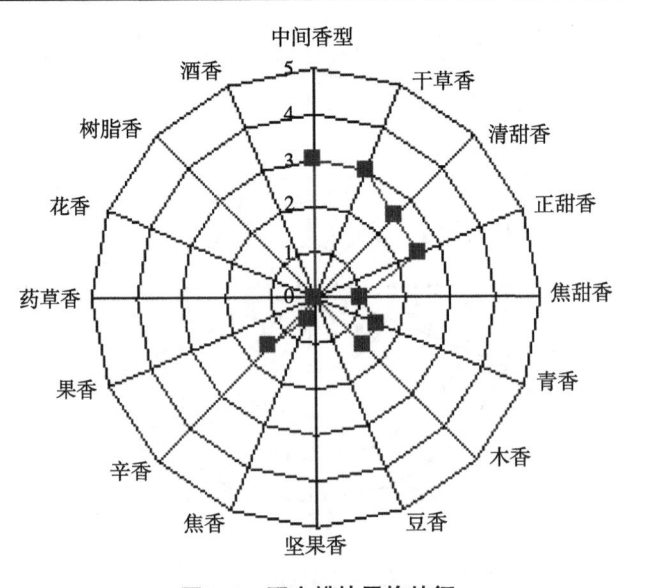

图6-6 配方模块风格特征

4.配方模块与黄鹤楼产品香味轮廓比较分析

"金神农"配方模块与黄鹤楼产品的香味轮廓图表明（图6-7和图6-8），配方模块在甘草香、清甜香和正甜香等方面与黄鹤楼产品较接近，可以作为黄鹤楼产品的特色核心原料使用。

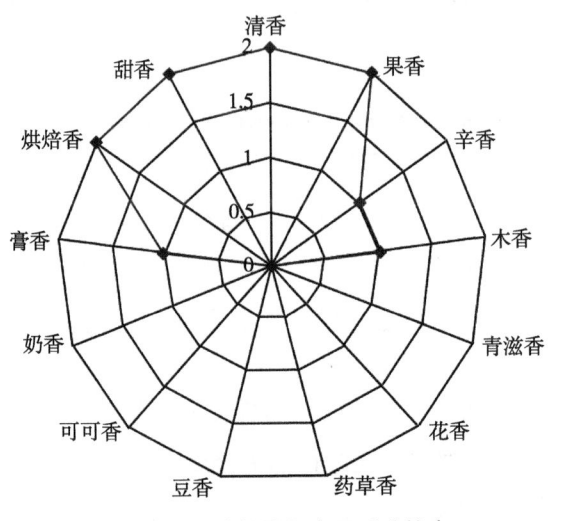

图6-7 "黄鹤楼"产品香味轮廓

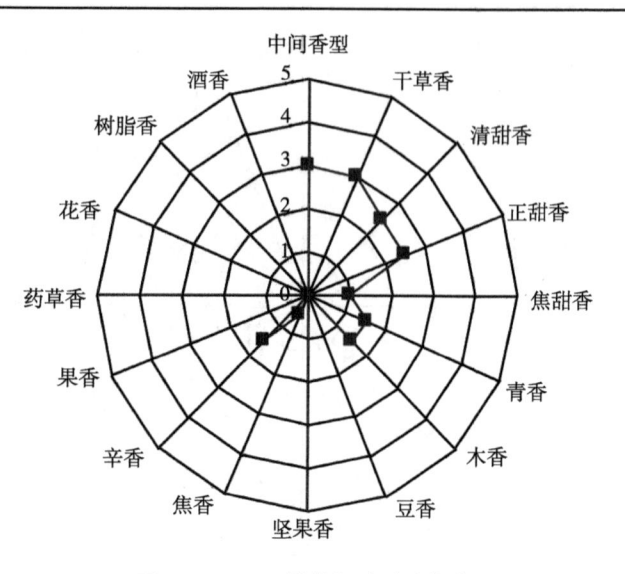

图6-8 CAAF模块烟叶香味轮廓

二、模块进入黄鹤楼配方试验

（一）模块样品与原样感官评吸对比

通过"金神农"配方模块与黄鹤楼样品的感官质量进行对比（表6-8），发现使用"金神农"烟叶比例为10%的条件下，该配方模块的感官评吸与原样基本一致。

表6-8 配方模块工业验证样品感官质量 （单位：分）

样品	得分						
	光泽	香气	协调	杂气	刺激性	余味	总分
原样	—	30	5.5	11	17.5	23	87
模块样品	—	30	5.5	10.5	17.5	23	86.5

（二）使用配方模块"黄鹤楼"品牌样品烟气检测

由配方模块与"黄鹤楼"品牌样品的烟气检测结果可以看出（表6-9），配方模块的主流烟气成分与原样基本一致。

表6-9 配方模块试验样品烟气成分

样品	质量 （g/支）	抽吸口数 （口/支）	总粒相物 （mg/支）	焦油量 （mg/支）	烟气烟碱量 （mg/支）	一氧化碳 （mg/支）
原样	0.893	7.1	15.31	11.9	0.98	12.18
模块样品	0.882	7.1	15.32	11.8	0.99	12.24

（三）不同醇化期烟叶可用性研究

研究了"金神农"烟叶在不同醇化时间过程中外观、化学成分及吸味品质的变化规律。从醇化烟叶的感官质量可以看出（表6-10），"金神农"烟叶的醇化期以15～24个月较好，尤以20～24个月为最佳。

表6-10 不同醇化期样品感官质量得分 （单位：分）

醇化期	香气特性			烟气特性				口感特性						总分
	香气质	香气量	丰满程度	浓度	劲头	成团性	细腻程度	杂气	刺激性	干燥感	干净程度	甜度	回味	
12个月	6.5	6.0	5.5	5.5	5.5	6.0	6.0	6.5	6.5	6.0	6.5	5.0	5.0	76.0
15个月	6.5	6.5	6.0	6.0	6.0	6.0	6.0	6.5	6.5	6.0	6.5	5.0	5.0	78.5
18个月	6.5	6.5	6.5	6.5	5.0	6.0	6.5	6.5	7.0	7.0	6.0	5.0	5.0	80.0
20个月	7.0	6.5	6.5	6.5	5.0	6.0	6.5	7.0	7.0	7.0	6.0	5.0	5.0	81.0
24个月	7.0	6.5	6.5	6.5	5.0	6.0	6.5	7.0	7.0	7.0	6.0	5.0	5.0	81.0

（四）不同年份模块指纹图谱稳定性分析

图6-9为"金神农"烟叶模块的典型指纹图谱，图中001和002是烟叶液相指纹图谱的特征图谱峰组，并利用典型指纹图谱对2009—2011年的"金神农"模块进行质量稳定性评价（图6-10）。此外，通过指纹图谱相似性分析可以看出（表6-11），2009—2011年"金神农"提香气类功能模块CAAF的相似度达到0.99以上，充分证明了"金神农"功能模块烟叶的年际间质量稳定性较好。

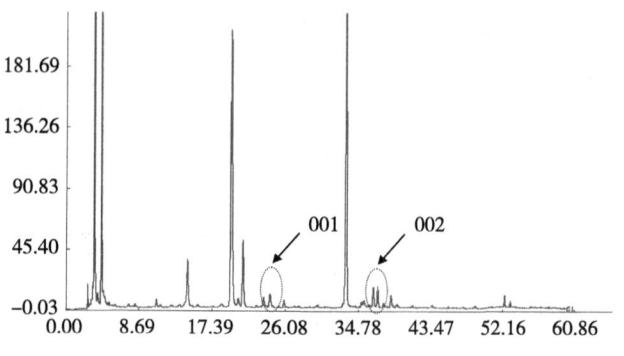

图6-9 "金神农" 林中烟区典型指纹图谱及特征图谱峰

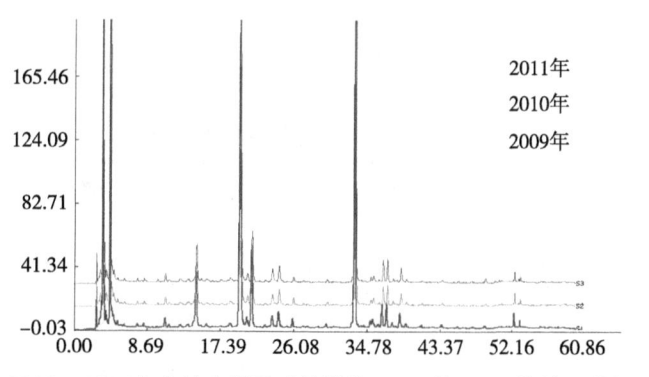

图6-10 2009—2011年金神农提香功能模块CAAF的HPLC指纹图谱相似度比较

表6-11 金神农CAAF模块指纹图谱相似度分析

配方模块	2009-CAAF	2010-CAAF	2011-CAAF
2009-CAAF	1.000	0.994	0.997
2010-CAAF	0.994	1.000	0.992
2011-CAAF	0.997	0.992	1.000

第三节　工业原料应用评价

一、湖北中烟 "黄鹤楼" 品牌应用效果

"金神农" 烤烟清香淡雅中间香型的独特风格,与湖北中烟淡雅香品类原料质量特色需求高度统一,进一步彰显了 "淡雅醇和、低害舒喉" 特征,是

"黄鹤楼"品牌的核心特色原料,对湖北中烟"黄鹤楼"和"红金龙"卷烟品牌的发展起到越来越重要的作用。

(一)"金神农"烟叶与淡雅香卷烟风格高度契合

"金神农"林中烟区原生态的系统,森林覆盖率达70%左右,土壤无污染,水和大气环境条件较好,重金属、农残环境背景值低,且该区热量资源丰富,雨水充沛,光照较充足,属我国优质烤烟生长适宜区,造就了"金神农"特色烟叶生产的独特生态环境基础。生产的"金神农"烟叶具备清香淡雅的中间香型质量风格特色,烟叶香气的优雅感、甜感和口感舒适性与"黄鹤楼"品牌强调的"淡、雅、香"风格相得益彰,烟叶香气质好,烟气形态柔和细腻,口感余味干净舒适在配方中对于丰富烟香,改善烟气形态,增强口感舒适性及彰显淡雅香风格具有显著作用。

(二)"金神农"烟叶在"黄鹤楼"品牌配方使用中比例持续提升

"金神农"烟叶在湖北中烟高档卷烟"黄鹤楼"中的使用情况是:2008年之前该地区烟叶配方的使用比例仅为5%。通过该项目的开发,一方面不断提高了"金神农"烟叶的工业可用性,另一方面湖北中烟通过研究拓宽了该地区烟叶的使用范围,配方使用水平逐年提升。2008年以后配方比例逐年递增2%,到2011年使用比例达到12%,已成为"黄鹤楼"品牌不可替代的核心原料。

湖北中烟在"金神农"林中烟区调拨烟叶规模从2008年的24万担逐步增加到2012年35万担,2013年25万担(图6-11),为黄鹤楼品牌发展提供了稳定的原料保障。

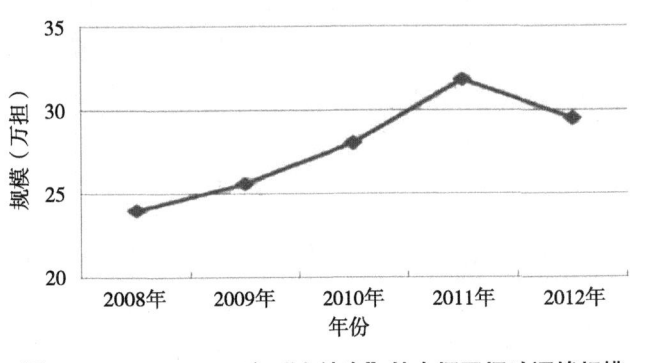

图6-11 2008—2012年"金神农"林中烟区烟叶调拨规模

（三）推动"黄鹤楼"品牌实现跨越式发展

"金神农"特色优质烟叶的开发，不仅扩大了"金神农"品牌的影响力，更有力推动了黄鹤楼品牌的又好又快发展。"金神农"烤烟已发展成"黄鹤楼"品牌核心特色原料。湖北中烟高档卷烟品牌"黄鹤楼"实现了跨越式发展，销售规模从2008年的30多万箱快速增长到2013年的160多万箱（图6-12），一举跃居行业高档卷烟品牌的前列，被誉为行业"异军突起，后来居上"的典型代表。

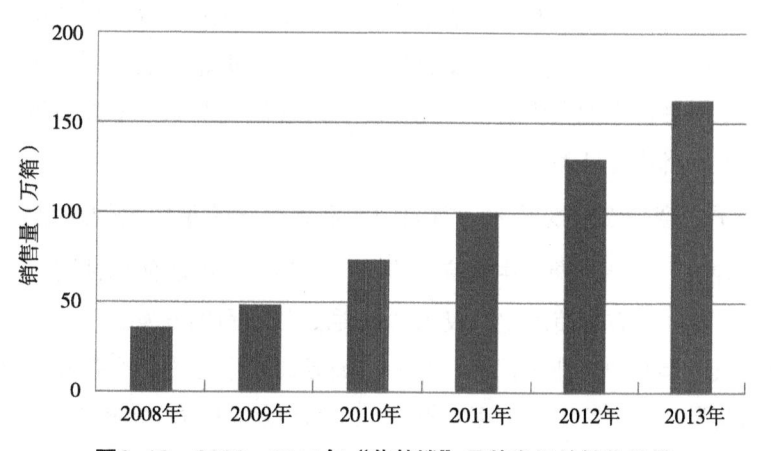

图6-12 2008—2011年"黄鹤楼"品牌卷烟的销售规模

二、川渝中烟"娇子"品牌应用效果

从"金神农"烟叶的质量检测及配方使用来看，工业可用性较高。目前在川渝中烟"娇子"品牌配方中的贡献率不断提升，稳定规模和数量的"金神农"优质烟叶，正成为"娇子"卷烟品牌的可靠原料保障。

（一）"金神农"烟叶风格特色不断提升

"金神农"烟叶呈现叶色为橘黄至浅橘黄，身份适中，成熟度较好，油分较足，组织结构疏松度较好。部分烟叶外观质量达到国家标样水平。化学成分含量在优质烤烟指标范围之内，糖含量较高，钾含量高，氮碱比、钾氯比、两糖差理想,总体上化学成分协调性较为理想。烟叶的香气质、香气量、甜感、余味等质量指标表现都较好。香气表现细腻、优雅、流畅,甜润度好,烟气流畅透发,有较高的浓度,刺激性较小,余味干净,舒适度较好。

(二) "金神农"烟叶在"娇子"品牌主配方中起重要的调香调味作用

"金神农"烟叶具有独特的香味特征,综合品质优良,配伍性强,是用于川渝中烟重点骨干卷烟"娇子"品牌的优质原料。具有增加烟味厚实感,丰富烟香;提高烟气浓度,改善烟气状态的重要作用。主要使用在重点骨干品牌"娇子"的配方中,使用比例在10%左右。川渝中烟从2009年开始调拨"金神农"烤烟,至2013年,已累计调拨25万担。

三、浙江中烟"利群"品牌应用效果

"金神农"烟叶清甜飘逸、有一定的留香和回甜感,烟叶的外观质量较稳定,化学成分的协调性较好,烟气的细腻度和柔棉感较好,这与"利群"品牌"醇和、淡雅"的产品风格相一致,已成为浙江中烟"利群"品牌重要的原料来源。

(一) "金神农"烟叶质量不断提升,工业可用性进一步增强

"金神农"烟叶颜色橘黄,烟叶开片较充分,成熟度较好,结构较疏松,身份尚适中,油分尚足,色度表现较均匀、较鲜亮,各等级纯度较为一致。化学成分中烟叶总糖含量普遍达到30%以上,上部叶烟叶烟碱含量略偏高,中、下部烟叶烟碱含量较适宜,钾含量较适宜,氯含量数值偏低,烟叶钾氯比数值较高。烟叶两糖比数值0.80左右,氮碱比在尚适宜的范围内。烟叶感官质量上总体以正甜香韵为主,香气风格尚显著;香气满足感、透发性表现尚好,烟气细腻柔和度尚好,稍显干燥,余味舒适感尚可接受,上部烟稍显枯焦气息。"金神农"烟叶的工业可用性及其在"利群"品牌卷烟中作用进一步突出。

(二) "金神农"烟叶在"利群"品牌配方中作主料烟使用

目前"金神农"烟叶主要使用在浙江中烟骨干品牌"利群"的配方中,使用比例在5%左右。"金神农"烟叶质量风格特色显著,配伍性好,配打后中

部上等烟模块（以C2、C3为主）能进入"利群"品牌一类和高端卷烟产品配方中作主料烟使用，上部上等烟模块（以B1、B2为主）能进入"利群"品牌二类卷烟产品配方中作主料烟使用。

附　录　"金神农"林中烟区烤烟生产技术规程

1　范围

本规程规定了"金神农"林中烟区烤烟生产技术。

本规程适用于"金神农"林中烟区卷烟品牌原料生产基地。

2　规范性引用文件

下列文件对于本文件的应用是必不可少的。凡是注日期的引用文件，仅所注日期的版本适用于本文件。凡是不注日期的引用文件，其最新版本（包括所有的修改单）适用于本文件。

GB 2635—92　烤烟

NY/T 852—2004　烟草产地环境技术条件

YC/T 371—2010　烟草田间农药合理使用规程

GB/T 23222—2008　烟草病虫害分级及调查方法

GB/T 25241.1—2010　烟草集约化育苗技术规程　第1部分：漂浮育苗

YC/T 370—2010　烤烟中非烟物质控制技术规程

YC/T 192—2005　烟叶收购及工商交接质量控制规程

3　烟叶原料质量目标

3.1　外观质量

颜色浅橘黄至橘黄，身份略薄，油分有，结构疏松，光泽鲜亮。

3.2　感官质量

烟叶香气好，具有质感清晰明亮、透发、充实饱满、浓郁、醇厚、飘逸、清秀、清甜、圆润、圆熟等特征；烟气平衡感好，具有柔和、顺畅、细腻、成团、绵长、厚实等特征；口感舒适，喉部舒适、余味干净、回甜。

3.3 化学成分

上部叶烟碱3.0%±0.2%、中部叶烟碱2.2%±0.5%、下部叶烟碱1.3%~1.8%，总糖27%±7%、还原糖23%±5%，氯含量<0.8%，钾含量>2%，钾氯比>4，糖碱比8~12。

3.4 工业可用性

化学成分协调性较好，工业可用性较高，"金神农"烟叶在对口卷烟品牌配方贡献率较高。

3.5 全性目标

推广应用高效低毒农药，不得使用违禁农药，烟叶农药残留和重金属含量等检测不超标，其中有机氯类、有机磷类无可检测到的含量；菊酯类≤0.5mg/kg，抑芽剂类≤0.2mg/kg，除草剂类≤0.2mg/kg。

4 育苗技术

4.1 育苗时间

1月20日之前，完成苗床整理、物资熏蒸、育苗物资发放。低山植烟区应在2月16—25日完成播种，高山植烟区应在2月底以前完成。同一育苗棚1d内完成播种，同一片区在3d内完成播种。

4.2 壮苗标准

4.2.1 常规移栽

苗龄为出苗后60~65d，8~10片真叶，茎高8~12cm，茎围2~2.5cm，根系发达，茎秆柔韧性好，烟苗大小均匀，群体健壮、生长势强，整齐无病。

4.2.2 井窖式移栽

苗龄45~50d，茎高3~5cm，功能叶4~6片，剪叶一次，或不剪叶，烟苗大小均匀一致，长势健壮，无病虫害。

4.3 苗床管理

育苗前期水深控制在3~4cm以内。采用双膜覆盖、少开大棚门、提前放水、均匀加水等措施提高水温。播种后撒一层0.2cm厚消毒过的细土或育苗基质，避免种子裸露在外面。及时剪叶，剪叶后掐掉子叶晾秆，便于通风透光，避免伤害烟苗的根茎结合部。炼苗时撤掉铺在池子下面的薄膜，使苗子直接与土壤接触，减少对根系的损伤，减少病毒病的传播。育苗期间严禁非工作人员进棚参观等活动。进入育苗场地和进行农事操作前，手和工具必须严格消毒，做到无菌操作，每次剪掉的碎叶，及时清理出苗床，并集中处理。做好苗床病虫害防治，减少烟苗感染病毒。实行烟苗成苗验收制度，烟苗未经技术员验收并达到壮苗标准，一律不得对外供苗，烟苗的发放要有专人管理。规范烟苗运输框的使用，烟苗运输框必须套塑料袋子，同时放少量水，移栽时放在阴凉处。其他技术措施按GB/T 25241.1—2010《烟草集约化育苗技术规程 第1部分：漂浮育苗》要求执行。

5 适宜种植区域

5.1 生态条件

全年无霜期不少于200d。海拔700～1 300m。大田生长期5—9月，日照时数在700～900h以上，平均降水量400～700mm，日平均气温≥20℃的持续日数70d以上，田间适宜温度20～35℃，年平均相对湿度小于82%，最适为70%～80%。

5.2 土壤条件

质地轻壤至中壤，土壤团粒结构良好，土质疏松，土层18cm以上，肥力中等，地力均匀，地势向阳的缓坡地或梯田。

土壤理化指标：pH值5.5～7.5，有机质15～30g/kg，碱解氮120～150mg/kg，速效磷10～20mg/kg，速效钾60～150mg/kg，土壤氯含量30mg/kg以下。

土壤中重金属、放射性物质和农残含量按NY/T 852—2004《烟草产地环境技术条件》执行。

6 种植制度

6.1 建立基本农田保护制度，实行以烟为主的种植制度

6.2 合理轮作种植，坚持3年一轮作

轮作方式：（第一年）烤烟—小麦/玉米/绿肥/闲置—（第二年）玉米/小麦/绿肥/闲置—（第三年）玉米/小麦/绿肥/闲置—（第四年）烤烟。

6.3 烤烟严禁与其他作物间作，也要避免与其他作物套作

7 适栽品种

应种植全国烟草品种审定委员会审定通过的烤烟品种'云烟87'，示范推广'金神农1号'。

8 栽培技术

8.1 大田准备与整地

8.1.1 清理田间杂物

烟叶采烤结束后,及时将烟秆、残膜、塑料袋、农药瓶等杂物清理出田间,丢弃到处理池中统一处理。

8.1.2 冬耕晒垡

11月上旬到12月上旬进行冬耕,烟田的耕翻深度以根系密集范围为宜,耕深25~30cm,并且每2~3年再深耕一次,耕而不耙。

8.1.3 绿肥翻压

绿肥种植品种为箭舌豌豆,在8月底9月初进行播种,播种量6kg/亩,在4月上中旬进行翻压,翻压量1 500kg/亩为宜,同时根据绿肥翻压量,每亩翻压绿肥量1 000kg减少施纯氮量0.5~1.0kg。此次耕深25~30cm,15~20cm土层细碎疏松,表里一致。

8.1.4 改良土壤酸碱度

对土壤pH值7以上的地块,应逐步改善灌溉条件,施肥时着重施用硫酸钾、过磷酸钙等酸性肥料;对土壤pH值5以下的地块,适量施用生石灰进行改良,土壤pH值4.0以下,石灰施用量150kg/亩左右;土壤pH值在4.0~5.0,石灰施用量130kg/亩左右;土壤pH值在5.0~5.5,石灰施用量60kg/亩左右。在栽烟前2个月左右进行,耕地前撒施50%,耕地后撒施50%,并与土壤充分混合。

8.2 起 垄

大田整地、起垄、施肥、覆膜等各项操作应在移栽前10~15d结束。井窖式移栽时间比常规移栽提前15~20d。起垄规格宜为行距1.2m,垄高25~30cm,垄底宽55~65cm,垄面平直,垄体饱满,起垄时应结合基肥施用同时进行。每块烟田四周开围沟,中间开腰沟。腰沟比垄沟深15~20cm,便于及时排水。

8.3 地膜覆盖

地膜规格为聚乙烯农用地膜,宽度70~90cm。在起垄后移栽前10~15d待墒覆膜,覆膜后采光面弧长不低于60cm。覆膜时在垄面喷施敌百虫等杀虫剂防治地下害虫。覆膜时要使地膜紧贴垄体,两侧用土压严、压实,发现有破洞要及时用土封严。同一连片区域3d内完成盖膜。

8.4　施　肥

8.4.1　基本原则

实施平衡施肥技术，控制烟碱含量。坚持"多施有机肥，减少施肥量"和"控氮、稳磷、增钾"的原则，合理补充中微量元素肥料，加大有机肥用量。有机与无机肥相配合、根际施肥与叶面喷施相结合。

8.4.2　肥料种类

可使用的肥料种类包括烟草专用复合肥和复混肥，辅以硝酸铵、硝酸钾、过磷酸钙、硫酸钾、菜籽饼肥、腐熟厩肥、沼肥等。

8.4.3　施肥量及配比

根据种植区域的气候、土壤类型及肥力状况，结合测土结果计算施肥大配方。技术员依据施肥大配方，充分结合每户烟农的土壤肥力状况制定施肥通知单并下发到农户。技术员现场指导烟农精准施肥，真正做到平衡施肥。房县烤烟平衡施肥量见表1。

8.4.4　施肥方法

8.4.4.1　底肥

应在移栽前10～15d起垄时将70%的氮、100%的磷、50%的钾、100%的饼肥、其他有机肥、中微肥（硫酸锌除外）作底肥，余下的氮肥、钾肥作追肥。采用开5cm深沟条施，条施的深度距垄面为15～20cm，肥带宽度为15～20cm。

表1　烤烟平衡施肥　　　　　　　　　　　　　　（单位：kg）

| 土地等级 | 品种 | 施氮量 | N：P₂O₅：K₂O | 基肥 | | | 追肥 |
				专用肥 N：P₂O₅：K₂O=（10：13：20）	饼肥N（1%）	硫酸钾K₂O（50%）	硝酸钾 N（13.5%）：K₂O（43.5%）
一类土	云烟87	6	1：1：（2.5～3）	40	30	5	13
	金神农1号	4	1：1：3	27	25	6.5	8
二类土	云烟87	6.5	1：1：（2.5～3）	42.5	30	5	15
	金神农1号	4.5	1：1：3	32	25	6.5	8

（续表）

| 土地等级 | 品种 | 施氮量 | $N : P_2O_5 : K_2O$ | 基肥 | | | 追肥 |
				专用肥 $N : P_2O_5 : K_2O=$ （10：13：20）	饼肥N （1%）	硫酸钾K_2O （50%）	硝酸钾 N（13.5%）： K_2O（43.5%）
三类土	云烟87	7	1：1：(2.5~3)	45	30	5	17
	金神农1号	5	1：1：2.5	35	25	5	10

8.4.4.2 追肥

提苗肥：烟苗移栽7~10d，用硝酸钾和硫酸锌对水，于最长叶尖垂直部位打孔淋施，施肥深度不低于10cm。为烟苗提供足够的养分和水分，促进烟苗早生快发，起到壮苗抗病的效果。要对弱苗、小苗施"偏心肥"，完成"三类苗"提苗升级。

追肥：移栽后20~30d，结合揭膜、中耕培土，采用打孔追施硝酸钾，灌水后覆土，在最大叶片叶尖所在位置，在烟株一侧或两侧，施肥深度约15~20cm。

根据土壤肥力和烟株长势情况，可叶面喷施磷酸二氢钾和中微量元素叶面肥。

9 移 栽

9.1 移栽时间

日均气温稳定在16℃以上，日最低温度大于13℃、且不再有晚霜为害时进行移栽。

800m以下的地区，5月1—10日移栽，800m以上的地区，5月10—20日移栽。井窖式移栽时间比常规移栽提前15~20d。

9.2 移栽规格

'云烟87'品种：行距120cm，株距50~55cm。

'金神农1号'品种：行距120~125cm，株距55~60cm。

9.3 移栽方法

9.3.1 常规移栽方法

移栽时带水、带肥、带药、壮苗深栽，每亩用消毒的过筛细土350~400kg，混配2.5kg烟草专用复合肥，堆积发酵10d以上，混合均匀后用于移栽时封口，移栽必须淹没茎杆，露出芯叶，距地面2~3cm，栽后烟苗呈喇叭状。烟苗移栽时，浇水于烟株根部，用水1kg/株以上。同时施用药剂以防治病害和地下害虫。

9.3.2　井窖式移栽方法

用专用器具制作井窖，井窖口呈圆形，直径8~10cm；井窖深度19~21cm，上部11~13cm，呈圆柱体，下部6~8cm，呈圆锥体。

移栽时垂直提着烟苗叶片，苗根向下，将烟苗轻丢于井窖内，烟苗放置时，注意避免烟苗根部基质松散、脱落。烟苗放置于井窖后，用2%浓度的专用追肥液，加防治地下害虫的农药，拌匀，盛于水壶内，顺井壁淋下，每井窖100~200mL（垄体墒情好100mL左右、中等150mL左右、较差200mL左右）。烟苗移栽完毕后，在井窖内撒施防治蛞蝓类药剂。

10　田间管理

10.1　揭膜

正常气候条件下，海拔800m以下烟区栽后25d揭膜，800~1 200m烟区栽后30d左右揭膜，海拔1 200~1 300m烟区栽后35d揭膜，海拔1 300m以上的烟区全生育期覆膜（可以考虑扩膜）。揭膜后，破废地膜要及时清理出烟田，集中放入非烟物质处理池。

10.2　中耕培土

10.2.1　中耕

揭膜后及时追施钾肥并进行中耕除草、培土，除尽垄表杂草。中耕深度要以不损伤烟株根系为原则，株间浅锄，行间深锄，疏松表土，除杂草，干湿交替频繁的，可进行两次中耕，应结合田间施肥和除草等农事操作进行。中耕培土时要将残膜全部清出田间，以免废膜污染土壤。结合中耕打掉'云烟87'品种下部两片、'金神农1号'品种下部5~6片不适用烟叶并带出田外集中处理。

10.2.2　培土

提倡高培土，根据烟株的高矮、土壤结构、当地气候灵活掌握，雨量多或地下水位高的烟田培土高度25~35cm，所培土壤必须与烟株基部密切接触，不留空隙，以利烟株茎基部二次根系（不定根）形成。培土后垄体充实饱满，垄面平整，做到沟直、沟平，沟、垄面无杂草。培土前一天打一次防病毒病的药，有利于减少病毒病的传染，培土后24h内及时用农用链霉素灌根防治青枯病。

10.3 灌溉

10.3.1 烟田灌溉用水要求

水中氯离子含量<16mg/kg，矿化度<0.60g/L为宜。

10.3.2 水分管理

根据天气和土壤水分状况进行烟田水分管理，及时灌溉或排水。雨水较多要防止田间渍水，出现旱情时要及时灌溉，以确保土壤含水量要达60%～70%，促进肥料发挥肥效。若土壤过于干燥，要沟灌或浇水，使土壤含水量适宜；烟叶打顶过后，两天内应灌水一次，促进上部烟叶充分开片。

在降水量大，降水量集中的气候条件下，必须做好清沟排水工作，要开好畦沟、腰沟、围沟，三沟相通，做到雨停水干，确保能及时排除田间渍水。

10.4 打顶留叶

10.4.1 打顶

'云烟87'品种在烟株中心花开放50%时打顶，一次性平顶，将长度小于35cm的顶部叶片全部打掉，用一只手握住烟株，另一只手用刀45°削掉顶部花蕾和2～3片小叶。

'金神农1号'品种在烟株中心花开放70%～80%时打顶，一次性平顶，打掉花序下面2片过渡叶。

烟叶打顶过后，两天内应灌水一次，促进上部烟叶充分开片和一次性采烤。

10.4.2 留叶

'云烟87'品种依长势而定留取有效叶18～22片。上部两片不适用烟叶在成熟后打去集中销毁。

'金神农1号'品种根据土壤肥力状况、生长势确定留叶数，一类土壤肥力留18～21片，二类土壤肥力17～19片，三类土壤肥力16～18片，并做到上部叶弃烤2片。

10.5 抹杈抑芽

10.5.1 手工抹杈

腋芽生长至3～5cm时抹杈，每3～4d进行一次，共进行4～5次。抹杈时连同腋芽的基部一同抹去，所抹下的烟杈应及时清理出烟田放入非烟物质处理池。抹杈前应对操作工具进行消毒，操作人员应佩戴手套，避免病害传染。打顶抹杈宜在晴天下午进行，雨天或晴天早上操作容易通过水分感染和传播空茎病；打顶先打健株，后打病株；打掉的烟花、烟杈、烟叶应及时带出烟田处理。

10.5.2 化学抑芽

打掉2cm左右的腋芽后，用330g/L二甲戊灵乳油100倍、或330g/L仲丁灵乳油100倍杯淋涂于叶腋内抑芽。

10.6 田间卫生

种植区内应无废旧地膜、农药及肥料包装物，无病株、残株，应及时清除各种病株残体及杂草，采取焚烧或深埋，排水沟内清洁无污物，且排水顺畅。

11 病虫害防治

11.1 防治原则

预防为主，综合防治，统防统治。对当地主要病虫害建立统一规划、联防联治的防治系统，重点抓好病毒病、赤星病、黑胫病、根腐病、青枯病和角斑病等病害的防治工作。

11.2 农药的安全使用

防治病虫害用药全部使用烟叶生产登记允许品种，并严格按使用说明进行施用，烟叶开始烘烤前7～15d停止用药（防赤星病药剂安全间隔期7～10d），确保烟叶农药残留在安全允许范围内。农药储存必须使用专门的场所和容器，专人保管。严禁在处理、混合和施用农药时进食、饮水和抽烟。搞好田间卫生，田头设置消毒池，及时用石灰对清理出来的烟株残体进行集中消毒处理。坚持农事操作前后用肥皂水洗手消毒。

11.3 主要病虫害防治方法

11.3.1 病毒病

主要有烟草花叶病和马铃薯Y病毒病，主要是通过农业措施提高烟株的抗性，并积极采取预防措施。重点是发病前及时防治蚜虫控制传播流行，可用20%吗胍乙酸铜可湿性粉剂1 200倍、或24%混脂硫酸铜水乳剂900倍进行预防，苗期喷施3次，移栽后喷施1～2次。

11.3.2 赤星病

是烟叶成熟期的一种主要病害，氮肥施用过量及中温高湿是导致赤星病发生的主要因素之一，因此首先要确保烟株营养适量、协调，同时用40%菌核净可湿性粉剂500倍、或50%氯溴异氰尿酸可溶粉剂100g/亩进行防治，连续使用2～3次，每7～10d一次。防治赤星病的化学药剂要交叉使用，连续多年使用同一药剂容易产生抗药性和耐药性。

11.3.3 黑胫病

茎部发病后期，刨开病茎，髓部干缩成"碟片状"，叶部症状为叶片形成圆形大病斑，形如"猪屎斑"或"黑膏药"；中部叶片发病后，病斑可通过主脉、叶基蔓延到茎部，造成茎中部出现黑褐色坏死，俗称"腰烂"。在发病初期用58%甲霜·锰锌800倍液或72.2g/L霜霉威900倍液喷淋茎基部，每10d一次，最多使用两次。

11.3.4 黑腐病

幼苗期至现蕾期发病较重，主要侵染根系。大田病株生长缓慢，小根尖端腐烂，大根表面呈粗糙的黑色凹陷病斑，呈特异的黑色，根系常常支离破碎，极易拔出；当天气转暖时，发病较轻的病株可以战胜病菌的侵袭，在茎基部长出许多白色不定根，并能恢复正常生长。每亩可用50%福美双可湿性粉剂0.5kg与500kg湿细土混合均匀，移栽时进行土壤处理，或用36%甲基托布津悬浮剂400～500倍喷淋烟株茎基部，每亩50～75kg，防治效果较好。

11.3.5 气候斑

气候斑的发生与施氮过量、田间湿度过大有很大关系，预防措施主要是协调烟株营养，同时喷施磷酸二氢钾等叶面肥料提高烟株抗性，并喷施150～200倍波尔多液进行保护（波尔多液必须现配现用，晴天中午不能用药）。

11.3.6 烟蚜

烟蚜的主要为害是传播病毒病，防治烟蚜可以减少病毒病的传播，可用5%吡虫啉乳油1 200倍进行防治。

11.3.7 烟青虫和斜纹夜蛾

用25g/L高效氯氟氰菊酯乳油20g/亩进行防治。

11.3.8 地老虎和金针虫

可以进行人工捕杀、毒饵诱杀和药剂防治。用90%敌百虫50g加炒香麸皮1.5kg拌成毒饵，和青草一起于傍晚撒于烟株周围进行诱杀。也可用40%乙酰甲胺磷乳油1 000倍液、或2.5%敌杀死2 000倍液、或40%辛硫磷1 500倍液喷施于移栽孔穴，或喷洒基部和底叶防治（辛硫磷应傍晚使用，药液不得接触叶片）。

12 不适用烟叶处理

12.1 处理标准

下部叶为营养不良，光照不足，叶斑病严重，长度小于35cm的底叶。上部叶在上述处理叶数的基础的上，对仍有营养不良，病斑严重，成熟度不够，长度小于35cm的顶叶进行弃烤处理。

12.2 处理时间

下部叶在移栽后50～55d，第一次采烤时，即烟株中心花开放50%左右时，结合打顶抑芽同时进行。顶叶在上部叶采收完毕后，分批次清理，现场称重，作为补贴的依据。

清除不适用烟叶宜选择晴天，按照"健株先打、病株后打"的原则，打叶过程中操作人员应适时消毒（更换手套或用肥皂水清洗手），避免打叶过程中交叉传染病害。

12.3 处理办法

妥善处置好被清除的鲜烟，注重"经济性、环保性、科学性"，不给烟农增加新的负担、不影响田间卫生和破坏生态环境。

清除的烟叶称重后，应及时运出田间，集中到已建的非烟物质处理池内统一销毁。

13 成熟采收

13.1 不同部位烟叶成熟特征

13.1.1 下部叶

'云烟87'品种：烟叶基本色为绿色，稍微显现落黄，绿中带黄，以绿为主。茸毛部分脱落，采摘声音清脆、断面整齐、不带茎皮。叶龄50～60d。

'金神农1号'品种：叶片褪绿，显黄色，叶片弯曲呈弓形，主脉变白约1/2，支脉变白约2/3，栽后65～70d开始采收。

13.1.2 中部叶

'云烟87'品种：烟叶基本色为黄绿色，叶面2/3以上落黄，主脉发白，支脉1/2发白，叶尖、叶缘呈黄色，叶面有黄色成熟斑，茎叶角度增大。叶龄60～70d。

'金神农1号'品种：叶片2/3变黄；主脉变白1/2以上；茎叶角度接近直角，叶片弯曲呈弓形，栽后80～85d开始采收。

13.1.3 上部叶

'云烟87'品种：烟叶基本色为黄色，叶面充分落黄、发皱、成熟斑明显，叶脉全白，叶尖下垂，叶边缘曲皱，茎叶角度明显增大。叶龄70～90d。

'金神农1号'品种：叶片以黄为主，微显绿色；主脉全白，支脉2/3以上变白；茎叶角度接近直角，有时叶面有较多的黄色成熟斑，栽后110～120d，4～6片充分成熟后，半斩株采收或一次性采收。

13.2 烟叶采收

13.2.1 采收原则

根据"叶龄+部位+成熟特征"灵活掌握田间成熟度，坚持成熟采收。下部烟适熟早收，中部烟成熟稳收，上部烟充分成熟采收。

13.2.2 采收时间

一般烟株打顶后5～10d，即可依据成熟标准采收下部叶。正常天气在晴天上午6：00—9：00露水干后采收或下午4：00后采收；干旱天气在上午10：00前采收；阴雨天气不采；雨后返青烟待重新成熟后再采收；假熟或病害烟应及时采收。烟叶成熟后若遇阵雨应立即采收，防止返青。

13.2.3 采收叶数

对生长整齐，分层落黄的烟叶，每次每株可采2～3片叶，顶部4～6片叶成熟后一次采收。

13.2.4 采收方法

每株烟采收5次左右完成。下部烟采收完毕后推迟5～7d采收中部烟；中部烟叶采收完毕后，应喷施磷酸二氢钾促进上部烟叶尽早落黄，中部烟采收完毕后停烤10～15d采收上部叶。上部烟叶实行一次性采烤，以顶叶成熟度为参考，要求顶叶达到以黄为主，主脉全白发亮和侧脉的大部分（2/3以上）发白，茎叶角度接近直角，叶片弯曲呈弓形，叶面皱缩，叶面黄色成熟斑明显，允许个别的上部烟叶出现叶尖叶边有枯焦现象。

14　鲜烟分类编竿装炕

14.1　分类编竿

将采收的烟叶按成熟度再细分为尚熟、成熟、过熟（包括病叶）3个档次，分别编竿，使同一竿内烟叶成熟度均匀一致。每竿编烟数量应根据烟叶部位、大小、含水量等灵活掌握，一般1.5m长的标准竿编烟100～120片，下部叶或含水量大的烟叶适当稀编，每竿90～110片；上部叶和含水量小的烟叶适当密编，每竿120～140片。

编烟时2片一束，叶基对齐，叶背相靠，编扣牢固，束间均匀一致，烟竿两端各留6cm左右空竿。

14.2　装炕

在分类编烟的基础上，把尚熟烟叶装在低温区（指变黄期烤房的温度分布，以下类同），成熟烟叶装在中温区，过熟或病叶装在高温区。观察窗周围装具有代表性的烟叶，以便掌握烘烤进程。

装烟时各层竿距均匀一致，上下层烟竿交错排列，通常竿距为15～20cm。烟叶含水量大或阴雨天气时适当稀装；烟叶含水量小或天气干旱时，适当密装。对成熟集中且含水量大的烟叶采取稀编烟、密装炕的方法。

15　烘烤技术要点

15.1　'云烟87'品种烘烤技术要点

15.1.1　烤前晾制、提高淀粉酶活性

采收后立即将烟叶按成熟度分类编竿，挂在阴凉通风处晾制。下部烟叶晾制2h左右，中上部3h左右装炕。

15.1.2　灵活运用三段式烘烤原理，降低烟叶淀粉含量

变黄阶段：原则为低温变黄。装炕后关闭排风设施，打开风机保持气流在烤房内循环2h后点火，当环境温度高于25℃时，升温速度为每小时1℃升至38℃稳温，调控湿球温度为35.5～37℃，延长时间直至底棚烟叶达到变黄要求

（即下部叶5~6成黄，中部叶6~7成黄，上部叶7~8成黄），同时烟叶干燥程度达到膨胀状态至微软状态；当环境温度低于25℃时，升温速度为3h自2℃升至33℃稳温，当干湿差缩减到4℃以内时，再按上述操作进行。

凋萎阶段：以每小时升温1℃升至40℃，调整湿球37℃±0.5℃，延长时间直至底棚烟叶达到变黄要求（即下部叶8~9成黄，中部叶9~10成黄，上部叶10成黄），烟叶达到完全凋萎。

定色干片阶段：灵活升温速度，主要以叶片干燥程度、变黄程度、干球温度、湿球温度相协调进行烘烤。原则上每小时升温1℃。当需继续升温时，各主要段对应关系为：42℃温度段，干球温度42℃，湿球温度37~38℃，底棚烟叶变黄程度10成黄（下部烟叶要求接近10成黄），烟叶干燥程度最低达到勾尖；45℃温度段，干球温度45℃，湿球温度37~39℃，底棚烟叶变黄程度10成黄，烟叶干燥程度最低达到勾尖卷边；50℃温度段，干球温度50℃，湿球温度37~40℃，底棚烟叶变黄程度10成黄，烟叶干燥程度最低达到小卷筒；54℃温度段，干球温度54℃，控制湿球温度37~41℃，尽量延长时间，使全炕烟叶变黄程度达到10成黄，烟叶干燥程度最低达到大卷筒。

干筋阶段：以每小时升温1℃的速度升至68℃，不得超过70℃，湿球温度41~43℃，稳温稳湿直至烟叶全部干筋。

15.1.3 烘烤要点

在干球40~42℃适当延长时间至烟叶叶片全黄，46~48℃适当延长时间至叶脉全黄，无青筋，54℃时适当延长时间至叶片干片。烘烤时重点做好烤房清洁，防止漏烟及杂物污染烟叶。

15.1.4 上部4~6片叶一次性采收烘烤技术要点

上部烟叶从上往下数上部第4~6片烟叶实行一次性采烤，以顶叶成熟度为参考，要求顶叶达到以黄为主，主脉全白发亮和侧脉的2/3以上发白，茎叶角度接近直角，叶片弯曲呈弓形，叶面皱缩，叶面黄色成熟斑明显，允许个别的上部烟叶出现叶尖叶边有枯焦现象。

为保证变黄期保湿变黄，保持烟叶水分以促进烟叶内含物质转化，要适当提高变黄期的湿球温度，缩小干湿差（干球温度与湿球温度之差），干湿差保持在1.5~2.0℃。

延长变黄期时间，要求烟叶的变黄期时间比常规烘烤延长12~24h，保证上部烟叶100%变黄；定色前期加速排湿以避免升温时发生棕色化反应，导致烟叶颜色变褐。

15.2 '金神农1号'品种烘烤技术要点

在最佳施氮量范围内基础上，严格成熟采收，将烟叶按成熟度分类编竿。

控制变黄前期的变黄程度，注意变黄期排水。当环境温度高于25℃时，升温速度为每小时1℃升至39℃稳温，调控湿球温度为36~37℃，延长时间直至底棚烟叶达到变黄要求（即下部叶5~6成黄，中部叶6~7成黄，上部叶8成黄），烟叶干燥程度达到微软状态；当环境温度低于25℃时，升温速度为每3小时两度，升至33℃稳温约6h，再按上述操作进行。

凋萎阶段应提高烟叶的失水。升温速度为1h自1℃升至42℃，调整湿球37℃±0.5℃，延长时间直至底棚烟叶达到变黄要求（即下部叶7~8成黄，中部叶8~9成黄，上部叶10成黄），烟叶达到完全凋萎。

定色干片阶段应降低升湿速度，避免糟片烟，同时要延长定色中期和后期时间，避免青筋烟。一是定色干片全阶段控制每小时升温0.5℃。二是干球温度42℃，湿球温度37~38℃稳温12h以上，至底棚烟叶变黄程度9~10成黄（下部烟叶要求接近9成黄），烟尖干燥约3cm。三是干球温度48℃，湿球温度39~40℃，稳温10h以上，至底棚烟叶变黄程度10成黄，烟叶干燥程度最低达到小卷筒。四是干球温度54℃，湿球温度39~40℃，延长时间14h以上，使全炕烟叶变黄程度达到10成黄，叶片基本全部干燥。

干筋阶段以每小时升温1℃的速度升至68℃，湿球温度42~43℃，稳温稳湿直至烟叶全部干筋。

16 分级、贮存

16.1 初分级

烟农对烤后烟叶按照GB 2635—1992《烤烟》进行初分级和打捆。

16.2 贮存醇化

贮存地点选择：选择封闭性好、干燥清洁无异味的房屋储存，室内禁放其他物品。

搭建贮烟架：地面和墙面用塑料膜进行防潮，搭建木板贮烟架，架高

40cm，上铺一层塑料膜。

堆放规格：每堆长1.5～2m，宽1～1.5m，高1.5m以下，以防过高压出"烟油"，也可堆成圆形。烟堆应离墙30cm，堆与堆之间留走道70cm，便于操作。

堆积方法：待烟叶含水量14%～16%，叶片主脉易折断时进行堆积，要把质量不同的烟叶分类上堆，即将部位、等级比较接近的烟叶集中堆在一起，以便分级。烟叶上堆时，叶尖向内，叶基向外，层层循环堆放。

烟垛温湿度控制：垛心温度与室温基本一致，烟叶含水量以14%～16%，叶片主脉易折断为宜。4～6d检查一次烟垛温度和烟叶水分状况。如温度偏高，应及时翻垛；水分过大，应及时散湿处理。仓房内的温度要控制在28℃以下，相对湿度尽量小于75%。

17 预检打捆

17.1 工作流程

预检员到烟农家对烟农进行分级打捆指导，对烟农已初分级的烟叶进行等级纯度预检查，对达到收购要求的生产合同内烟叶由烟农打捆、技术员封签待售，对烟叶等级纯度较差或打捆不合格的烟叶，预检员指导烟农重新分级和打捆。

17.2 标签内容及封签方法

预检标签由县（市）烟草部门向市烟草公司申报计划，统一订制。预检标签内容包括烟叶重量、部位、颜色、烟农姓名、预检日期等内容。

预检合格的烟叶1捆（袋）1个标签，由预检员填写标签内容并签名。

18 烟叶交售

18.1 交售预约

依据烟叶收购计划总量，分解逐日收购量，并按合同尾号列出烟农售烟时间，于开秤前5日通知烟农或村委会。

18.2 烟叶站收购前预检

烟叶站预检员在烟叶站预检场区对照烟叶产销合同、入户预检单记载情况，按照GB 2635—1992《烤烟》分级技术要求进行预检，预检合格的发放交售排号单。不合格烟叶退回并记录件数、合同号、入户预检技术员姓名等情况。

18.3　专业化分级散叶收购

坚持规范运作。全面宣传和贯彻中国烟草总公司《烟叶收购管理规范》，严格执行烟叶国家标准，注重过程控制。

严格执行操作流程。专业化分级严格按照回潮、出烟、下竿除杂、分正副组、正组分级、检验、质量监督七步流程操作；散叶收购严格按照收购前准备、收购定级、等级确认、过磅开单、散叶包装五步流程操作。

突出经济实用原则，完善配套设施设备。与站点整合建设相结合，按需建设和配备相应基础设施。充分利用烤房群、烘烤工场、闲置收购点等现有场地设施，因地制宜分散作业，分好的烟叶不能即时收购的，做好集中储存，根据收购量和收购距离确定烘烤工场是否开设收购线。加强专业化分级、散烟收购设施、设备的购进，特别是对散烟收购中烟叶回潮设施的建造要做好规划，回潮房建设上要有一个进门和一个出门，同时可以考虑在烤房内配备回潮机。实现回潮不到位的不能散烟收购。

完善专业化分级队伍。完善专业化分级服务质量标准和收费标准，加强专业化分级人员的培训与考核，所有分级定级人员一律培训合格后上岗，严格执行"三工位"流水作业流程，确保专业化分级落实到位。

19　烟草GAP管理

19.1　产地环境选择保护

突出"生态选择、土壤保育、环境维护"3个重点，建立产区生态环境监测评价体系，重视光、温、水、土、风5个因素，制定选择烟叶种植区域标准，重视小生态环境，择优布局种植区域。建立以烟为主的轮作制度，加大绿肥种植推广力度，注重土壤改良；合理利用和保护植烟土地，注重水土保持，减少陡坡地、阴坡地、冷浸田种烟；减少肥料、农药残留污染，维护产地环境。

19.2　清洁生产

制定落实清洁生产控制标准，确保做到"5个严禁"，即严禁种植转基因品种、严禁使用高毒高残留农药、严禁使用重金属超标肥料、严禁烟用地膜二次污染、严禁烟株残体污染烟地。积极推行烟草病虫害综合防治和生物肥料技术。

19.3 非烟物质控制

采收、烘烤、分级、收购过程重点控制生产、生活废弃物、塑料制品等非烟物质，严禁使用塑料制品或麻绳扎把；储存、运输环节重点做好场地卫生全过程非烟物质控制。各生产环节严格按YC/T 370—2010《烤烟中非烟物质控制技术规程》执行。

19.4 全面推行以煤烘烤

全面推行用煤烘烤，坚决杜绝乱砍滥伐，用煤采取烟草公司补一点、税收返一点、烟农出一点，引导和支持烟农用煤烤烟，保护烟区生态环境。

19.5 建立烟叶质量追踪体系

与烟农种植计划合同编码相结合，制定以一个技术员管辖范围500～1 000亩左右，为最小单位标识烟叶身份的编码规则，利用手工记录表、条形码、电子标签等方式标识烟叶身份编码；做好各环节操作记录，健全完善基地单元烟叶生产数据库，利用基地单元管理软件信息系统收集录入烟叶种植、收购、调拨过程中的标识信息，实现烟叶质量全程追溯。

参考文献

鲍士旦. 2000.土壤农化分析[M]. 第3版. 北京：中国农业出版社.

陈大新，朱兆泉，欧阳志云. 2000. 神农架自然保护区生物多样性特征分析[J]. 湖北林业科技（4）：5-10.

陈江华，李志宏，刘健利，等. 2004. 全国主要烟区土壤养分丰缺状况评价[J]. 中国烟草学报，10（3）：18-22.

陈瑞泰. 1987. 中国烟草栽培学[M]. 上海：上海科学技术出版社.

陈永兴. 2006. 免深耕土壤调理剂对土壤性状和芦柑产量品质的影响[J]. 试验研究（2）：11-12.

冯柱安，彭桂芬. 1998. 不同氮素形态对烤烟品质影响的研究[J]. 中国烟草科学（4）：11-15.

郭培国，陈建军，郑燕玲. 1999. 氮素形态随烤烟光合特性影响的研究[J]. 植物学通报，16（3）：262-267.

韩锦峰，史宏志，官春云，等. 1996. 不同施氮水平和氮素来源烟叶碳氮比及其与碳氮代谢的关系[J]. 中国烟草学报，3（1）：19-15.

韩锦峰，史宏志，王彦亭，等. 1998. 不同氮量和氮源的烟叶高级脂肪酸含量及其与香吃味的关系[J]. 作物学报，24（1）：125-128.

韩锦峰. 2003. 烟草栽培生理[M]. 北京：中国农业出版社.

何厚民，罗军玲，唐经祥，等. 2001. 肥料形态及施肥方法对烤烟产质量的影响[J]. 安徽农业科学，29（4）：539-541.

何可佳. 1997. 烟草赤星病发生规律与防治研究[J]. 湖南农业大学学报（10）：446.

黄成江，张晓海，李天福，等. 2007. 植烟土壤理化性状的适宜性研究进展[J]. 中国农业科技导报，9（1）：42-46.

黄国勤，赵其国，龚绍林，等. 2011. 高效生态农业概述[J]. 农学学报（7）：23-33.

季昆森. 2001. 发展高效生态农业开发安全食品[J]. 中国生态农业学报，9（3）：92-94.

蒋廷惠，占新华，徐阳春，等. 2005. 钙对植物抗逆能力的影响及其生态学意义[J]. 应用生态学报，16（5）：971-976.

金闻博，戴亚. 2000. 烟草化学[M]. 北京：清华大学出版社.

孔凡玉，石金开，王年，等. 1997. 烟草赤星病发生与钾肥水平及品种间钾吸收能力的关系[J]. 中国烟草学报，3（4）：67-71.

黎妍妍，许自成，肖汉乾，等. 2006. 湖南省主要植烟区土壤肥力状况综合评价[J]. 西北农林科技大学学报（自然科学版）（11）：179-183.

李林立. 2007. 生态补偿在实现森林地区经济可持续发展中的效应研究——以湖北神农架为例[J]. 中国生态农业学报（1）：162-165.

李世清，李生秀. 1991. 水肥配合对玉米产量和肥料效果的影响[J]. 干旱地区农业研究，12（1）：47-53.

李巍，程红光，高吉喜. 2002. 湖北神农架林区可持续发展战略生态规划[J]. 中国环境科学（4）：88-92.

李文华，刘某承，闵庆文. 2010. 中国生态农业的发展与展望[J]. 资源科学，32（6）：1 015-1 021.

李文华，闵庆文，张壬午. 2005. 生态农业的技术与模式[M]. 北京：化学工业出版社.

李新举，张志国，邓基先，等. 1998. 免耕对土壤生态环境的影响[J]. 山东农业大学学报（4）：104-110.

李学垣，张光远，成瑞喜，等. 1989. 神农架自然保护区的土壤 I. 保护区的自然条件与土壤类型[J]. 华中农业大学学报（2）：132-137.

刘国顺. 2003. 国内外烟叶质量差距分析和提高烟叶质量技术途径探讨[J]. 中国烟草学报，9（增刊1）：54-58.

刘国顺. 2003. 烟草栽培学[M]. 北京：中国农业出版社.

刘纪远，张增祥，徐新良，等. 2009. 21世纪初中国土地利用变化的空间格局与驱动力分析[J]. 地理学报，64（12）：1 411-1 420.

刘建利，李志宏，陈江华，等. 2004. GIS应用于植烟土壤肥力分区及施肥区划的研究[J]. 中国烟草学报（3）：23-28.

刘俊芳. 2001. 华中的绿色明珠——神农架自然保护区[J]. 中学地理教学参考（5）：19.

刘莉，樊建峰，韦丁，等. 2006. 免深耕土壤调理剂在西瓜地上的试验初报[J]. 安徽农业大学学报，33（3）：364-366.

刘学敏，李杰，李大壮，等. 2005. 烟草赤星病流行动态预测[J]. 烟草科技（9）：36.

刘学敏，常稳，李大壮. 2000. 烟草赤星病研究现状及存在的问题[J]. 东北农业大学学报（3）：80-85.

刘玉晓，梁凤莲. 2008. 中国高效生态农业的回顾与展望[J]. 中国农学通报，24（8）：405-408.

骆世明. 2001. 华南地区生态农业的模式、集约化和配套技术[J]. 中国农业科技导报，3（5）：33-37.

马长德，成巨龙，马英明，等. 1999. 影响烟草赤星病发生和流行的主要因子分析[J]. 西北农业学报，8（2）：42-44.

钱蕴壁，李英能，杨刚，等. 2002. 节水农业新技术研究[M]. 郑州：黄河水利出版社.

沈允钢. 2010. 高效生态农业——现代农业的主要趋势[J]. 中国科学院院刊，25（5）：551.

史宏志，刘国顺. 1998. 烟草香味学[M]. 北京：中国农业出版社.

孙敬水. 2002. 我国生态农业研究[J]. 经济问题，8：31-33.

孙绍宾. 2002. 如何正确使用免深耕土壤调理剂[J]. 农业科技通讯（10）：31-34.

孙志强. 1992. 陇东旱地水肥产量效应研究[J]. 干旱地区农业研究，10（4）：57-61.

谭仲夏，杨龙详，李成杰，等. 2005. 烟草赤星病生物防治的研究进展[J]. 烟草科技（7）：4-45.

唐新苗. 2009. 山区生态烟草农业模式探讨[J]. 耕作与栽培（3）：55-57.

田自强，陈玥，赵常明，等. 2004. 中国"金神农"林中烟区的植被制图及植物群落物种多样性[J]. 生态学报（8）：1 611-1 621.

万宝瑞. 2009. 发展高效生态农业是现代农业建设的必由之路[J]. 中国食物与营养（7）：4-6.

汪慧玲，张茂忠. 2004. 西北干旱地区高效生态农业建设的模式选择[J]. 水利经济，22（4）：48-53.

汪耀富，孙德梅，李群平，等. 2003. 有机肥与无机肥配施及灌水对烤烟养分含量及产量、品质的影响[J]. 河南农业大学学报，37（7）：237-252.

王瑞新，马常力，韩锦峰. 1990. 烤烟香气物质及不同施肥类型对其主要成分的影响[J]. 河南农业大学学报（2）：159-166.

王友华，程辉，张林娟，等. 2005. 免深耕调理剂在油菜免耕直播上的应用效果初报[J]. 河南农业科学（9）：36-37.

王月星，赵伟明，陈叶平，等. 2006. 免深耕土壤调理剂在晚稻上的应用效果[J]. 作物研究（2）：114-118.

王兆骞. 2001. 中国生态农业与农业可持续发展[M]. 北京：北京出版社.

闻大中. 1985. 国外生态农业概述[J]. 农村生态环境（2）：46-51.

吴国港，金善弘，郑英杰，等. 1993. 烟草专用叶肥及其施用技术研究[J]. 烟草科技（5）：30-31，43.

武雪萍，刘国顺，郭平毅，等. 2003. 饼肥中的有机营养物质及其在发酵过程中的变化[J]. 植物营养与肥料学报，9（3）：303-307.

武雪萍. 2003. 饼肥有机营养对土壤生化特性和烤烟品质作用机理的研究[D]. 太原：山西农业大学.

夏振远，李云华，杨树军. 2002. 微生物菌肥对烤烟生产效应的研究[J]. 中国烟草科学，23（3）：28-30.

阳清元，丁洪涛，何金武，等. 2004. 湘南烟区氮钾在基追肥中的比例[J]. 湖南农业科学（6）：19-20.

阳清元，刘亮飞，刘名勒，等. 2005. 湘南烟区施肥部位对肥料利用率的影响[J]. 湖南农业科学（2）：35-36.

杨大三，陈炳浩. 1994. 神农架森林与生物多样性研究[J]. 湖北林业科技（2）：1-14.

杨光立，喻乐辉，吴嘉渊. 2006. "免深耕"土壤调理剂的作用机理与使用技术[J]. 作物研究，20（1）：27-29.

杨杰，陈江华，曹仕明，等. 2009. 环"金神农"林中烟区植烟土壤重金属评价及其富集特征[J]. 中国烟草学报（1）：31-34.

杨军玉，刘树香. 2000. 矿质元素与植物病害[J]. 农村科技开发（6）：29.

杨勋林，王克林，许联芳，等. 2003. 发展高效生态农业　调整农业产业结构[J]. 中国农业资源与区划，24（3）：31-34.

翟勇. 2006. 中国农业生态理论与模式研究[D]. 咸阳：西北农林科技大学.

张和平，刘晓楠. 1992. 黑龙港地区冬小麦生产中水肥关系及其优化灌水施肥模型研究[J]. 干旱地区农业研究，10（1）：32-38.

张秋英，刘晓冰，金剑，等. 2003. 水肥耦合对大豆光合特性及产量品质的影响[J]. 干旱地区农业研究，21（1）：47-49.

张万新. 2012. 论湖北神农架区域经济发展的战略与措施[J]. 当代经济（17）：92-93.

张艳玲，尹启生，李进平，等. 2010. 环"金神农"林中烟区植烟土壤养分分析与丰缺状况评价[J]. 烟草科技（1）：60-64.

张长华，蒋卫，蒋玉梅，等. 2012. 施肥对烤烟产量、品质及土壤养分、酶活性的影响[J]. 中国土壤与肥料（3）：77-80.

赵宏伟，邹德堂，袁丽梅. 1997. 氮素用量对烤烟生长发育及产质量影响的研究[J]. 黑龙江农业科学（5）：16-18.

赵仁富. 2001. 论"免深耕"土壤调理剂的开发研究[J]. 土壤肥料（12）：16-17.

郑泽厚. 1986. 神农架森林土壤特性及其垂直分布规律探讨[J]. 湖北大学学报（自然科学版）（1）：101-107.

钟权，李宏光，肖艳松. 2008. "免深耕"土壤调理剂在烤烟田的应用效果研究[J]. 江西农业学报，20（3）：70-71.

周冀衡，朱显灵，汪邓民. 1996. 不同氮肥形态、浓度对烟草生长和钾素吸收影响的研究[J]. 中国烟草学报，3（1）：70-73.

朱兴奎，赵国交. 1987. 烟草窝施钾肥效果好[J]. 中国烟草（2）：32.

晢天镇，郭月清. 1996. 烟草栽培[M]. 北京：中国农业出版社.

邹加明，刘永寿，周晓春，等. 2003. 烤烟穴状定位施肥研究[J]. 烟草科技（4）：29-32.

Eede G，Aarts H，Buhk H J，et al. 2004. The relevance of gene transfer to the safety of food and feed derived from genetically modified（GM）plants[J]. Food and Chemical Toxicology，42：1 127-1 156.

Hall L，Topinka K，Huffman J，et al. 2000. Pollen flow between herbicide-resistant Brassica napus is the cause of multiple-resistant B.napus volunteers[J]. Weed Science，48（6）：688-694.

Hutchinson M F. 1995. Interpolating mean rainfall using thin plate smoothing splines[J]. International Journal of Geographical Information Systems（9）：385-403.

Rajput R L，Kaushik J P，Verma O P. 1991. Consumptive water use efficiency and moisture extraction pattern of soybeanas influenced by irrigation，phosphorus and row spacing[J] . Haryana Journal of Agronomy，7（1）：1-6.

Shangguan W, Dai Y J, Liu B Y, et al. 2013. A China data set of soil properties for land surface modeling[J]. Journal of Advances in Modeling Earth Systems（5）: 212-214.

Shangguan W, Dai Y J, Liu B Y, et al. 2012. A soil particle-size distribution dataset for regional land and climate modelling in China[J]. Geoderma, 171: 85-91.

Yuan L, Bao D J, Jin Y, et al. 2011. Influence of fertilizers on nitrogen mineralization and utilization in the rhizosphere of wheat[J]. Plant Soil, 343: 187-193.

十堰烟区　地形地貌1

十堰烟区　地形地貌2

柳林洪坪村14千米烟路——蜿蜒通向更远的烟地

集约化育苗大棚

烟田土壤1

现代烟草农业育苗工场

烟田土壤2

育苗专业服务队

烤烟漂浮育苗

竹溪向坝育苗工场

烤烟漂浮育苗

标准化烟叶站

烤烟生产增雨防雹站

烤烟生产配套设施——防雹高炮

整地

标准起垄1

标准起垄2

覆膜1

覆膜2

覆膜3

覆膜4

移栽期

团棵期1

团棵期2

旺长期1

旺长期2

植保专业服务队1

植保专业服务队2

大田喷灌

起垄前配肥

运输专业服务队

频振式太阳能杀虫灯

烟草农业机械

烟叶生产基础设施建设水池项目2

烟叶生产基础设施建设水池项目1　　　　烟叶生产基础设施建设水池项目3

烟叶生产基础设施建设排洪渠项目1　　　　烟叶生产基础设施建设排洪渠项目2

烟叶生产基础设施建设排洪渠项目3

烟水烟路配套

柳林乡洪坪村烟水烟路配套

烟田机耕路3

烟田机耕路1

烟田机耕路2

烟田机耕路4

成熟采收期1

成熟采收期2

"金神农" 烤烟1

"金神农" 烤烟2